“在宅养老”模式的住宅和社区规划设计

姜传鉷 著

中国建筑工业出版社

图书在版编目（CIP）数据

“在宅养老”模式的住宅和社区规划设计 / 姜传鉷著．—北京：中国建筑工业出版社，2017.6

ISBN 978-7-112-20820-3

Ⅰ.①在…　Ⅱ.①姜…　Ⅲ.①老年人住宅—建筑设计 ②养老—社区—城市规划　Ⅳ.①TU241.93 ②TU984.12

中国版本图书馆 CIP 数据核字（2017）第 108892 号

责任编辑：吴　绫　李成成　李东禧　唐　旭
责任校对：李欣慰　张　颖

“在宅养老”模式的住宅和社区规划设计

姜传鉷　著

*

中国建筑工业出版社出版、发行（北京海淀三里河路9号）
各地新华书店、建筑书店经销
北京京点图文设计有限公司制版
大厂回族自治县正兴印务有限公司印刷

*

开本：787×1092毫米　1/16　印张：12¼　字数：242千字
2017年6月第一版　2017年6月第一次印刷
定价：45.00元

ISBN 978-7-112-20820-3
（30485）

序言一

老龄化是人类进入 21 世纪面临的全球性挑战，各国概莫能外。这既是人口出生率逐年下降而平均寿命不断延长造成的必然趋势，也是社会发展的新问题，会带来许多社会和经济问题。中国是一个人口大国，经济的发展和计划生育政策的人为干预导致中国的老龄化更加复杂。人口基数大、老龄化速度快、地区经济文化差异大、未富先老这些特点严重考验着整个社会和经济的承受能力。

老人从退休时的 55 ~ 60 岁，再到 70 岁甚至到 100 岁，身体机能从健康到半失能甚至全失能，这个漫长的过程几乎等同于从成年到退休的时间。住宅往往是这段时间的空间载体。而目前由于社会养老服务总体上供给不足，相关设施不到位，因此，住宅的适老化和社区服务就越发重要。

近年来，普通住宅在设计时往往没有考虑老年人的特殊要求。如果进行适老化改造，除需投入很多财力和精力外，有时还往往因为先天条件的限制而无法改造。姜传鉷建筑师提出的“在宅养老”模式理论，注重住宅的适老化功能设计和社区养老服务设施的配置，我认为其主要意义在于：①能让老人继续生活在长期居住且熟悉的居住环境，符合中国人的传统文化心理；②如果辅以有效的社区服务，在一定程度上可以减轻老人与子女互为拖累的问题。

在宅养老模式理论提倡在普通住宅中考虑适老化功能，强调在不增加或者少增加建造费用的条件下，从住宅设计理念的深化和优化出发，尽可能地充分考虑老年人居住方面的特殊需求，将适老化的功能考虑周全。提出在设计时，对可以兼顾的功能一步到位，对尚不迫切的适老化功能进行“潜伏”设计，留有经过简单改造就可以达到适老化功能的余地。这种建设策略比较适合我国国情，可以获得社会效益和经济效益的平衡，很有社会现实意义。

姜传鉷建筑师于 2000 年在攻读我的研究生时就开始研究“在宅养老”模式理论，并长期关注老年居住问题。我很高兴看到这本《“在宅养老”模式的住宅和社区规划设计》的问世，这是厚积薄发的成果，其中凝聚了他近二十年在这一领域研究、学习的心得。他以建筑学、规划学为基础，结合了社会学、老年学等相关理论研究成果，研究视野比较宽广，再加之他长期处在设计第一线，具有比较丰富的工程设计经验，因而本书与一般的纯理论研究有所区别。他对普通住宅的适老化设计、社区老年设施的规划和配置标准等问题有一些独到见解，可供各方借鉴参考。

我相信本书对建筑学专业的师生、建筑师、规划师、城市建设管理者和社区建设管理者等都能有所裨益。

是为序。

[签名]

中国工程设计大师、浙江大学博导、教授

2017 年 5 月 1 日

序言二

老龄化问题已经成为全球面临的严峻挑战之一，也是今后世界各国制定各种经济与社会政策必须认真考虑的重要因素。人口老龄化必然会对经济和社会运行等多方面产生重要的影响，如何建立合理的社会保障体系，如何为老年人特别是高龄老人提供必要的老年生活、医疗卫生支持服务，如何确保老人拥有合适的生活环境，这些都是亟待解决的难题。

我国的老龄化由于受计划生育的特殊政策和社会经济的高速发展等因素的影响，所面临的形势更为严峻，问题更为复杂。“421”的家庭结构使传统的家庭养老模式已难以为继，而社会保障体系不完善、经济发展水平不高和社会服务不足这些因素又严重冲击着居家养老为主的社会化养老的有效性。因此，我们必须多方探索合适的养老方式和途径。

姜传鉷建筑师基于对社会老龄化的严峻性与复杂性，通过对养老模式、居住方式、社区养老设施的现状以及国内外养老体系、演变特征的梳理分析，提出了“在宅养老”模式的理论框架。他期望以适老化的住宅和合适的社区养老设施服务于老人，让老人在自己熟悉的家和社区中生活得更长久、更方便、更舒适。他研究的切入点是在普通住宅中进行适老化功能通盘考虑，部分功能一步到位和部分功能“潜伏”设计相结合，通过简单的技术措施，可使居住者一旦变老，就能通过增加必要的适老化设施来提高老年人的自主和自理的能力，这种策略具有很强的可实施性，也节省了今后普通住宅大量的适老化改造费用。

姜传鉷建筑师作为职业建筑师，在工作中能结合社会热点问题展开专题研究，并且将全新的理念与工程实践相结合，难能可贵。这也是我们中国联合工程公司长期倡导的工程设计和理论研究相结合的方向。我期望“在宅养老”模式理论不应仅停留在设计师研究层面，而应提升到社会层面，造福老人、造福社会。

本书对建筑、规划设计人员、房地产开发商以及政府管理者具有较好的参考价值。

中国联合工程公司董事长、党委书记、教授级高级工程师

2017年5月3日

前 言

养老问题是当今社会的重大课题。当前我国老龄化突出的问题是人口基数大，经济实力尚不强，老龄化速度日益加快，越来越成为严重的社会和经济问题。传统的居家或依靠子女赡养的方式以及经济发达国家依靠政府提供设施的养老模式，在我国也因为国情的不同难以全面推行。

20 世纪末，笔者有幸参加了苏州新加坡工业园区新城花园以老年居住为主题的设计竞标，鉴于对老龄社会居住问题具有较为系统的认识和合理的解决对策，设计方案最终赢得了专家肯定而中标。正是这次工程设计实践给了我很多启迪，我深深感受到日益加快的社会老龄化步伐，也促使我进入更深层面的思考。

“在宅养老”是笔者在这一社会大背景下，率先提出的一种养老模式，其根本是在社区服务支持下，以住宅为生活基地来安排晚年生活的一种方式。有别于老年设施养老（如过集体生活的老年公寓、养老院养老）和以家庭为生活基础的传统养老模式。中国的养老应该是多元化的，应有各种不同的办法和对策，“在宅养老”是一种低代价和易实施的养老对策，是适合大多数生活的养老模式。

汉语中并没有“在宅养老”这个词。笔者最初借鉴日本“宅急送”这个词创造了“在宅养老”这个词，用意是强调“住宅”而不仅是“家”对于老人生活的重要性。从本原上来看,“在宅养老”模式来源于“居家养老”，但对其内涵作适当的扩充，对其外延作一些限定。其和“居家养老”的异同在于：相同之处均是不离开“宅”养老；不同之处在于“宅”是持续存在的实体，而“家”更倾向于文化语境，不是一个稳定的社会结构，事实上对于老伴去世而不和子女同住的老人，就很难讲是“家”的概念。

考虑到植根于传统文化的家庭观念在中国人的心中仍然占据着重要的地位，将传统理念、时代社会生活模式的转变以及由此导致的人们生活观念的转变进行统筹考虑，由此提出的“在宅养老”模式给老人生活提供更广泛的选择性和便利性。“在宅养老”模式使老人可以继续生活于长期居住且熟悉的具有更大适应性的住宅、社区之中，可充分利用社区的资源并通过社区便捷地获得所居住城市更广泛的服务。

“在宅养老”模式须得到相关系统的协同支持才能更为有效，包括硬件方面的住宅支持系统、社区设施支持系统和软件方面的社区服务支持系统、社会保障政策支持系统等。以我国的各地情况评估，硬件设施建设相对容易，软件设施建设更难，需投入更多。

社区服务是“在宅养老”模式的支撑。如果离开社区服务的支持，可能就回到了传统的“家庭养老”。而更好地社区服务离不开巨额费用的支持，从国情和国外的经验来看，应充分调动老人和家庭的作用，并尽快在国家层面探索建立适合我国国情的长期护理保险制度，以从根本上解决老人持续照料的后顾之忧。

我国老龄化严峻，“在宅养老”模式的理论研究旨在让新建的住宅具有适老化和潜在适老化改造的功能。期望适老化的“宅”和社区老年设施能更好地照顾到老人，让老人生活更方便、安全、幸福和有尊严，并为社会节省巨额住宅适老化改造费用。

本书在写作时参阅、引用了大量各领域专家的专著、论文、媒体文章，笔者虽然尽量将参考资料一一注明，但难保挂一漏万。在此，对这些专家的真知灼见致以衷心的感谢！

感谢导师国家设计大师、浙江大学教授沈济黄先生对笔者在“在宅养老”方面理论研究给予的指导和鼓励。

感谢中国联合工程公司的各级领导和同事钱芳静、王婧逸、温从滩在写作、资料、绘图上给予的支持和帮助。

感谢妻子张凌霄对我的研究给予的长期支持。

目　录

1 老龄化的中国

1.1 老龄化的含义

随着人口出生率的迅速下降和平均寿命的逐渐延长，老年人口不但绝对数量在增加，而且在总人口中的比重也正在逐年提高，这就是人口结构的老龄化（aging of population）。人口老龄化反映了一个时期内的动态过程，说明人口年龄结构类型的变动趋向。老龄化是社会经济发展、科学技术进步、人类寿命延长的一种标志，也是人类现代文明的表现。

考虑到世界上大多数国家的人口年龄状况，以便于各国间比较，1982年联合国在维也纳召开的“老龄问题世界大会”一致通过的维也纳老龄问题国际行动计划文件中，把60岁及其以上统称为“老年人口”。联合国人口统计方面的资料也有以65岁及其以上为老年人口的。

现在许多国家都是将60岁或65岁以上的人定为老年人，并以此来制定实施社会管理、保障规章制度。

种种事实却表明，究竟多大才算老年人还亟须重新定义。学界对如何定义老年人一直有不同的声音。在2015年召开的“上海论坛2015”高端圆桌会议上，来自中国、美国、日本、韩国等国家的专家都不约而同地提到，要重新科学定义“老龄”。

从长远来看，老年应该是一个流动性的概念，会随着社会的发展变迁而变化。在对年龄的传统测量中，人们往往只是将超过某一特定年龄（通常是65岁）的人定义为老年人。但美国科学期刊《公共科学图书馆·综合》曾刊登一项研究称，寿命的快速增长并不一定会导致人群的快速衰老。该项研究的带头人、IIASA世界人口计划执行主任谢尔盖·谢尔博表示，随着人们过着更长寿、更健康的生活，老年人的定义也将继续发生改变。谢尔博还举例说：“现在60岁的人可能只是中等年纪，而在200年前，60岁已是非常年迈的年纪。”

的确如此，世界卫生组织公布的《2016世界卫生统计》数据也证实了这一点。报告显示，2010年以来全球人均寿命已呈普遍增长趋势，日本人均寿命全球最高，为83.7岁，其次是瑞士83.4岁，新加坡83.1。排名前十的还有澳大利亚、冰岛、意大利、瑞典、韩国、加拿大等，他们的平均寿命都超过了80岁。

2013 年，联合国世界卫生组织也确定了新的年龄分段，具体为：44 岁以下为青年人，45 ~ 59 岁为中年人，60 ~ 74 岁为年轻老年人，75 ~ 89 岁为老年人，90 岁以上为长寿老人。

特别值得一提的是，日本老年学会将 65 ~ 74 岁人群重新定义为“准老年人”，将“老年人”的定义上调至 75 岁以上，不光是建立在对日本国内死亡率以及有必要接受护理的老年人比例推移等数据分析的基础上，更是大势所趋。更何况日本国内一项意识调查显示，对将 65 岁以上定义为老年人持否定态度的意见占到大半。

而日本老年学会也认为，随着医疗进步及生活环境的改善，与 10 年前相比，体力及脑力活动能力都年轻了 5 ~ 10 岁。

从这一角度来看，重新定义老年人似乎已成为破解社会老龄化加剧的首要步骤。也正因此，日本老年学会建议将前期老年人即 65 ~ 74 岁人群作为“准老年人”视作社会支柱，参加到社会活动中来，帮助实现充满希望和活力的老龄化社会。

目前联合国的通用标准，仍以 60 岁或 65 岁及以上人口占人口的比重（老年人口系数）为人口老化程度的主要判断指标。当 60 岁及以上人口系数在 10% 以上，或 65 岁及以上老年人口系数为 7% 以上时，即可认为进入“老龄化社会”（Aging Society），当 60 岁及以上老年人口系数达到 20% 或 65 岁及以上老年人口系数达到 14% 时，即可以认为进入“老龄社会”（Aged Society）。

1.2　全球老龄化现状及发展趋势

人口老龄化是社会经济发展的产物，也是当今世界的普遍现象。特别是 20 世纪 90 年代后期，世界人口增长速度放慢，人口老龄化速度加快，见表 1-1：

2012 年联合国世界人口预测（中位）　　表 1-1

年份	2000 年	2009 年	2020 年	2050 年	2100 年
总人口（100 万）	6127	6916	7716	9550	10853
0 ~ 14 岁（%）	30.1	26.6	25.4	21.3	17.9
60 岁以上（%）	10	11.1	13.4	21.2	27.5
65 岁以上（%）	6.9	7.7	9.3	15.6	21.9
年龄中位数（岁）	26.3	28.5	31.0	36.1	41.2

（数据来源：United Nations：World Population Prospects.The 2012 Revision）

据联合国人口司经济社会事务部《人口老龄化（2002 年）报告》：2002 年，全球 60 岁以上老年人口达到 6.06 亿，并且正在以比总人口快得多的速度递增。

1950年，全世界60岁以上的老年人约有2亿，1970年达到3亿，2000年达到6亿。据估计，2020年将达到10亿，2050年，全球将有近20亿的老年人。

全球老龄人口发展呈现以下几个特点。

（1）老龄人口规模增长迅速。在1950～1970年的20年内，老年人口增加一个亿，而2000～2020年的20年内，老年人口增加4个亿。在1970～2000年的30年内，老年人口在3亿的基础上翻一番，而从2020～2050年的30年内，世界老年人口将在10亿的基础上再次翻一番。在1950～2050年，全球人口将平均每年增长0.87个百分点，而老年人口将平均每年增长2.38个百分点。2002年，世界绝大多数老年人口生活在亚洲，占54%，欧洲其次，占24%。2050年，据估计，亚洲老年人口将增长到近63%，而欧洲比例将减少一半，约11%，与非洲（10%）和拉丁美洲（9%）接近。

（2）人口老龄化程度加剧。人口老龄化已成为一个全球性现象。2002年，在全世界186个国家和地区中，有68个已进入“老龄社会”。目前，世界每10个人中有1个老年人，预计到2050年，每5个人中有1老年人，全球将成为老龄社会，到2150年更是每3个人中就有1个老年人。发达地区的老龄人口比例远远高于发展中地区。2002年，发达国家的老年人口已经占到总人口的1/5（20%），而发展中地区的老年人口仅占总人口的8%，最不发达国家的老年人口仅占总人口的5%。意大利人口老龄化程度居世界之最，老年人口比例达到25%，其次是德国、希腊、日本24%，瑞典也达到23%的高水平。

（3）预计到2050年，发达地区总人口中老年人口将占1/3（33%），发展中地区人口老龄化的步伐更加迅速，其比例也将上升到19%，但最不发达国家的人口老龄化进程仍然十分缓慢，老年人口比例仅上升到9%。届时，西班牙将成为人口老龄化程度最高的国家，老年人口比例达到44%。其次是斯洛文尼亚、意大利、日本，老年人口的比例将达到42%。

（4）人口高龄化严重。老年人口本身也在“老龄化”，通常将80岁及其以上老年人口统称为高龄老人。1950～2000年，世界80岁以上的高龄老人增加5倍，以平均每年3.3%的速度增长，大大超过60岁以上人口的平均速度2.38%。1950年，世界上有0.14亿高龄老人，占老年人总人口的6.7%。2000年，高龄老人的人数达0.69亿，大约占老年总人口的1/3(11.4%)。到2050年，高龄老人的人数约3.8亿，占老年人总数的1/5（19.3%）。发达地区的高龄老人比例从1950年的8.9%增长到2000年的16.0%，2050年，每4个60岁以上老年人中，就有1个将是高龄老人（28.6%）。发展中地区从1950年的4.8%增长到2000年的8.6%，2050年将进一步提高到17.0%。

目前，北欧人口高龄化程度最高，60岁以上人口中超过80岁的人达到20%。西欧其次，达到17%。比例最高的国家是挪威（24%），其次是瑞典（23%）、美国（21%）、巴巴多斯（21%）、英国（20%）和丹麦（20%），高龄老人在60岁以上人口中均达到或超过1/5。

（5）2050年，西欧将是人口高龄化程度最高的地区，60岁以上人口中，将有1/3（33%）的人是高龄老人，北欧（31%）和南欧（30%）仅次于西欧。届时，欧洲的瑞士、亚洲的日本和新加坡都将成为高龄老人最多的国家，高龄老人比例高达36%，其次是德国（35%）、英吉利海峡群岛（34%）和意大利（33%），高龄老人的比例将均高达30%以上，即每10个老年人中，就有3人是80岁以上的高龄老人。

（6）老年人口的预期寿命显著延长。全球出生时的预期寿命从1950年的29岁提升到当前的66岁。存活到60岁的人中，男性人口预期有17年的寿命，女性人口预期可以再活20年。然而，各国之间死亡率的差异非常大。2002年，在最不发达国家，60岁的男、女性人口预期再活15年和16年，而发达国家60年的男、女性人口预期再活分别达到18年和23年。对于男性老人来说，日本的老年人预期活得最长，60年的预期寿命有27年，较世界平均水平高7年。其次是法国26年，预期寿命达到25年的国家有：瑞典、西班牙、比利时、瑞士、澳大利亚和拉丁美洲的瓜德罗普岛及马丁尼克。对于女性老人来说，绝大多数国家的差异不大，与世界平均水平最多高3年，60年的预期寿命达到21年。世界老年人口中，男性的预期寿命比女性低，性别差为3年，发达地区（5年）较发展中地区（3年）差异大。最不发达国家的性别差异仅为1年。在卡塔尔，男女性之间的预期寿命没有差异。女性的预期寿命与男性的预期寿命最多相差6年，欧洲有为爱沙尼亚、拉托维亚、斯洛文尼亚和法国，还有1个地区是非洲的留尼汪岛。

（7）老年人口的性别构成差异大。老年人口中的大部分是女性。由于女性的预期寿命较男性长，在老年人口中每100个女性对应有81个男性，在高龄部分，每100个女性只对应有53个男性。发达地区的这一比例（性别比每100个女性对应有71个男性）较发展中地区（每100个女性对应有88个男性）低，因为发达地区预期寿命的性别差异较大。

（8）老年人口性别结构的地区差异十分显著。东欧老年人口的性别比很低，只有68，最低水平属于拉托维亚，仅为51，即老年人口中男性与女性的比为1∶2。东欧的俄罗斯（53）、白俄罗斯（54）、爱沙尼亚（55）也接近这一比例。而不少国家的性别比水平超过100，甚至高达200以上。阿拉伯联合酋长国（287）、卡塔尔（265）、科威特（212）的老年人口中，男性与女性的比与东欧相反，超过2∶1。

（9）老龄人口的地区分布将发生显著变化。2002年，六成（62.55%）老年人口生活在发展中地区，到2050年，居住在这一地区的老年人口将达到八成（79.88%），半个世纪提高17个百分点。

从2002年到2050年，非洲老年人口将从4221万上升到2.05亿，增加3.9

倍；亚洲从3.38亿将上升到12.27亿，增加2.6倍；欧洲从1.48亿将上升到2.21亿，增加50%；拉丁美洲和加勒比地区从4368万将上升到1.81亿，增加3.1倍；北美洲从5232万将上升到1.19亿，增加1.3倍；大洋洲从425万将上升到1099万，增加1.6倍。

由于经济发展程度、文化传统观念及人口发展状况的不同，不同国家的人口老龄化程度和发展趋势也各不相同。20世纪70年代以前"老龄化"社会主要是欧美和澳洲等发达国家。70年代中期人口老化已扩展到许多新兴发达国家和地区，如亚太地区的新西兰、日本、新加坡及中国香港也先后进入"老龄化"行列。到20世纪末，中国、韩国、泰国和马来西亚等发展中国家也相继"老龄化"。除少数非洲国家外，现在几乎所有国家的人口结构都正在趋于"老龄化"。差别较明显的是发达国家和发展中国家的人口老龄化发展情况，见表1-2。从表中数据可以看到，在1950年时，意大利、西班牙、澳大利亚、美国等发达国家大都已经进入人口老龄化阶段，而发展中国家还大都处于生育水平较高的时期，人口老龄化程度远远低于发达国家。到21世纪中叶，发达国家生育水平的进一步下降使得人口老龄化程度进一步升高，而发展中国家随着经济的飞速发展、人们生育意愿的改变，生育水平持续下降，人口预期寿命不断上升，人口老龄化速度加快。预计到2050年，各国的人口老龄化程度进一步加剧，发展中国家的人口老龄化程度则更加严重。与发达国家缓慢的人口转变历程不同，许多发展中国家的人口转变是在短短几十年当中完成的，生育水平下降空间还相对较大，人口预期寿命在不断提高，因此在今后世界人口老龄化的进程中，发展中国家的主导作用将会更加明显（表1-2）。

部分发达国家与发展中国家老年人口（60+）比重比较（单位：%） 表1-2

年份（年）	意大利	日本	西班牙	澳大利亚	美国	印度	古巴	新加坡	韩国	中国
1950	12.0	7.7	10.8	12.5	12.5	5.4	7.0	3.7	5.2	7.5
1960	13.9	8.9	12.1	12.4	13.2	5.3	7.2	3.7	6.0	6.5
1970	16.4	10.6	14.1	12.1	14.1	5.5	9.1	5.7	5.4	6.5
1980	17.3	12.8	15.3	13.7	15.7	5.9	10.8	7.2	6.1	7.9
1990	20.7	17.4	19.0	15.4	16.7	6.2	12.1	8.4	7.7	8.6
2000	24.2	23.3	21.6	16.6	16.2	6.9	13.8	10.7	11.2	10.0
2010	26.5	30.7	22.4	18.9	18.5	7.7	17.0	14.1	15.6	12.4
2020	29.3	34.5	25.7	22.0	22.8	9.9	22.0	20.6	22.7	16.9
2030	34.6	37.5	31.6	24.6	25.6	12.3	32.4	27.0	31.1	23.8
2040	38.5	41.5	38.4	26.1	26.3	15.0	38.3	32.0	37.6	28.1
2050	38.7	42.7	40.2	27.6	27.0	18.3	41.9	35.5	41.1	32.8

（数据来源：United Nations：World Population Prospects.The 2012 Revision）

世界人口老龄化将是人类进入21世纪面临的最为严峻的挑战。这既是人口出生率逐年下降而平均寿命不断延长造成的必然趋势，也是社会发展的新问题。伴随老龄化的深化，未来将会出现许多与老龄化有关的社会问题。诸如，老人的赡养系数上升，生活水平下降；家庭赡养老人的资源减少，功能弱化；劳动年龄人口比重下降，劳动人口老化，等等。其中，养老问题将成为老龄化社会问题的重中之重，也是社会文明进步和社会和谐发展水平的衡量指标，它不仅影响到家庭的稳定与和谐，而且还将影响到整个国家和社会的和谐发展。在一些发达国家，采取高福利的社会保障制度已使本国财政不堪重负，目前许多国家正在通过推迟退休年龄、提高劳动生产效率、增加劳动年龄时期对冲养老基金的短缺等办法，努力平衡老年人的养老支付和政府、社会承受能力。

1.3 中国人口老龄化现状和特征

20世纪的中国人口变动，与世界有相同之处，也有着不同的特点。1949年以前，中国人口的平均寿命只有35岁，呈现出高出生率、高死亡率、低增长率的特点，属于典型的年轻型人口结构。新中国成立后，我国人口老龄化的发展有着特殊的背景。20世纪50～60年代生育高峰期出生的人口以及他们在80年代和90年代经历的由于实施计划生育政策所造成的低生育率，形成了代际之间生育率水平的巨大落差。出生率的迅速下降和医疗卫生条件的改善以及人们生活水平的提高使中国开始了人口老龄化进程，并且决定了其迅速发展的势头。2000年底，中国第五次人口普查结果显示，60岁及以上的老年人口已达1.3亿，占总人口的10.46%；65岁及以上的老年人口达到8811万，占总人口的6.96%。按照人口老龄化的标准，这两个指标都表明在21世纪初，中国已跨入老龄化社会的门槛，成为一个老龄化国家。

1.3.1 中国人口老龄化现状

仅仅50年时间的跨越，中国由年轻型国家跨入老年型国家，世所罕见。对于中国是如何进入人口老龄化阶段，国内有很多研究。田雪原等学者认为可以将1950～2000年的人口转变划分为五个阶段。第一阶段为1949～1952年人口再生产类型转变阶段，由"高出生、高死亡、低增长"向"高出生、低死亡、高增长"转变；第二阶段为1953～1957年的第一次生育高潮阶段，人口再生产转变到"高出生、低死亡、高增长"类型；第三阶段为1958～1961年的第一次生育低潮，在这个特殊时期，三年经济困难使得人口出生率下降、死亡率上升，自然增长率很低，1960年甚至出现负增长；第四阶段为1962～1973年的第二次生育高潮，又呈现高出生、低死亡、高增长，而且延续时间较长；第五阶段为1974～2000年的第二次生育低潮，由于计划生育政策的实施并取得显著成绩，人口增长由“高出生、低死亡、高增长”向“低出生、低死亡、低增长”过渡，并且在20世纪90年代中期达到人口出生率、死亡率、自然增长率“三低”阶段，总和生育率从90年代初期降低到2.1的更替水平后，并且一直保持在低生育水平，少儿年龄段、劳动年龄段和老年年龄段的人口结构发生了根本转变。我国人口年龄结构在20世纪80年代中期达到成年型，世纪之交达到老年型，15年走完了许多国家需要50年甚至上百年才完成的转变，而且这种转变被视为在相当长的时间内是不可逆转[①]。

按照国家统计局2011年4月28日公布的2010年第六次全国人口普查主要数据公报，截至2010年11月1日零时，大陆31个省、自治区、直辖市和现役军人的人口共1339724852人。60岁及以上人口为177648705人，占13.26%，其中65岁及以上人口为118831709人，占8.87%。同2000年第五次全国人口普查相比，总人口增长5.84%，年平均增长率为0.57%。60岁及以上人口的比重上升2.93个百分点，65岁及以上人口的比重上升1.91个百分点。

通过对国家统计局数据分析，可以看出中国的老龄化进程加速阶段，始于20世纪90年代。1990年65岁及以上老年人口为6299万，占总人口的5.57%；2000年65岁及以上老年人口为8811万，占总人口的6.96%；2010年65岁及以上人口为11883万人，占全国总人口的8.87%。比2000年8811万65岁以上的老年人增加了34.9%，比1990年6299万65岁以上的老年人增加了88.6%。

最新的数据为国家统计局2016年4月20日公布的2015年全国1%人口抽样调查主要数据公报，截至2015年11月1日零时，全国大陆31个省、自治区、直辖市和现役军人的人口为137349万人。60岁及以上人口为22182万人，占16.15%，其中65岁及以上人口为14374万人，占10.47%。同第六次全国人口普查相比，五年共增加3377万人，增长2.52%，年平均增长率为0.50%。60岁及以上人口比重上升2.89个百分点，65岁及以上人口比重上升1.60个百分点。

全国老龄办曾经于2006年发布的《中国人口老龄化发展趋势预测研究报告》中，对21世纪中国人口老龄化的发展趋势作出预测，大致可以划分为三个阶段，详细见表1-3，表1-4。

该预测报告应该说是具有较高权威性的。与其他预测相比，具有三个特点。第一，这是专门负责全国老年人事务的全国老龄办首次研究发布人口老龄化预测数据。第二，预测时间跨度为100年，反映了中国整个21世纪人口老龄化的全貌的预测，其他的预测一般都只预测到2050年。第三，除了全国的百年预测，同时进行了中国31个省（区、市）的分省50年预测。

① 张恺悌郭平．中国人口老龄化与老年人状况蓝皮书．北京：中国社会出版社，2010.

中国 2001 ~ 2100 年人口老龄化发展趋势预测　表 1-3

年份（年）	发展阶段	老年人口最高峰值	80 岁以上的人口数
2001 ~ 2020	快速老龄化阶段	2.48 亿	3067 万
2021 ~ 2050	加速老龄化阶段	超过 4 亿	9448 万
2051 ~ 2100	重度老龄化阶段	峰值 4.37 亿	7500 万至 1.2 亿

（资料来源：根据全国老龄委于 2006 年 2 月 23 日发布的《中国人口老龄化发展趋势预测研究报告》整理而成）

全国老龄工作委员会办公室对中国人口老龄化的预测（中方案）　表 1-4

年份（年）	总人口（亿人）	60 岁以上人口（亿人）	占总人口比重（%）	65 岁以上人口（亿人）	占总人口比重（%）	80 岁以上人口（亿人）	占 60 岁以上人口比重（%）
2001	12.73	1.33	10.42	0.91	7.14	0.126	9.5
2005	13.14	1.47	11.19	1.03	7.86	0.164	11.16
2010	13.60	1.74	12.78	1.17	8.59	0.213	12.24
2015	14.08	2.15	15.28	1.39	9.85	0.264	12.28
2020	14.44	2.48	17.17	1.74	12.04	0.307	12.38
2025	14.61	2.93	20.06	2.00	13.69	0.341	11.64
2030	14.65	3.51	23.92	2.38	16.23	0.424	12.08
2035	14.61	3.94	26.96	2.86	19.55	0.567	14.39
2040	14.51	4.04	27.88	3.19	21.96	0.637	15.77
2045	14.32	4.13	28.84	3.21	22.40	0.772	18.69
2050	14.02	4.34	30.95	3.23	23.07	0.945	21.77

（资料来源：李公本 . 中国人口老龄化发展趋势百年预测 . 北京：华龄出版社，2007.）

同时，该预测报告的数据与 2010 年第六次全国人口普查及 2015 年全国 1% 人口抽样调查主要数据相比也比较接近。

根据预测，2030 年以前是我国人口老龄化发展最快的时期，也就是说，每 12 ~ 13 年，60 岁以上的老人就要增加 1 亿，相当于一个世界人口大国的总量。这样的老人增长速度在世界上少有，甚至超过了老龄化速度最快的日本。2030 ~ 2050 年是我国人口老龄化最严峻的时期。从预测数据中可以看出，不论 60 岁以上，65 岁以上还是 80 岁以上的老年人口，其增长速度在未来的 40 年都远高于总人口的增长，且 80 岁以上的老年人口的增长速度更快，表明人口结构问题的突出和严重性，详见图 1-1 所示。到 2050 年，中国不仅是一个老龄型国家，而且是一个高龄化的国家。这一增长的趋势及其影响应当引起我们的高度重视并加以深入研究。

1.3.2 中国人口老龄化特征

中国是一个人口大国，近 40 年来，随着我国社会经济的迅速发展和人民生活水平的较大提高，人口的平均寿命提高，死亡率迅速降低；同时，由于计划生育政策的人为干预，生育率下降速度也比较快，使我国老年人

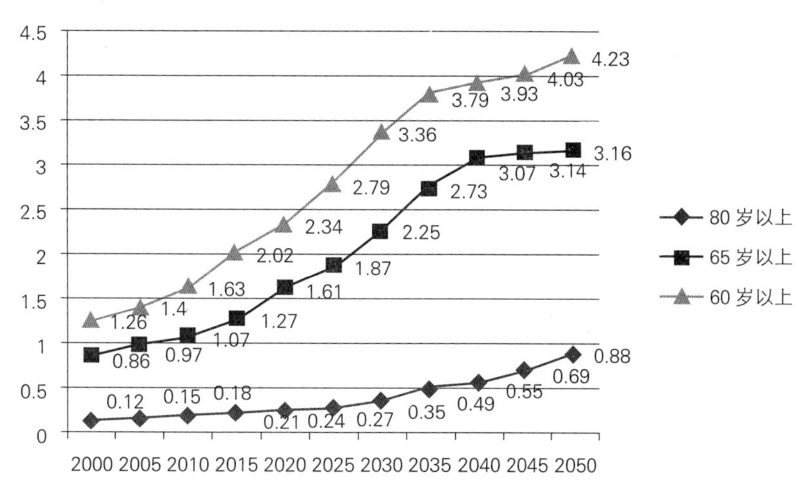

图 1–1
中国老年人口发展趋势
（单位：亿人、年）

（资料来源：张文范等．二十一世纪上半叶中国老龄问题对策研究．北京：华龄出版社，2010.）

口发展趋势也呈现出与其他国家不同的特征。中国人口老龄化的特点可概括为基数大，高速，地区差异大，高龄，人口老化与经济发展水平差异大。这主要是由中国基本国情决定的：中国人口多，底子薄，人均资源不足，地区经济文化差异大。

1. 老年人口基数大

中国是目前世界上唯一一个老年人口过亿的国家。统计数据显示，2010 年全球老年人口约为 7.39 亿，中国老年人口约为 1.78 亿，占全球老年人口的 18%，占亚洲老年人口的 1/2。预计到 2050 年，全球老年人口约为 20.16 亿，中国约为 4.37 亿，约占全球老年人口的 21.6%。这不仅对中国社会经济生活起着重要的制约作用，也将对未来世界的老年事业产生深刻的影响。

2. 老龄化发展迅速

由于我国人口出生率和死亡率下降之快在世界人口发展中是少见的，因此，也决定了我国人口老龄化的速度之快也将是世界罕见的。我国 65 岁及以上的老年人口由 7% 到 14% 只需 26 年，而多数发达国家用了半个世纪或上百年时间，中国人口的老化速度远远高于其他国家，并且递增速度逐步加快，2020 ~ 2050 年为我国人口老龄化最快的阶段，预计老年人的比重将从 17.17% 上升到 30.95%[①]，如图 1–2 所示。

3. 各地区发展程度不平衡

我国人口老龄化在城乡之间、地区之间、城市之间的发展极不平衡，具有明显由东向西的区域梯次特征，在东部和南部经济发达地区，人均预期寿命高，人口出生率和死亡率下降，老龄化程度较高，而中、西部地区的老龄化程度相对较低。20 世纪 90 年代中期，上海、北京、天津、江苏、

① 李本公．中国人口老龄化发展趋势百年预测．北京：华龄出版社，2007.

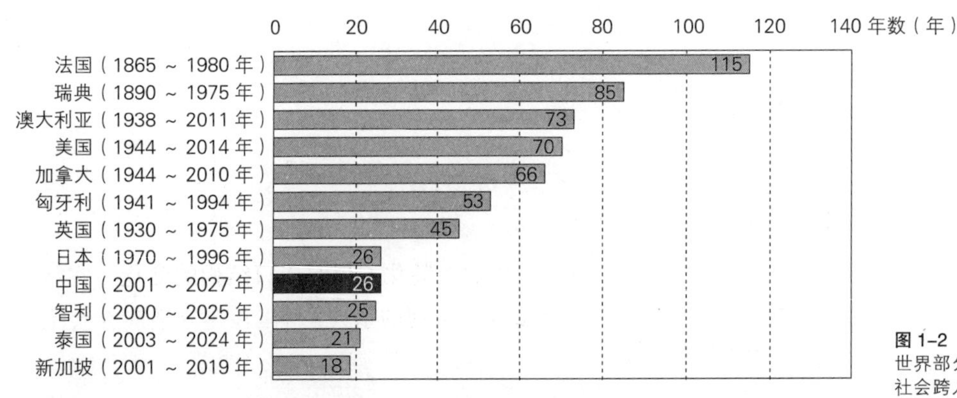

图 1-2
世界部分国家从老龄化社会跨入老龄社会需要的时间对比

浙江五省市率先进入老龄化，而部分边远省市区在 2000 年之后 10 ～ 20 年才进入老龄化。如宁夏 2010 年第六次全国人口普查显示 65 岁及以上人口占 6.41%，尚未进入老龄化社会，而同期全国 65 岁及以上人口占 8.87%，上海 65 岁及以上的人口更高达 10.12%。

4. 呈现高龄化趋势

人口学观点认为，60 ～ 69 岁为低龄老年人口，70 ～ 79 岁为中龄老年人口，80 岁及以上为高龄老年人口。第六次人口普查，在 65 岁及以上老年人中，80 岁及以上的高龄老人有 2099 万人，占 17.6%。如今中国 80 岁以上的老年人口每年以 100 万的速度在增加，预计到 2025 年，世界 80 岁及以上的老年人总数为 11100 万人，占总人口的 1.35%，而中国有 2574.8 万人，占总人数的 1.76%①。中国人口老龄化已经表现出明显的高龄化趋势。高龄老人是老年人口中最为脆弱的群体，他们带病卧床的概率极高，这往往会导致他们的生活陷入困境，也会给家庭和社会带来沉重的负担。高龄老年人的比重不断上升，意味着医疗、护理任务加重，医疗和护理人员的社会需求量增大，用于医疗和护理方面的费用负担也加重，社会化的养老需求也越来越迫切。

5. 老龄化进程超前于社会经济发展

我国的人口老龄化是在经济尚不发达，综合国力不强，人民生活水平还比较低的情况下到来的，与经济的发展水平不同步。西方发达国家进入老年型社会时人均国民生产总值在 5000 ～ 10000 美元，属于“先富后老”或“富老同步”，经济的发展为人口的老龄化奠定了物质基础。而我国在 20 世纪末成为老龄化国家时人均生产总值尚只有 800 美元，生活水平刚达到小康水平，属于“未富先老”。也就是说，“中国在没有完成经济现代化之前，老龄化问题已经出现”②。老龄化程度大大超前于经济发展水平，未富

① 王江萍 . 老年人居住外环境规划与设计 . 北京：中国电力出版社，2009.
② 丁学军 . 中国人口老化经济研究学 . 北京：中国人口出版社，1995.

先老严重考验着社会经济的承受能力，增加了解决养老问题的难度。

1.4 中国人口老龄化与社会经济发展

对于大多数仍然缺乏公共福利的中国人来说，其赡养费来源非常有限，难以支撑平均超过20年的退休生活。中国人口老龄化的激增，使养老问题成为发展中的一个巨大挑战。人口老龄化不仅是人口结构的变化，它将对我国的政治、经济、社会都带来一系列的重大影响：在建立适应社会主义市场经济要求的社会保障制度方面，养老支出、医疗费用等社会保障的压力巨大；在建立满足庞大老年人群需求的为老社会服务体系方面，加快社会资源合理配置，增加为老服务设施，健全为老服务网络的压力巨大；在处理代际关系方面，解决庞大老年人群和劳动年龄人群利益冲突的巨大压力等。同时，中国政府和整个社会还必须付出巨大成本来调整消费结构、产业结构、社会管理体制等，以适应人口年龄结构的巨大变化。[①]

我国人口的老龄化并非像西方社会，主要是由于社会进步过程中社会经济技术日益发展的影响，还受到严格的人口控制政策的影响，因而带来的社会问题更严重。主要影响表现在社会就业和再就业、社会的老年抚养负担、社会医疗和护理负担、老年人社会地位、老年人家庭生活等方面。[②]加上家庭空巢化的现象越演越烈，很多老年人生活在空巢家庭，加大了生存风险。这些问题都直接关系到老年人的生存和生活质量，而且随老年人数的增长这种趋势日益明显，另一方面，人口老龄化对社会劳动力年龄结构、产业结构、社会经济负担、社会交换规模、社会消费水平等各个环节产生影响，形成许多社会、经济问题。目前比较突出的几个问题是：

1. 社会保障体系不够完善

建设完善的老年社会保障体系，是从根本上解决老龄社会日益突出的养老问题的制度安排，包括养老保险、医疗保险、社会福利以及养老服务等方面的社会保障和公共服务体系。总体来看仍然不够完善，社会保障水平不高，针对性还不够强。在老龄社会中日益增多的失能、半失能、高龄老人的医疗性和非医疗性照料如何解决基本上还是空白。随着经济的发展和生活的改善，养老保险等社会保障水平势必增高。

2. 为老社会服务的需求迅速膨胀

目前，家庭的小型化使家庭养老功能弱化，而社会为老服务业发展还严重滞后，难以满足庞大的老年人群，特别是迅速增长的“空巢”、高龄和带病老年人的服务需求。同时随着中国社会经济的发展和人民生活水平的提高，人们包括老年人在满足了基本的衣食住用等物质上的生存需求后，

---

① 李本公．中国人口老龄化发展趋势百年预测．北京：华龄出版社，2007.

② 参见王冰．社会深层的人口效应与人口老龄化的社会影响．武汉：武汉大学出版社，2000.

对更高层次的享受和发展需求，如生活服务、生活照顾和精神慰藉等方面开始产生越来越强的需求。

3. 挑战传统的养老模式

随着人口老龄化、高龄化、空巢化的进一步加速，特别是第一批独生子女的父母将集中步入“60岁”阶段，使传统“养儿防老”的“家庭养老”模式受到冲击。预计目前到2040年间，20% ~ 30%的老年人将是独生子女的父母，这些老人的生活照料、精神慰藉和经济保障将成为一个严重的社会问题。传统的大家庭已解体，家庭保障功能被削弱，大量的纯老人家庭将面临保障缺失的困难。而其数量又是如此庞大，不得不引起全社会的高度重视。以空巢老人为例，2015年的全国老龄办、民政部、财政部三部门联合发布第四次中国城乡老年人生活状况抽样调查显示空巢老年人（老年夫妇户、独居老人）占老年人口的比例为51.3%，其中农村为51.7%。也就是说，全国有一亿多的空巢老人。由于我国老年人主要采取居家养老模式，目前居家养老的比例总体达到99%，只有1%左右的老年人生活在各类养老和社会福利机构内。空巢家庭的增加使得家庭养老功能和效果减弱，对社会和国家养老的需求增强。这种居家养老的现状，导致传统的养老模式已经难以为继，会对我国养老服务体系的建立和完善提出了更高的要求。

4. 劳动力老化和劳动力短缺

我国需要大力发展经济，为社会保障提供强有力的经济基础。然而，伴随着中国人口老龄化的进程必然会出现劳动年龄人口比重的下降，从而影响劳动力的有效供给。根据联合国人口署的资料，中国15 ~ 64岁的劳动人口，到2015年到达10亿左右的高峰后逐渐下降，2050年降为8.45亿。劳动力老化不仅不利于劳动生产率提高和经济增长，对社会经济的发展有一定的阻碍作用，还不利于企业的改革和竞争、技术革新以及产业结构调整，从而影响社会的发展。

5. 社会抚养负担加重

人口老龄化意味着老年人口比重增加，老年抚养比上升。根据五次人口普查资料，老年抚养系数，从1964年的6.39%，1982年的7.98%，1990年的8.35%，上升到2000年的9.92%，2007年又上升到12.86%。如果老年抚养比上升的幅度大于少儿抚养比下降的幅度，总抚养比就会上升，使社会抚养负担加重。而事实上，改革开放这些年来，虽然老年抚养比逐年上升，但由于生育率下降使少儿抚养比逐年下降，且下降的速度远高于老年抚养比上升速度，所以总抚养比呈下降趋势。国家统计局报告指出，人口总抚养比从1982年的62.6%下降到2007年的38%。2005年以后人口总抚养比一直保持在40%以下，到2016年开始逐步回升，到2032年将超过50%。之后，人口总抚养比将以老年抚养比提高为特征大幅度回升，到2050年将会上升到62%，社会抚养负担迅速加重。

6. 引起消费结构和产业结构的变化

老年人的需求中有许多与青壮年不同。老年人相对特殊的生理、心理和行为特征，产生了不同于其他人口群体的特殊物质需求和精神需求。老年消费群体的日益扩大，直接会引起社会消费需求的变化，包括用于老年人的公共服务支出的增加，社会消费结构的变化，从而引起产业结构的变化。满足老年人特殊需求的新型产业、新的行业及服务业的兴起，将会形成新的发展机遇。然而，目前由于多方面的原因，老年人口的消费倾向受到一定程度的抑制。

7. 对法制建设和社会伦理提出挑战

老年人属于社会中相对脆弱的群体，他们的合法权益相对比较容易受到侵害。我国的《宪法》、《婚姻法》、《老年人权益保障法》等法律虽然对家庭和抚养都有明确的规定，但涉老侵权的现象时有发生，其中最为严重的问题当属赡养问题。这既同法律有关，同时也同社会伦理有关，它充分说明了我国现有老年人权益及保护的法律和法规是需要继续完善的，也反映了我国适合于老年人生存的相关社会伦理环境受到了影响。

8. 老年文化教育事业有待发展

当今社会，科学技术日新月异，新思想、新理论、新知识、新事物不断涌现。老年人是社会的重要成员，也需要适应社会发展不断学习，享受社会发展带来的文化成果。党的十六大提出构筑终身教育体系，建设全民学习、终身学习的学习型社会新思想。而长期以来，中国的老年教育相对滞后，适合老年人的文化设施落后、匮乏，不适应已经到来的老龄化社会。

9. 政治参与[①]

由于健康的增进、寿命的延长和现代化手段提供的便捷，老年人参与政治活动，带有增强的态势。年龄结构老龄化表明老年群体在总体人口中比例的增大，不可能也不应该将这一部分人口排斥在社会政治生活之外，一些老年群体，社团组织也将会应运而生，他们要为老年人的合法权益奋争，同时颇为关心国家民族社会的政治事件，特别关心他们曾经从事过的政治活动，具有一定影响力和号召力。

中国在社会生产水平、经济尚不发达的背景下迎来人口老龄化，存在着社会福利服务体系不健全、服务设施陈旧落后而短缺，远远不能满足养老社会化需要的问题，老龄化的加速对经济社会都将产生巨大的压力。所有这些社会问题和社会经济问题的承受者是全社会所有的人。然而，毫无疑问作为社会弱势群体的老年人受影响更大，直接影响到他（她）们的晚年生活质量。这就促使我们研究应对措施，而养老模式的研究则是一个较好的切入点。养老模式可看作为一种社会政策和社会福利体系的体现形式和老人的生活意愿的接合。

---

① 田雪原 . 跨世纪人口与发展 . 北京：中国经济出版社，2000.

1.5 中国人口老龄化的政府应对策略

解决老龄化问题，应对老龄化的挑战，是一个世界性难题。老龄工作是一项庞大的系统工程，牵涉到千家万户和每个人的利益。党和政府对人口老龄化问题和老龄工作非常重视。2000年以后，出台了《中共中央、国务院关于加强老龄工作的决定》、《中华人民共和国老年人权益保障法》、《国务院关于加快发展养老服务业的若干意见》、《中国老龄事业发展“十五”、“十一五”、“十二五”规划纲要》等一系列重要法规、文件，确定了“党政主导、社会参与、全民关怀”的老龄工作方针和“六个老有”的老龄工作目标，极大地促进了老龄事业的发展。

在2016年5月27日下午中共中央政治局就我国人口老龄化的形势和对策举行第三十二次集体学习。中共中央总书记习近平在主持学习时强调，坚持党委领导、政府主导、社会参与、全民行动相结合，坚持应对人口老龄化和促进经济社会发展相结合，坚持满足老年人需求和解决人口老龄化问题相结合，努力挖掘人口老龄化给国家发展带来的活力和机遇，努力满足老年人日益增长的物质文化需求，推动老龄事业全面协调可持续发展。并且认为老龄问题事关国家发展全局，事关百姓福祉，需要我们下大气力来应对。这应该是我国今后一段时期老龄工作的行动指南。

中国特色的人口老龄化，应该有中国特色的解决方案。21世纪以来，中央政府在在研究制定经济社会发展战略时，切实从老龄社会这一基本国情出发，把应对老龄社会的挑战列入未来中国的发展战略之一。结合中国对经济社会发展战略管理的特有模式—“五年计划”，相继出台了《中国老龄事业发展规划纲要》“十五”、“十一五”、“十二五”，通过这些国家专项规划的执行，老龄事业的基础进一步夯实。“十二五”计划提出地建立健全老龄战略规划体系、社会养老保障体系、老年健康支持体系、老龄服务体系、老年宜居环境体系和老年群众工作体系，服务经济社会改革发展大局，努力实现老有所养、老有所医、老有所教、老有所学、老有所为、老有所乐的工作目标，已经初见成效。

结合中央的相关精神，到2030年前，政府和全社会尚须从下面几个方面努力。

第一，应注重制度供给和顶层设计，从战略层面来设计和规划老龄事业发展。从加大制度供给入手，把解决单纯的养老问题提升到全面应对人口老龄化问题的高度上来，从物质、精神、制度、体制机制等方面做好积极应对人口老龄化高峰的战略准备。要充分利用15年战略机遇期做好应对老龄社会的各项准备。从现在开始的未来15年，是应对老龄社会的关键准备期，也是仅有的战略机遇期。必须把解决老龄社会的各种矛盾和问题纳入全面建设小康社会和社会主义现代化建设的总体发展战略，制定发展规划，完善法律法规，调整社会经济政策，做好应对老龄社会的各项准备；要制定应对老龄社会挑战的中长远战略规划；要立足当前，在完善政策、加大投入、加快发展老龄事业的同时，健全和完善适应世界老年人口第一大国这一国情的老龄工作体制，切实解决制约老龄事业发展的体制性问题。

第二，要加快老年社会保障体系建设，2030 年人口老龄化最严峻时期到来以前，要在全国城乡基本建立起符合国情、适应社会主义市场经济体制要求的老年社会保障体系，确保城乡老年人养老、医疗问题的妥善解决。

第三，要大力发展老龄产业。制定老龄产业行业发展规划，颁布实施国家对老龄产业的扶持保护政策，建立老龄产业发展管理体制。立足城乡社区发展为老服务业，培育老年服务中介组织，培养专业化的为老社会服务队伍。同时，大力研究开发老年消费品，培育老年用品市场。

第四，要加强对老龄社会的前瞻性和战略性研究。建立综合性国家级研究机构，组织相关学科研究人员，把人口老龄化和老龄社会作为国家的重大宏观战略课题，立项进行攻关研究。

第五，加强老年人精神关爱，落实“积极老龄化”理念，扩大老年人社会参与。世界卫生组织将“积极老龄化”界定为“参与”、“健康”和“保障”。“积极老龄化”是指老年人要积极面对老年生活，不仅保持身心健康状态，而且作为家庭和社会的重要资源，要融入社会，参与社会发展。“积极老龄化”更加强调老年人口不仅不是社会的负担，而且是家庭和社会的宝贵资源，应主动参与社会的发展，即不断参与社会、经济、政治、文化、精神和公民事务活动。同时获得来自于政府、社会、家庭的包括在政治、社会、经济、医疗以及社会服务等方面的社会救助和社会保障。

第六，“十三五”时期尤其需要全面推动老年宜居环境建设，弘扬敬老、养老、助老的社会风尚；实施老龄科技创新战略，推进科技创新服务养老事业发展；推进医养结合，扩大长期护理保险试点范围。

2
国内外养老模式研究与对比

2.1 中国传统养老模式的演变

人口老龄化体现在日常生活中的主要表现就在于养老模式及养老观念的转变。

养老模式可以在两个层面上进行分析：经济供养模式和生活模式。

从经济供养模式上看，可分为三种：家庭养老、社会养老和老人个人自助养老。家庭养老即指由家庭成员（子女、配偶）提供养老经济保障，承担全部或主要的养老责任。社会养老是指由国家建立的养老保障体系来提供养老保障。个人自助养老指由老人的自有资金（产）和老人再就业直至不能工作收入收得的结合进行自我养老保障。

从生活模式上看，可分为两种：居家养老和设施养老。居家养老即老人独自居住，或与家庭成员同居的一种养老生活模式，但并不意味着由家庭成员来全部或主要承担养老责任。设施养老指老人离开家庭进入社会福利机构或各种社团机构生活的养老模式。与居家养老相反，设施养老需要由社会承担大部分或全部的生活照料、精神慰藉等养老责任。

以上两种模式是不同概念，但可以是交叉和重叠的。区分这两个不同的概念，有利于理论研究上的明晰性。本文研究对象是养老生活模式，以生活模式研究来体现建筑学的相关命题。

中国漫长的封建社会是以血缘关系为纽带的家族社会，是一个等级制度森严的社会。在这种宗族、等级制下，人各有序，任何逾越和“犯上”皆属非法之礼。“君臣”、“父子”关系等均由强大的社会伦理、道德力量所规范。我国历史上的“养老模式”是一个既复杂又简单的概念，其复杂性主要表现为文化背景的因素，不仅牵涉到一般意义上的生活、居住、医疗、照顾等，还渗进更多的诸如老人在家庭中是否有权威，老人的家族在社会是否有地位，老人的子女是否孝顺等关于伦理道德、社会宗法制度思想等因素。其简单性表现在其经济的供养均由其下一代负担，其生活模式均是生活在大家庭之中。作为中国的传统观念，自古以来就是“家庭养老”，这是由中国深厚的文化传统和社会经济因素决定的。其特点是由“家庭”承担一切养老的功能，尽管这个“家庭”往往是一个庞大的家族体系。这种重父子血缘关系，尊其尊者的伦理道德内容客观上维系了家族的稳固长久，确立了中国传统大家庭生活模式的思想基础。

而这种模式在2000多年的历史中几乎没有发生过实质性的变化。这种传统的居家养老模式在当时具有一定的优越性和合理性：首先，子女较多，人均相对负担较轻，老人易于得到照料；其次，由于平均寿命短，代计重贴不会太多，一般不会形成社会问题。

新中国成立后，传统的大家庭结构开始解体。促成这种变化因素主要有两方面。首先，工业化及“社会主义”改造使传统的家庭生产模式瓦解，即以家庭为单位的经济实体被开放的社会经济实体所取代，家庭成员逐渐脱离家庭这个独立的经济实体，转而进入社会化劳动大军。就业情况直接影响家庭的经济状况，家庭财权不再集中，亲子之间的经济关系发生变化。城市中许多老年人自己拥有养老资金，已可以不再依赖子女，从而促成了“大家庭”的解体。其次，社会主义制度的建立和新思潮的影响使传统的家庭制度和僵化的等级秩序一起被推翻，家庭向平等模式转化。家庭对子女的控制能力削弱，子女的独立意识得以加强。随着我国社会经济的日益发展，整个社会的经济结构以及人们的文化心理结构，都处于一种变动时期，生活模式的变化也势在必然。年轻一代一方面为了适应商品经济社会的竞争现实，另一方面受到西方社会思潮的影响，在价值取向上更注重自我的发展和完善，追求独立个性表现和自身价值的实现。崇尚勤劳、节俭、克制和知足的老一代，难以与寻求自由、快乐和发展的年轻一代在精神境界上达到交融一致。两代人在生活习惯、思想性格、兴趣爱好、价值观等方面都存在差异。为避免矛盾，亲子双方开始倾向于分开居住，各自追求具有个性的生活空间。无论是父母还是子女，分居已经越来越成为一种普遍接受的价值观和规范，成为人们一种主动的选择。

2.1.1 中国养老供养模式的现状

新中国成立后，社会主义制度的建立使社会生产关系得到了彻底的改变，养老供养模式基本上维持在两种模式上：第一种，也是主要的，大多数的城镇老人，由国家、国有企业、大集体企业提供养老资金包括医疗费用等；第二种，原来无业的人员则只能仍由其家庭成员提供养老资金。然而这种体制的弊端也随着改革开放后的社会发展暴露无遗。第一，第二类老人无法享受到社会发展所带来的应有的社会照顾，有违社会公正。第二，即使是第一类的老人，其保障也是不稳定的。地方财政的状况不同，企业经营状况的恶化甚至破产都直接影响到老人的经济权益。第三，改革开放后，国有、大集体企业养老负担过重，无法与外资企业、新成立企业进行竞争，不符合社会公平竞争的原则。第四，不稳定的社会养老保障又在部分地区使人们重新指望养儿防老，在一定程度上妨碍了计划生育这一基本国策的实施。

鉴于这种不良的状态和国民经济发展的良好势头，也为了体现社会公正、提高社会效率、减轻经济压力、改善养老质量，中央政府在"九五"计划中逐步试点推广"社会养老保障"。由国家、企业或单位、劳动者个人共出资筹集养老基金。社会养老覆盖面大大拓宽，不仅适用于国有单位，而且也适用于集体单位，私有单位、合资单位、个体劳动者。在新、老交替的时期，实行特别政策，即"老人老办法"、"中人中办法"、"新人新办法"。从而开始逐步规范整个社会城镇人口的社会养老保障体系。连最为棘手的"外来工"养老问题也取得一些进展，广东省珠海市政府明确规定：凡在珠海市参加了养老保险且累计缴费年限满 15 年以上，达到国家法定退休年龄的参保人员，不论其户籍是否在珠海，都可以与珠海市户籍的参保者同样享受按月领取养老金的待遇。浙江省为加快养老金社会化发放工作步伐，提高养老保险社会化管理水平，实现了省政府提出的 2001 年底企业离退休人员养老金社会化发放率 100% 的目标①。 2016 年 10 月 9 日下午，全国老龄办、民政部、财政部三部门联合发布第四次中国城乡老年人生活状况抽样调查成果显示：2014 年，城镇老年人保障性收入比例为 79.4%，经营性收入、财产性收入、家庭转移性收入等非保障性收入的比例为 20.6%。从以上数据来看，城镇老年人的收入，以退休工资等保障性收入为主，同时其他收入来源也在进一步增加，收入的多元化，有利于增加老年人的购买能力。农村老年人保障性收入比例为 36.0%，经营性收入、财产性收入、家庭转移性收入等非保障性收入的比例为 64.0%。而对于农村老人来说，没有退休工资，保障性收入较少，主要还是靠家庭转移性收入等，也就是说，农村老人更依靠子女来养老。

实际上，我们一般理解的老年社会保障主要指的是为老年人提供的经济、医疗以及福利服务方面的保障。而《中华人民共和国老年人权益保障法》第三章社会保障罗列了政府认为应当属于老年社会保障的 20 个项目，概括起来，分别属于经济保障、福利保障、医疗保障、住房保障和法律保障五大类别，可见政府所认可的老年社会保障的内涵与外延都较传统意义上的社会保障更为宽泛。近十几年来，中国城市老年人的社会保障工作得到了多方的关注，社会保障工作得到了长足的发展，总体来说具有如下主要特征：①城市老年社会保障制度较为稳定，内容日益丰富，切实保障了城市老年人的晚年生活。这包含了四个方面的内容：一是经济保障方面；二是福利保障方面；三是医疗保障方面；四是法律保障方面。②各个保障项目之间发展不平衡。在中国，城市老年社会保障体系中，发展最完善、覆盖范围最广泛的是经济保障。与经济保障相比，福利保障、医疗保障、法律保障比较脆弱。住房保障，这是整个体系中最薄弱的环节。③体制内外有别，地区之间存在明显差异。以养老保险为例，城镇覆盖面较广，但基本养老金支付水平较低，各阶层差距较大。 农村地区只有部分发达地区建立了低水平

① 详见今日早报 2001 年 3 月 31 日第六版。

的养老保险体系，全国性覆盖计划在2017年才启动。

总体而言，我国老年社会保障的现状是覆盖面偏窄、水平偏低。

2.1.2 中国养老生活模式的现状

老人的生活模式不管其供养体系如何，通常也有两种模式，一种是居家养老模式，另一种是设施养老模式。

设施养老模式指老人生活在老人公寓或养老院（福利院）等设施之中，其生活有专人照料。目前选择设施养老的老人数量很少。原因大致有：①费用较高，无法负担（除民政供养对象外）；②文化背景或生活习惯的原因不愿入住；③养老设施数量过少或设施标准不适应而限制了入住人数。

居家养老模式则是指老年人生活在“家”中，与下一代成员生活在一起或老人独立生活。这是我国目前最主要的老人生活模式，老人有其安定的生活环境和必要的家庭成员支持。伴随社会经济的发展和人口的急剧老龄化，以居家养老为核心的生活模式逐步受到挑战，不仅严重影响到老年人的生活质量，也与社会发展的客观要求不相适应。西方发达国家的发展历程证明，传统意义上的居家养老生活模式具有一定的优点，同时也具有一些难以克服的缺陷。从我国目前的情况看，也无法回避这样的问题和矛盾，家庭结构的变化、社会流动性的增加及养老观点的改变，居家养老的存在基础受到动摇，老年人迫切要求社会提供大量养老援助。但基于我国尚不发达的经济状况、有限的社会资源，社会还无法承担起全部的社会服务负荷和提供必要的老年设施，而必须遵循一个渐进的发展过程。

2.1.3 居家养老面临的“家”的问题

传统的居家养老最好是与多代同堂，其次是老夫妇共同生活。有了家庭人员的协助与慰藉，才有可能化解因为老龄而带来的问题。然而现实比理想的状态要严峻得多。

据2000年的调查显示，武汉市有47.6%的老人希望与子女共同生活，52.4%的老人希望与子女分开居住，现与子女分开住的老人有84.6%仍愿与子女分开住。调查还表明，虽然有52.4%的老人理想的居住方式是独居，但大都选择住在自己熟悉的环境里生活，其中82%的老人愿住在普通的住宅里，而与子女同社区近邻者居多数，详见图2-1所示[①]，中青年人对未来老年人居住方式选择调查显示，青年人（20～25岁）仅有28.5%，中年人（40～50岁）有42.8%，希望将来与子女住在一起（表2-1）。2006年调查显示，城市老年人独居的比例，2006年调查结果为8.3%，高出2000年0.9个百分点，详见图2-2[②]。这种观念上的变化也促进了家庭结构的“小型化”。

---

① 王江萍．城市老年人居住方式研究．城市规划，2002，26（3）．

② 张恺悌．中国人口老龄化与老年人状况蓝皮书．北京：中国社会出版社，2010.

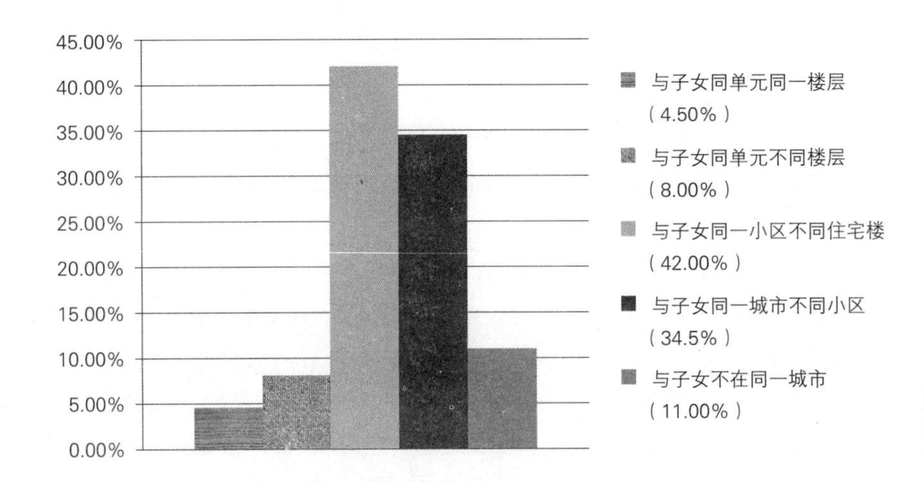

图 2-1
武汉市 2000 年独居老人的居住意向

中青年对未来老年理想的居住方式意向　表 2-1

居住方式 / 年龄阶段（岁）	居同一套	居同一栋楼	居同一小区	独居
20 ~ 25	28.5%	16%	34%	21.5%
40 ~ 50	42.8%	25.3%	15.4%	16.5%
20 ~ 50	38.9%	19.9%	24.5%	16.7%

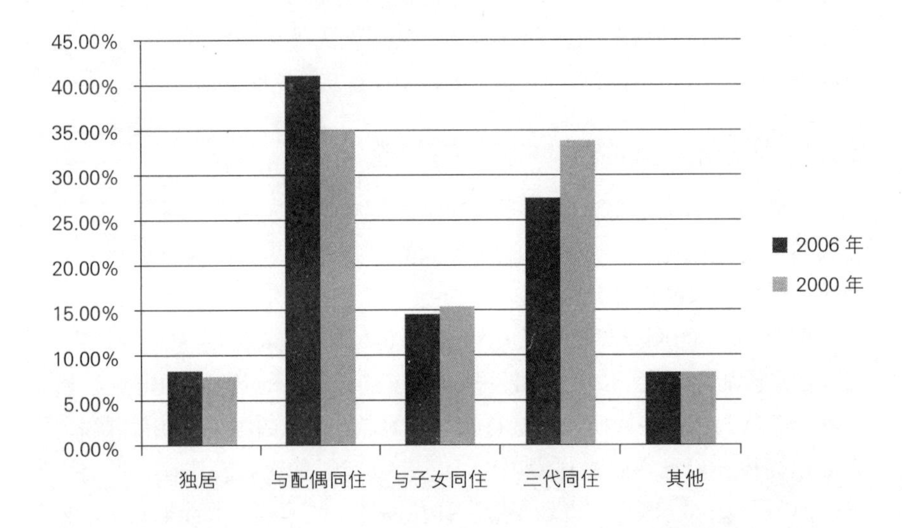

图 2-2
城市老年人居住安排

改革开放后的近 20 年来，城市家庭“小型化”呈加速发展趋势。家庭户均人口 73 年为 4.8 人，81 年为 4.23 人，1990 年第四人口普查时降到 3.96 人，2000 年第五次人口普查时为 3.44 人，2010 年第六次人口普查时为 3.10 人。家庭类型结构已趋向从“主干家庭”到“核心家庭”的局面。核心家庭的增多同时也反映纯老年人家庭的增多。

2000 年丧偶独居空巢家庭占 11.46%，只有老年夫妇两人生活的夫妻空巢家庭占 11.38%，独居与夫妻空巢两者相加，全国达 22.84%，而 2010

年的第六次人口普查中，独居空巢家庭占比达16.40%，夫妻空巢家庭为15.37%，二者合计为31.77%。这意味着中国至少31.77%有老年人生活的家庭属空巢家庭。2000年空巢家庭占比已超过1/5，10年后这一比例又上升了8.94%[①]。特别是在大城市，由于子女在外地或国外生活，升幅更大。当前城乡老年人的赡养，是以分开居住、经济分担和精神慰藉的方式为主，与老年人同居赡养的方式只是一种补充。目前我国城市空巢家庭已达到51.3%[②]，部分老龄化程度高的省份的空巢家庭率更高。例如浙江省在《2006浙江省城乡老年人口生活状况调查报告》显示，到2005年末，全省60岁以上老年人口达652.67万，占总人口14.14%。在抽样调查中，城镇独居老人户和只有一对老年夫妇的纯老年家庭户，已占到被调查家庭总数的67.6%，也就是说，空巢家庭已占近七成。这对老年人的居家养老带来较大的影响，获得日常的生活辅助变得困难，影响老年人特别是高龄老人的晚年生活质量。

随着我国经济社会的发展，家庭空巢化是一个不可逆转的趋势，随着人口老龄化的推进、平均预期寿命的延长、家庭规模的小型化、家庭结构的核心化、人口流动和迁移的加速，其综合作用的结果必然是老年家庭的空巢化和空巢老年人口数量的快速增加；而且，快速的经济发展与城市化可能会进一步加强人们偏好独立生活的倾向，老年空巢家庭的比例会持续上升。虽然受到植根于中国社会儒家传统孝文化的影响，我国家庭的模式和结构不会完全演变为西方典型的核心家庭模式，但是中国的家庭结构和有关老年人与子女同居的观念与实践会逐渐地、持续地改变。

随着家庭渐趋小型化，空巢、独居老年人增多，家庭规模正在向三人户、两人户、一人户发展，这就使得中国居家养老功能和效果减弱，尤其是居家养老模式中的对老年人给予生活照料与精神安慰的内容大大削弱，几千年来家庭养老的观念受到严重冲击。特别是空巢且独居老年人的增多，最后会导致所谓"孤独终老"，这些老年人老无所依、老难所养，特别是其中孩子夭折、配偶离世的孤寡"计划生育老人"，他们是最需要被关注、关怀、关心的弱势群体和奉献群体，处理不好很可能产生大面积的人道主义危机。因此而产生的一系列的"老龄化问题"，对由社会和国家养老的需求增强，也考验着当前的社会保障制度。

2.1.4 居家养老存在的"能力"问题

撇开空巢、独居老年人居家养老面临的难题，传统的多代同堂的居家养老也存在问题。

① 张翼．中国老年人口的家庭居住、健康与照料安排——第六次人口普查数据分析．江苏社会科学，2013（1）．

② 全国老龄办、民政部、财政部，第四次中国城乡老年人生活状况抽样调查数据，2016年10月。

问题首先来自于老人由于年老而引起机能衰退导致能力下降或丧失而造成对社会和环境的不适应。

一般地，老年人具有一些明显的生理和心理特征。

1. 身体功能的变化

①老年人身体尺寸总体上变小，出现弯腰，弓背的现象，手臂也不像青壮年人一样能伸得直了。②老年人身体的运动能力下降。关节活动的范围变小了；脚力、背力、握力、腕力等肌力明显下降；机敏的反应能力缺乏；持久力降低。③老年人骨骼脆弱，关节组织呈现了弹性减弱。

2. 感官功能的变化

①由于感觉功能的衰老，对室温冷热变化的感觉的衰退不敏感。②在视觉衰退上表现显著，瞳孔的光通量能力下降，在较暗的场所很难看得清。视觉的敏感度降低，对明暗度感觉能力下降，适应时间加长；焦点调节能力下降，老花眼加重；水晶体内部散光，浑浊变黄，对色差的识别能力下降；在辨别物体存在的知觉中，辉度对比的能力也降低了。③听觉能力衰退。老年人听力明显下降，语言的辨别能力不足，特别是对低频区域和混响音，对音的明晰度大大降低。④在嗅觉、触觉和平衡感方面均明显下降，表现迟钝。

3. 心理功能特征的变化

步入老年后，通常闲暇时间增多了，随着年龄的增长，生理能力（特别是行走的能力）衰退，滞留在家里的时间增长。通常国际上将65岁以上的老人定为需要社会提供服务，并获得关照的界限。根据老人的健康行为的特征，可将老人分为四个年龄段：健康活跃期：60 ~ 64岁；自立自力期：65 ~ 74岁；行为缓慢期：75 ~ 84岁；照顾关怀期：85岁以上。

75岁以下的健康老人，其行为是积极的，一般都有很高的热情，愿意发挥余热为社会和家庭作出贡献。他们仍有自己的人生目标和生活目标，通常会为自己的某种目标全力追求。

4. 老年人患疾病概率明显增多

据统计老年人的住院人次是青年人和成年人的两倍，住院时间也是他们的两倍。他们患病率比总人口的平均水平高出110个千分点，且具有一人多病的特点。因多种慢性疾病的困扰而使活动受到限制的人数随年龄的增长而不断增加，活动受到限制的75岁以上老人超过其总数的50%。老年人中的多发病包括关节炎、风湿病、心血管系统疾病，这些疾病减少了老年人参加各种社交活动的许多机会。以上这些特点充分说明了老人对所生活的环境、设施的适用性与安全性[①]，医疗设施的便利性，交往照料设施等长期性和专业性的护理服务有着特殊的要求。而这些服务都是家庭成员的

① 2001年4月8日都市快报，报道4月7日夜发生一场大火，27户人家受灾，但是仅有的两名遇难者是老妪，可见老人的适应能力之弱。

照顾力所不及、无法胜任的。

5. 失能、半失能老年人口数量庞大

对于全国到底有多少失能、半失能老年人口数量，至今未有权威的调查数据。不同机构的预测数据相差较大，难以判断是否准确。浙江省老龄办和湖北省老龄办发布的信息可供参考。

截至 2014 年末，浙江全省有失能、半失能老年人口共 65.40 万人，占老年人口总数的 6.92%，其中失能和半失能老年人口分别为 21.31 万人、44.08 万人，各占老年人口总数的 2.26%、4.66%①；湖北省城乡失能老人有 81 万人，占 60 岁以上老年人口的 8.4%，其中城镇 37 万人，占城镇总人口的 0.8616%；乡村 44 万人，占乡村总人口的 1.6764%。湖北省老龄办发布的调查显示：整体来看，失能老人和失能老人家庭生活质量普遍不高，老人不满意、子女受拖累、家庭不和睦。多数失能老人的家庭经济压力较大，医疗保障有困难，希望有良好的护理服务，渴望更多的精神慰藉②。

老年人客观存在的自然规律引起的能力衰退和伴侣的缺失，导致其晚年生活在特定的时段必须得到协助。

其次，小型化家庭缺乏照料老人的“能力”。社会的发展，导致我们面临着家庭规模日趋小型化、家庭养老资源减少、供养能力下降等问题。上述的问题在传统社会的大家庭结构中，由于有大家庭的强有力支撑。问题虽然存在，但表现得并不突出。一旦大家庭结构解体而变为小家庭，问题就逐步地显露出来。小型化家庭即使多代同堂，其子女辈也面临着既要照顾上辈或上上辈，又要照顾下辈，同时又由于社会竞争的激烈，也得花费更多的时间和精力料理自己的生活和事业而导致精力不济的困境。更何况对于有些老人的照料需要专业技能。

普遍出现的“空巢”现象除了生活不便之外，心理上的压力也不容小觑。心理上的孤独感时时伴随，这种孤独感里又增添了思念、担心、自怜和无助等复杂的情感体验。有很多的空巢老人都深居简出，很少与社会交往，由此造成内心抑郁，带来更多的疾病和痛苦。

传统居家养老存在的问题之于“空巢”家庭和多代同堂家庭的区别仅仅在于，前者表现为老人缺乏有效的照料，后者表现为缺乏完善的照顾。因此传统居家养老存在的问题是一个比较普遍的社会现象，对于“空巢”家庭或多代同堂家庭的影响仅是程度上存在着差异而已。

正是由于传统居家养老存在的这些问题的普遍性，我们应该为老人建设另外一个“家”。这个“家”可能是单位或是社区或是其他社会组织，他们直接面对老年人和家庭，是需求与服务的桥梁，其主要职责是帮扶、关

---

① 浙江省老龄办，浙江省人口老龄化呈现五大特点，http://www.cncaprc.gov.cn/contents/2/77087.html。

② 湖北省老龄办，湖北省失能老人长期照护问题调查报告，http://www.cncaprc.gov.cn/contents/2/78882.html。

怀和服务。目前的中国需要培育无数个老年友好的组织并形成相互补充的完善体系，但最根本的是社区服务。全国目前在各地开办老年食堂、日间照料、托老所等均为社区组织提供。社区组织在组织居家养老服务商、促进社区居家养老服务、监督服务质量等方面扮演了重要的角色和作用。

2.1.5 设施养老的实践

由于“居家养老”存在的问题是社会结构性因素所引起的，并非一朝一夕就能改变，因此对部分老人而言在养老设施中养老也不失为一种选择。根据彭希哲的调查，1997 年具有这种意愿的老人比例不大，比例约为老人的 4.5%[①]。但是这种比例并不客观反映老人的真实需求。部分原因在于设施的简陋和费用的高昂，抑制了老人的意愿。由于中国的老龄化进程与经济发展不同步的矛盾，中国在经济实力不强的背景下，存在社会福利服务体系不健全、养老机构规模小、市场化程度低、养老设施配置和管理不合理、服务设施陈旧落后、数量稀少、政府对养老服务设施投入不足等问题。远远不能满足养老社会化需要。

我国的养老设施主要来源于各级民政系统的福利院和敬老院。1985 年以前，这些机构仅是为社会孤老提供集中生活。福利院由国家拨款兴建，人员由国家列入编制管理，国家负担经费。敬老院是由基层单位多方筹资兴建，多数是由旧房改造而成，设施简陋，管理上主要是由居委会干部和健康退休老人提供热心服务。20 世纪 70 年代，国家发给孤老的生活费难以维持开支，城市老年福利居住设施只保留市级福利院及少量区级福利院，敬老院几乎绝迹。事实上，福利院还收养智障人士、残疾人士，孤老仅占 1/4。社会上的孤老仍基本上居家养老，独立生活确有困难时，由单位或居委会上门服务。

20 世纪 80 年代后期，中国沿海部分城市老龄化初现端倪，老年人数量增多，分散式的上门为孤老服务遇到很大的困难。分散式上门服务本身效率很低，管理上也难以保证。与此同时，改革开放后，街道、居委会和一些单位手中有了一定的财力，办敬老院集中看护困难孤老的优点又重新被认识。在上级民政部门的肯定和鼓励下，基层敬老院又纷纷建立。

基于对我国的社会养老设施存在诸多问题的反思，由于社会养老设施存在以上问题，同时社会老龄化进程加快，社会对养老设施需求增强，在 20 世纪的末期，养老设施的建设出现了一些较大的变化。

这些变化主要体现在以下五个方面。①总体环境较好，甚至有些建在风景区，院区内部的环境也得到重视。②对老年人特点的针对性得到加强。③类型上有变化。近年来单一的福利型老年设施已逐渐减少，老年公寓已成为主要的老年居住设施。④设施标准上有变化。部分设施中出现了个性

① 资料数据来源：彭希哲．浦东老年事业发展研究．人口与经济，1997.

化装修房间或宾馆式房间，并配备相应的卫浴设备，彩电、电话、冷暖空调等，这些设施的出现可以使养老设施具有更大的适应性。⑤入住对象有变化。原来主要以接收社会孤老为主，目前越来越多有子女的老人也感到在家养老有困难，希望得到社会帮助，要求入院养老。他们当中，有些人子女远在外地工作，有的子女上班时老人得不到照顾，有的家庭不和，有的住房困难。这些人主要是自费老人。正是这些自费的老人出现，可以使养老院有能力适当扩大规模，收入增加可观，从而导致有能力适当改造整体设施，提高标准。

尽管在社会养老设施的建设中出现了一些良好的趋势，仍然存在一些结构性的问题和认识上的偏差。①类型还不够多。缺乏西方社会常见的护理院、特殊护理院，如临终关怀医院、精神障碍护理院、传染病人护理院等。②盲目高标准化。出现了一些星级宾馆式服务的老人院。这种现象值得深思，其经营状况可能也并非如意。曾有报道，苏州市某一设有84床的宾馆化公寓中，仅有4人入住，其中3人还是由单位报销费用。原因是高收入老人一般已有较好的住房条件，身体健康时一般不会去老人院。③数量上仍远远不能满足需求。全国养老床位总数在2015年底，仍仅占老年人口的3%，低于发达国家5%～7%的比例。④目前的设施“门槛”过高，他们主要仅仅接收健康的老人。现在最受养老院欢迎的人是那些身体健康、能够生活自理的五六十岁的老人，而那些生活不能自理，或者八九十岁的更需要别人照顾的老人却鲜有人问津。想去的没人收，不想去的受欢迎，这个悖论正给一些人的生活带来现实的麻烦[①]。这种普遍现象的原因可能是设施本身条件受限制和服务水平不够，但这种社会现实却使养老院部分地失去了其应有的社会意义。

截至2015年底，“十二五”期间经过政府和全社会的艰苦努力，中国每千名老年人拥有养老床位数从“十一五”末期的17张达到30.2张，即养老床位总数约669.8万张。按照目前的观点，我国在2030年老龄化会达到严峻的时期，按照全国老龄办于2006年发布的《中国人口老龄化发展趋势预测研究报告》在2030年全国老年人总数将达到3.51亿，养老床位总数若按发达国家5%～7%的低限比例5%计算，需要1755万张养老床位，尚有1085.2万张的缺口。若按照养老院或护理院每人的最低建筑面积标准25平方米/人[②]，配套服务每人5平方米/人计算，1085.2万张床则需要约3.26亿平方米的建筑面积，如果以容积率为1来计算，需要48.8万亩的用地面积。如果部分床位改为老年公寓或老年住宅，其建设量和用地规模还要大。如此巨大的建设量，需要政府和社会的通力合作方能奏效。

社会设施养老作为整个社会养老的一部分和居家养老的重要补充，特

① 侯振威，北京晚报，2011年08月31日。
② 《老年人居住建筑设计标准》GBT50340-2003。

别是养老院或护理院作为高龄老人和失能老人的兜底设施，虽然存在诸多问题，无论如何理应随着社会的发展和老龄化速度的加快得到稳步、健康的发展，而建设部门和政府应认真研究制定相应的优惠扶持及鼓励政策和发展规划。

不同的养老模式特点各异，其优点和不足也都不是绝对的。对于具体的养老模式选择，也必然表现出多种模式相互结合的形式，不同模式相互补充。在选择具体结合形式时，除了从模式本身的角度出发之外，还必须从模式之间的相互关系以及社会、经济发展状况角度考虑。目前甚至今后相当长一段时间内，适合我国的养老模式是以家庭养老为主、社会养老为辅，居家养老为主、设施养老为辅，多种养老模式混合的形式[①]。

2.2 西方国家的养老模式研究

人口老龄化最早发生在西方国家。1865 年法国成为世界上第一个“老年型”国家，瑞典于 1895 年也步其后迈入该行列。20 世纪后，西欧、北欧、北美等发达国家相继步入“老龄化”国家的队伍。经过一个多世纪的研究和实践，针对老龄化所引起的社会问题，西方国家积累了丰富的实践经验。

在养老的供养体系上，由于经济实力的雄厚，这些国家都较早地建立了完善的社会保障体系，在经济上使老年人的生活无太大的后顾之忧。其养老模式的供养体系普遍采取老年人与社会相结合的方式，以社会供养为主。特别是在西欧、北欧的“福利国家”，老年人还可以过着优越的生活，社会供养力度较大，形成了所谓“从出生到坟墓”由社会负担的福利模式。

在养老的生活模式上，也由于类似的文化、历史背景和接近的经济发展水平，具有较多的共同点。首先，西方社会崇尚个人独立，子女成年后一般与父母分开居住。英国甚至立法规定，子女结婚后仍然与父母住在一起的，即是无家可归者，是“不合法”的行为。这就造成西方国家的老年人一般不会同子女住在一起。这种独立性很强的家庭生活模式使西方的老年人绝大多数已习惯于自己独立门户，独立生活。其次，他们主张“单向接力”的代际关系，客观上社会流动性也大，老少两代之间联系少，关系相对淡漠。立法上也明确在子女满 18 岁后，互不存在供养与被供养的义务关系。因此当社会“老龄化”降临时并没有发生在东方社会那样的家庭居住模式的根本性变化，只是向社会提出了如何帮助越来越多的老年人独立生活和安全生活的问题。对应于这种社会需求的老人生活对策，西方社会一般采用以下两类措施：①在居住模式上，着重提供可供老年人专用的多

① 赵晓征 . 养老设施及老年居住建筑——国内外老年居住建筑导论 . 北京：中国建筑工业出版社，2010.

样性住宅；规划可供老年人聚居以提高社会服务效益的老年社区；建设多种类型、不同标准的社会养老设施以满足居家养老确有很大困难的老人的需要。②服务模式上，以社区为单元，着重建立完善广泛的各种服务体系。包括保健服务、生活服务和供老年人消磨时光的文化、体育、教育交流体系，以服务于居家养老的老人。

西方社会养老生活模式现状主要分两大类：一是住原有住房的居家养老模式；二是生活在带有一定服务的社会养老设施中的设施养老模式。

1. 居家养老模式

西方国家老年人已经占总人口的近20%，数量很大，一般情况下老年人的住房条件属中等偏上水平。如果把所有的老年人都搬入老年公寓，既无必要，又无可能。所以，从政府的立场出发，对大多数老年人，特别是老两口健在的，有自理能力的老人采取让他们住在自己家里的政策；从老人的意愿出发，老年人所祈求的是能长期居住在一个他们熟悉的地理和社会环境中，人们不愿意搬家，其首要的原因往往是因为长期在一幢楼或一个社区居住，人们心里已产生了一种归属感。当然，还有其他原因，例如老年人觉得自己根本就无力应付搬家的实际问题。

这种居家养老的模式仍是西方社会的主要模式。在瑞典，年龄在80岁以上的老人仍有3/4的人生活在普通的住宅里。

2. 设施养老模式

西方国家根据老龄化的需要和经济承担能力的可能性，在完善居家设施和社会服务设施和体系外，适度地发展了一些养老设施。由于设施种类繁多，名称也各不相同，概括起来大致可分为四类。

（1）普通型老年公寓

这种老年公寓与普通公寓有共同之处，就是每个老人有一套房，一般为一室一厅一厨一卫。住老年公寓与住家里相比有以下不同：一是住房面积较小；二是没有了大量室内外劳动，这种劳动可由公寓来代管；三是就餐方便，可以自己负责，但采购等可以由公寓管理中心负责，也可由公寓管理中心安排送餐；四是医护规范，公寓的医护人员或委托专业人员定期上门做保健，小病及时上门治疗，大病及时送医院。

（2）养老院型老年公寓

老人住的也是一人一套房，内有一室一厅一厨一卫，但设施上更适合老年人生活特性。英国有的养老院除外室安有门，卧室、卫生间都没有门，有的则是室内房间有门但无锁。各个房间墙上两面或三面悬有警铃绳，老人如感到不适，就可以抓住警铃绳，老人昏厥倒下，就会带响警铃。除此外，各种生活、医护服务更为周全、细致。

（3）医护型养老设施

这种设施与医院比较类似。主要适用于有些因患了某些生活不能自理的病，例如瘫痪在床或者患了慢性疾病需要长期医疗护理的老人，医护服务突出，生活照顾齐全。这种设施中老人大多数为一人一间卧室带卫生间，一般不再带客厅和厨房等。

（4）老年社区

美国老年设施的特色，将社区设施和老年住宅作为一个整体来建设，老年人能不受外部交通干扰而方便安全地到达各种服务设施。同时在住宅内如需要的话，也可以得到及时的服务。

尽管西方国家的养老模式存在很多的共同点，但由于社会、经济发展水平的不同和文化上的地域区别，仍各具有自己的特色，可作一简要综述。

2.2.1 欧洲"福利国家"

西欧以英、法、德三国为代表，北欧以瑞典为代表的"福利国家"，法国、瑞典分别在19世纪中、末期就面临人口老化的问题，其养老模式的实践至今仍是世界各国在制定本国老龄对策和实施相关社会计划时的重要参考。

1. 英国

19世纪末、20世纪初英国为全球最发达的国家，自从20世纪20年代末进入老年型社会。2010年60岁及以上的老年人已占22.7%，老龄化程度是世界上较高的国家。进入21世纪以后，英国的老龄化程度发展的更为迅速，2030年老龄化程度将达到27.2%。

基于其雄厚的经济实力，英国是西方实行福利政策最早的国家，号称"福利国家"的先驱。在英国，社会福利服务是一种比较特殊的产品，它不同于医疗、住房福利，主要满足的是人们在生活照顾方面的需要。无论是健康人或是未成年人，老年人还是残疾人等，在某些生活方面都需要社会的帮助，因此在英国，社会福利服务往往也被称作是"社会照顾"。社会福利服务是一个劳动力高度密集、职业化的部门，从提供服务的主体来看，这个领域表现出明显的多样化，除了政府提供的服务外，还有很多非营利机构和私人营利性机构。在这三者中，政府和非营利机构占了多数，由于其带有浓厚的福利性，也因此被称为福利服务。社会福利服务的对象主要包括四个群体：老年人、残疾人、精神病人、儿童及其家庭。社会福利服务的形式主要有四种。①院舍服务，如老人院、儿童福利院等。受益人主要是鳏寡孤独、生活自理能力较差、需要长期照顾、缺乏家庭支持的人。他们被集中到福利院居住，由福利院提供各方面的服务。对此类人的生活照顾工作量大，往往超出家庭的能力，有的照顾特别是福利性质的工作，带有一定的专业性，往往依赖此机构。②日间照顾，包括建立在社区的各种服务中心。日间照顾的特点是受益人在自己的家中居住，只是白天到福利机构去，得到所需要的服务，日间照顾机构主要是为老年人成立的，他们有活动场所，可以吃午餐和开展娱乐活动。同时，日间照顾的制度化程度较高，有稳定的场地和设施。③社区照顾。受益人在自己的家中得到福利机构上门提供的各种服务，如居家帮助等，对老年人和残疾人都十分重要，居民对这些服务的需要，可以是偶然性的，也可以是经常性的，但其制度化程度不如日间照顾高。④现场工作服务。由专业的社会工作者、康复师组成一支工作人员队伍，在一定的地段内，对该地段的全部居民负责，根据居民的要求，到现场进行登记评估，提供和安排适当的服务，其形态比较复杂，受益人可以是个人或者群体。现场服务，在整个社会服务体系中起着中枢作用，尽管其工作人员比重不大，但其专业化程度最高，工作人员承担的服务也具有较强的技术性。

对于老年人，通过社会福利服务，英国的做法是尽可能地把老年人留在家里进行照顾。社会服务的主要内容包括社会工作者提供的建议与帮助、提供家政服务、进行夜间照顾、开办托老所、午餐食堂以及娱乐中心等。有的地区还开展了“好街坊”活动，由志愿者组织聘用的人员在白天入户看望老人。对于家庭照顾有困难，但生活尚能自理的老人，多数地方政府新建了老年公寓，免费或以补贴价租给他们；生活不能自理的老年人可以进入养老院或护士之家得到照顾。近年来，英国出现了越来越多私营的或志愿者组织开办的养老机构，老年人可以根据自己的情况进行选择社会服务，具体内容如下。

（1）生活照料服务（饮食起居照顾、打扫卫生、代为购物等）

生活照料又分为：居家服务、家庭照顾、老年公寓、托老所等形式。对居住在自己家中，有部分生活能力，但又不能完全自理的老年人，提供上门服务送饭、做饭、打扫居室、洗澡、理发、购物、陪同上医院等服务项目。老年公寓生活设施齐全。公寓内还设有“生命线”，一旦老年人感到不适，只要拉动“生命线”就可获得救助。托老所对老年人提供全方位的生活照料。

（2）物质保障服务（提供食物、安装设施等）

如地方政府或志愿者组织用专车供应热饭。每年约有3000万份热饭直接送到老年人家中，2000万份热饭送至各托老所和老年人俱乐部。为帮助老年人能在家中独立生活，地方政府还负责为他们安装楼梯、浴室、厕所等处的扶手，设置无台阶通道和电器、暖气设备等设施，改建厨房和房门等。

（3）医疗保健服务（治病、护理等）

主要采取的是以社区为单位为老年人提供医疗保健社会服务。每一个社区内设立若干老年人保健中心或者有关老年病医疗机构，在医生的指导下开展日常医疗护理工作。

（4）社会环境服务（改善生活环境、发动周围资源予以支持等）

如由英国政府出资兴办具有综合服务功能的社区活动中心，为老年人提供一个娱乐社交的场所。行动不便的老年人则由中心定期派专车接送。同时为帮助老年人摆脱孤独，促进心智健康，适当增加老年人的收入，社区为老年人提供力所能及的钟点场所——老年人工作室，每日两小时左右。

英国的社区老年服务采取社区照顾的形式。它始于20世纪50年代，最初是针对"院舍式照顾"的种种弊端提出来的；至20世纪70年代，在英国各地已经相当普及。在服务方式的选择上，英国长期以来比较重视加强社区服务，弱化院舍服务。他们认为院舍照顾的费用几乎一半用于居住开支，因而被认为效率不高。社区照顾不需要支付居住成本，降低支出和社会服务成本，同时可以维系服务对象的邻里关系，使其继续生活在熟悉的环境中，避免社会隔离感。因此20世纪80年代以来，英国政府一直把社区照顾放在优先的位置。英国的老年社区服务主要呈现以下特点。

（1）服务体系正规化

在英国，老年社区服务在社会福利服务中有着非常重要的地位，所以政府在其体系建设上大花力气。社区服务体系有管理人员、关键工作人员和照顾人员组成，他们一般都是专业的社会工作者以及半专业的辅助工作人员。

（2）服务形式多样化

1989年的《英国的社区照顾白皮书》提出，"社区照顾要形成一个关怀的光谱，从提供住家支持照顾到给需要深度照顾者提供的日间照顾，一直到有更高需求的人士提供的住院照顾和长期护理服务等。"为了履行社区照顾政策，实现社区对老年人的照顾，英国政府开展了多样化的老年服务，主要有以下几类。

1）社区活动中心

这是由英国地方政府出资兴办的、具有综合性功能的社区服务机构，为本社区内的老人提供一个娱乐、社交的场所。活动中心的经费来自政府拨款，服务基本是免费提供的。

2）家庭照顾

这是英国为使老人留在家庭而采取的一种政策措施，即政府给在家居住、接受亲属照顾的老人发放与住院舍同样的津贴。

3）暂托处

这是提供短期照顾的服务机构。当家庭照顾者有事外出，可把需照顾的对象送到暂托处，让工作人员免费代为照顾两周。

4）老人公寓

这是为有生活自理能力，但无人照顾的老人提供的服务设施。公寓由多个功能齐全的二居室单元组成,每个单元都设有"生命线"紧急呼救装置。公寓收费低廉，但数量有限，只批准低收入老人进住。

5）居家服务

这是对居住在自己家里、尚有部分生活能力但又不能完全自理的老人提供的一种服务，包括上门送餐或做饭、洗衣、洗澡等。服务一般不收费或收费极低。

6）老人院

这是对完全丧失了生活自理能力的老人提供的一种集中收养、护理的院舍式服务。不过这是分散在社区中的小型院舍，而不是早期那种大型集中的院舍，目前英国各地约有600多个托老所，可提供3万多个位置。可使老人不离开他们熟悉的生活环境。

（3）监督体系完善化

英国的社区老年服务实行“契约制”，即把原来由政府承担的一些服务移交给社会工作机构。政府委托机构提供社会所需要的服务，然后政府花钱购买，提供给服务的需求者。在具体实施过程中，英国政府采取项目管理模式，从申报、执行、监督到年度报告，从工作人员到志愿者或义工等都有一套完整规范的工作管理和评估体系[①]。

英国的老年人普遍认为父母与子女之间不应互为拖累，彼此都为对方作出牺牲，“自己家的钥匙应自己管”，因而老人与子女共同生活的仅占23%，住进各种社会养老设施的也仅占4%，而其余的老人均独立居住。英国65岁以上的老年人口中，有92%还是居住在普通社区内，老人在习惯的居住环境中可以得到基本的社区服务；有5%居住在老年社区内，以自立自理为主，同时享受较多的社区服务和社区活动；另外3%居住在养老院内，接受日常生活和医疗服务。为此政府特别关注发展适老化设施。1969年，英国住房建设部和地方政府首次明令规定了“老年居建筑的分类标准”（表2-2）。

英国老年居住建筑分类及响应设施 表2-2

建筑分类名称 / 居住形式和相应设施	Ⅰ类住宅	Ⅱ类住宅	监护住宅	重点监护住宅	退休者住宅	特护住宅	生活护理院
独立花园式别墅	●		●		●		
独立式公寓	●	●	●	●	●	●	
单床间						●	●
基本公共设施（休息厅、洗衣房）	○	●	●		●		
全套公共设施（包括集中供餐）		○	●	●		●	●
护理报警系统	●	●	●	●	●	●	●
地段生活专护设施				●		●	●
地段医疗护理设施						○	

（注：●为必须包括的建设项目；○为建议包括的设施项目）

随着老年人口的进一步高龄化和对人类老化机制研究的进展，原建筑分类法已显不足。1986年开始采用国际慈善机构制定的标准（HTA）（表2-3），按人类老化过程中各阶段所需社会服务程度的不同，相应地把老年居住建筑的类型分为七类，这样也更符合今后发展的趋势。

① 王莉莉．英国老年社会保障制度．北京：中国社会出版社，2010.

国际慈善机构（HTA）老年居住建筑分类法（1986年制定） 表2-3

HTA分类	住户所需提供服务程度
1	非专用或用作富有活力的退休和退休前老人居住的住宅。 他们有生活自理能力，因而可生活在自己的寓所中
2	可供富有活力、生活基本自理，仅需某种监护和少许帮助的健康老人居住的住宅。包括经过专门改造的原来居住的住宅
3	专为健康而富有活力的老人建造的住所，附带能帮助老人基本独立生活的设施，提供全天监护以及最低限度的服务和公共设施
4	专为体力衰弱而智力健全的老人建造的住所。入住者不需医疗护理，但可能偶然需有个人生活帮助和护理。应提供全天监护和需要时的膳食供应
5	专为体力尚健而智力衰退的老人所建的住所。入住者可享受某些个人生活监护，公共设施同4类，但可按需另增加护理人员
6	养老院，专门为体力和智力都衰退并需要个人监理的老人所设。入住者中有很多生活不能自理，因而住所不能是独立的，应为入住者提供进餐、助浴、清洁和穿衣服务
7	护理院，入住者除同上述外，还有患病、受伤，临时或永久的病人。这类建筑应有注册医护机构。住房几乎全部为单间

（资料来源:《老年住宅》1988年，MartinValinsBA，DiparchRIBA等）

发展至今，英国具有代表性的老年住宅主要分三类：第一类针对对于可以独立生活的老年人，这种住宅提供内部无障碍设计；第二类是在第一类住宅基础上增设常驻的特别管理人员，老年人通过通信系统联络管理人员以应付突发事件；第三类是基于以上住宅服务，每天提供餐饮服务，服务对象扩大到行动不便的老年人。此外，与老年住宅配套的服务方面也很周到，如专设饭厅、24小时看护、车送商店购物等，生活方便，安全、医护条件良好。

2. 法国

在19世纪中期1851年进入老龄化社会，是世界上最早进入老龄化社会的国家。据2008年版的联合国人口展望报告（United Nations：World Population Prospects. The 2008 Revision），法国60岁及以上老年人口已占总人口的22.7%，高出英国0.3%。预计在2050年法国60岁及以上老年人口将占总人口的1/3，并且高龄老人比重较大。因此，如何照料失去生活自理能力的老年人和维护老年人的社会地位，是一个突出的问题，目前，绝大多数的居民希望居家养老，年龄为85岁的老年人群中十人中有九人希望住在家中，90岁以上的老人中，这个比例仍有2/3。

因为老年人享有比较健全的社会保障体制和为老年人提供的居住保障的福利设施，通常法国老年人平均生活水平高于在职人员。在住房方面，将近40%的老年人拥有私人住宅，并绝大多数与子女分居，三代同堂的仅占5%。在居住保障福利设施方面，最发达的是养老院，他们提供周到、完善的服务与照顾。在法国，合法登记的养老院接近1万家，收容了约65万名老年人。不论养老院是公营还是私营，都统一由社会福利部加以管理，并且纳入社会安全保障体系之中。养老院的医疗服务则由卫生部门进行管理，从而形成了社会福利和医疗保健相结合的体制，法国的养老设施大体上分为四种，即收容所、老年公寓、护理院和中长期老年医院。

（1）收容所

有公办和私办之分，都是为生活能自理的老人而建的设施，收费较低。除食宿外，还提供一般的保健和文化生活服务。为使老人不脱离社会，常建于社区内。其费用由老年人自理，国家也会为一些低收入的老年人提供住房补贴。

（2）老年公寓通常具备完善的服务设施

有一种是提供给能独立生活的健康老年人居住，每个住户都是独立的，入住者不受共同生活的约束；另一种老年公寓提供包括膳食、沐浴、洗衣、文化活动和医疗保健等服务设施，根据不同的收入和生活习惯等情况，老年公寓可以提供单间，也可以仅提供床位。还有一种特色鲜明的老年酒店式公寓式是法国解决老年人住房问题的主要模式。配套设施完全依据老年人的需要设计，如防滑设施和无障碍设施等，服务人员远远多于酒店或酒店式公寓，老年人可以根据自己的需要选择长住或短住（图 2-3）[①]。

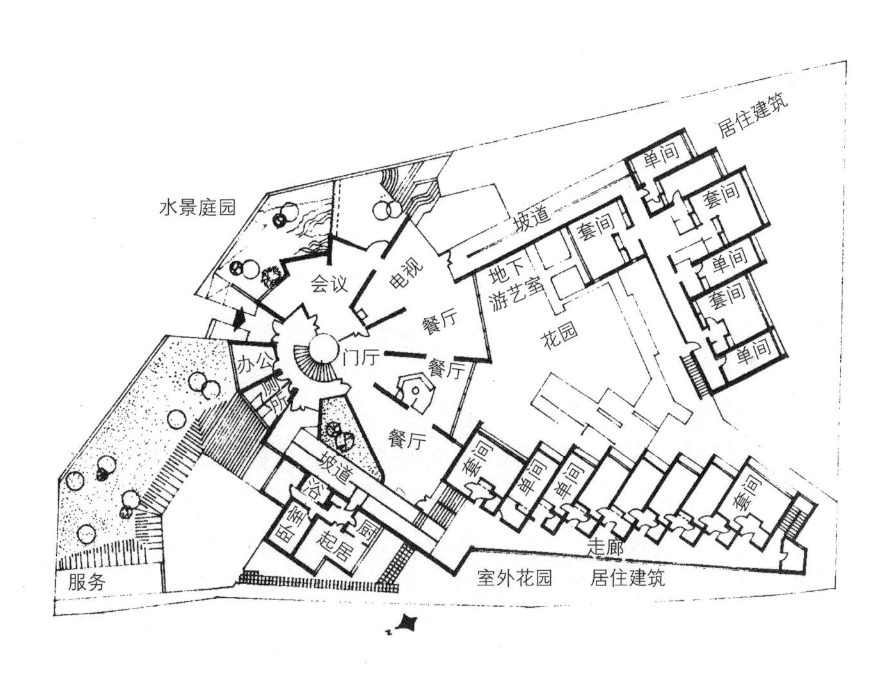

图 2-3
法国巴黎某老年公寓

（3）护理院

主要收住失去生活自理能力的患病老人，有较完善的医疗和生活服务设施。

（4）中长期老年医院

以治疗为主，属于康复医院性质，其收治对象为经过治疗后，有希望

① 周忻．老年公寓操作图文全解．北京：中国物资出版社，2011.

恢复生活自理能力的老年患者。

上述老年居住设施收养的老人约占全国老年人口的7%，在欧洲国家中收养率最高。然而住在普通住宅的老年人绝大多数与子女分居，这些分散居住生活的老年人的生活照料都要靠社区提供的各种服务来解决。政府已经采取了许多措施照料老人和提高老人的生活质量。特别是最近几年，政府制定了一系列的法规，来建立老年人照料体系。尤其是2002年12月，2号条例更新了社会服务和社会医疗领域的规定，将居家助理业融入社会福利法规中。2004年底，所有该领域的参与方签订了发展养老服务业全国性协议和专业培训协议，确定了该行业实行专业化政策。考虑到体系中社会经济和就业发展的挑战，法律和政策有了进展与确定。实际上，1980年以来由于国家工业化造成的大量失业，促使国家鼓励养老业的发展。居家助理业领域能够产生大量的新岗位，是一个减少失业率的好机会。因此，如果各个政府职能部门、私营机构和相关受益人通力合作，创造符合需要的岗位，居家助理业的发展会成为社会和地区凝聚力的一个关键因素[①]。他们实行社区家庭服务员制度，上门为分散居住的老年人提供从生活料理到医疗保健的多种服务，社区膳食中心可为体弱多病、行走不便的老人送饭上门等。此外还有老年俱乐部等组织来负责各种文化娱乐活动。社区的服务已形成完善的网络系统。

3. 德国

据2008年版的联合国人口展望报告（United Nations: World Population Prospects.The 2008 Revision），德国60岁及以上老年人口已占总人口的25.7%，高出英国3.3%。目前老龄化程度已处于世界前列，仅低于日本和意大利。预计在2050年德国60岁及以上老年人口将占总人口的1/3，并且高龄老人比重较大，一半以上的人口将超过50岁。

目前德国老年人主要主要有四种养老方式。

第一种是居家养老，老年人在家中居住生活。这种形式最普遍。

第二种是机构养老，这也是德国解决养老的主要手段，占5%到7%的比例，由专门的养老机构，包括福利院、养老院、托老所、老年公寓、临终关怀医院等对老人进行全方位的照顾。

第三种方式是社区养老，正在成为主流。这正好与德国政府开始实行的“就地老化”制度相吻合。这种办法强调对老人的身心、健康、生活进行全面服务，且多在社区内进行，不脱离原有社区的人际关系。同时，为了解决老年护理人员的短缺问题，德国政府还实施了一项特殊政策——“储存时间”制度。公民年满18岁后，要利用公休日或节假日义务为老年公寓或老年病康复中心服务。参加老年看护的业务工作者可以累计服务时间，

① 民政部养老服务体系建设领导小组办公室．国外及港澳台地区养老服务情况汇编．北京：中国社会出版社，2010.

换取年老后自己享受他人为自己服务的时间。

第四种方式是异地养老，也开始流行。老年人离开现有住宅，到外地居住养老，包括旅游养老、度假养老、回原居住地养老等。

在德国，法定男女退休年龄都是 65 岁，没有任何法律规定子女必须赡养父母。

以上四种养老方式在形式上虽然有区别，可能不同的人有不同的选择，同一个人在不同的时期也会有不同的选择，但其存在和发展离不开德国完善的长期照料服务体系。建立独立于传统、医疗、保险制度之外的长期照料服务体系，是应对老龄社会挑战，特别是高龄化挑战的重要制度安排。完善的长期照料服务体系的支撑和核心是德国长期照料社会保险法。目前，从全球范围看，就其核心即服务费用筹措机制来说，长期照料服务体系的发展有两种模式：第一种是社会保险模式，德国和日本实行这种模式；第二种是商业保险模式，美国实行这种模式。德国是现代社会保险制度产生的摇篮。1883 ~ 1927 年先后实行了医疗、养老、工伤和失业等社会保险制度。第二次世界大战之后，德国也重新恢复和建立健全其社会保险制度，经过近 30 年的努力，日益完善。到了 20 世纪 70 年代，老年人特别是高龄老年人的长期照料逐渐成为德国的一个重要社会问题。经过长时间的讨论研究，1994 年通过了实施全民餐厅长期照料社会保险计划的法律。德国长期照料社会保险的推出标志着现代社会保险制度的日臻成熟，意味着现代社会保险制度成为完整意义上的社会安全网，它包括生、老、病、意外伤害、失业和死亡以及死亡前的长期照料等生命周期中的主要生命事件，并从制度安排上通过社会保险的方式予以解决。德国政府也曾骄傲地宣称，长期照料社会保险法的出台，填补了社会保险体系中的最后一个漏洞。

德国的长期照料服务机构分为居家服务和机构服务两个层次。1995 年实施的长期照料社会保险制度是德国的长期照料服务体系发展的分界线。在此之前，德国的两类服务机构大约是 8300 个，包括 4000 个居家服务机构（社区服务机构）和半居家服务机构以及 4300 个长期照料服务专门机构。在此之后，两类服务机构迅速发展，目前为 20300 个，包括 10600 个居家服务机构以及 9700 个长期照料服务专门机构。据德国卫生部资料，这些机构和设施数量足够，不仅基本上可以满足全部失能老年人长期照料的服务需求，而且在实施长期照料社会保险制度以后，服务设施条件不断改善，服务质量逐步提高。

德国长期照料服务费用，主要由长期照料社会保险系统按照现收现付制筹集。给付实行分级制度，按照失能水平把长期照料服务分为三级，其给付与被保险人的收入没有关系，主要有两种给出方式：服务时间；服务津贴即现金给付。

长期照料服务的内容分为四种：一是个人卫生服务，如帮助失能老年人梳头、刮胡子、刷牙、洗澡等；二是营养服务，如进餐时，准备和帮助失能老年人进食；三是日常活动，负责帮助失能老年人上下床、穿衣脱衣、散步、上下楼梯、出行等；四是家务服务，指帮助失能老年人购物做饭、清洁洗衣等，在德国，一般将个人卫生服务、营养服务和日常活动服务称之为基本照料服务[①]。

长期照料服务方式分为居家服务和机构服务两种。居家服务是人们居住在家接受长期照料服务。由于居家服务是大多数人的意愿，加上大力扶持居家服务可以避免人们大量入住机构，德国的长期照料社会保险致力于为居家服务创造条件。例如，由相关机构为居住在家的老年人提供喘息时照料、短期照料和日间照料，以及临时替代家庭成员照料补贴等辅助措施，鼓励人们尽可能地在自己的家里接受长期照料服务，颐养天年。德国的居家服务强调接受服务者的需要，既可以选择服务时间给付，即由相关机构提供的专业服务或者家庭成员提供非专业的服务，也可以选择现金给付，或者两者兼用。其他还有非全日机构照料补贴、夜间照料补贴、补充津贴、特别床位和志愿者服务以及照料专业免费培训等扶持居家服务措施。机构服务是人们入住专门机构接受长期照料服务，如果需要入住机构，服务费用由长期照料保险支出。

德国的长期照料服务体系比较完善，其服务管理监督体制也比较健全。由被保险人、保险人即长期照料社会保险机构和第三方即长期照料服务机构共同运作。被保险人负责缴费，并在需要服务时享有长期照料服务，保险人负责筹集和管理长期照料社会保险基金，根据法律和服务合同向第三方拨付基金，第三方独立运作，按照法律和服务合同为失能人群提供长期照料服务。主要管理机构是联邦卫生部、中央长期照料社会保险基金联合会和联邦长期照料服务机构联合会。

自从 1995 年实施长期社会保险以来，经过 20 多年的努力，德国的长期照料服务已经成为一个覆盖全体人群，以长期照料社会保险为主、私立长期照料保险为辅，以居家服务和机构服务为主要方式，以社会帮助为补充的相对完善的体系，越来越成为德国社会保证厅保障体系的重要支柱，对于德国，百姓的生活越来越重要，成为德国的社会稳定、经济发展的保障。有益的效果大概可以概括为六点：

（1）覆盖所有公民。

（2）失能人群特别是高龄老年人广泛受益。

（3）减少社会援助压力。

（4）加强居家服务的政策目标基本实现。2006 年，在享受长期照料服务的 207 万的失能人群中 1/3 的人即 68 万人选择入住机构，其余 2/3 的人即 139 万人选择居住在自己家里接受长期照料服务。在选择居家服务的失能老年人中，大多数是那些失能水平较低、家庭成员能够承担起照料服务

---

① 张啸．德国养老 [M]. 北京：中国社会出版社，2010.

的老年人。因此，简单地说，居家服务是发展的大方向这一政策目标是毋庸置疑的。但对于失能老年人来说，应当是坚持居家服务和机构服务相结合的政策导向。

（5）改善了服务设施，增加了就业。

（6）参加长期照料社会保险，成为公民的自觉行动。

德国虽然是个实施高福利的国家，由于高税负，德国不少退休老人生活并不十分宽裕。再加之没有任何法律规定子女必须赡养父母，德国的老年人与子女共同生活的仅占老年家庭总数的25%，75%的老人独居。德国的老年住宅模式大致分为住宅政策里的社会住宅体系和福利政策里的养老院体系两种。社会住宅的老年住宅，内部采用一定的无障碍设计，对房租采取补贴等措施。养老院的体系当中，在规划设计上，一般把各种养老院和社会住宅中的老年住宅建设在一起，以便在设置服务网点和急救站时，能够两者兼顾，以共享服务设施和医疗设施。养老院体系大致包含老年公寓、养老院（图2-4）、老年俱乐部等设施。

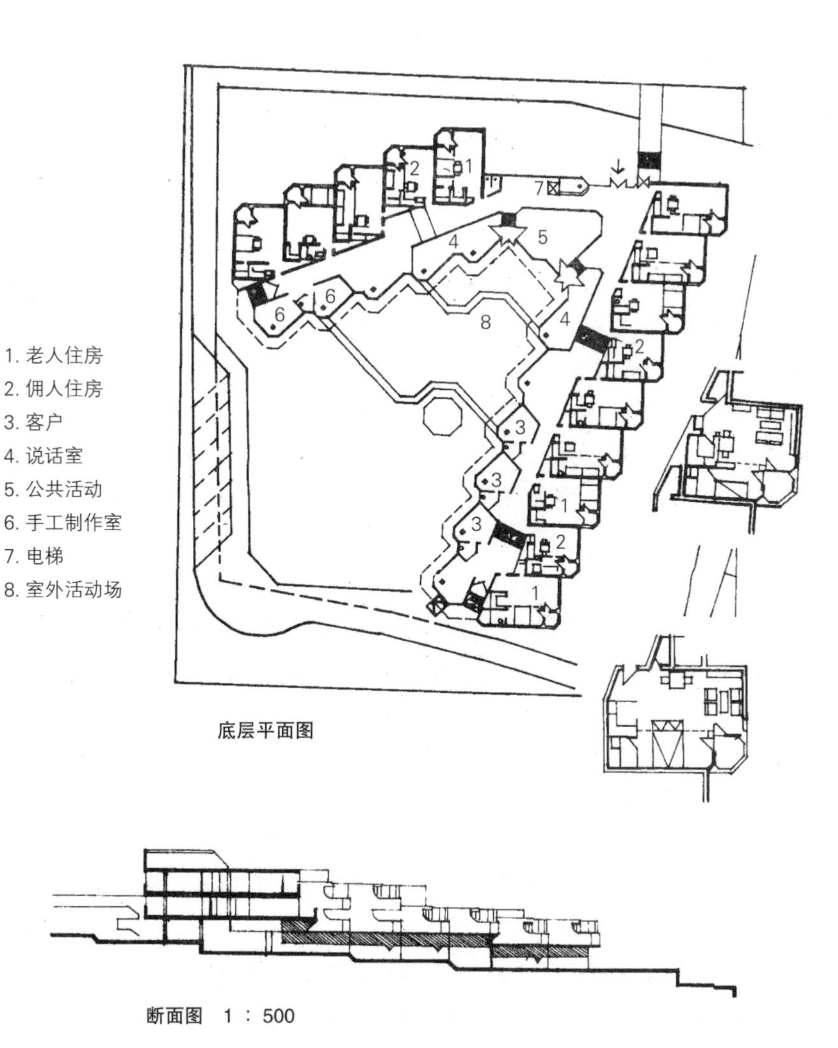

图2-4
德国某养老院

20世纪90年代以来，德国政府和社会也探索了一些比较有特色的老年人养老方式，出现了“结伴式养老公寓”、“多代公寓”、“照料护理式公寓”等。如德国卫生部和城建部共同倡议兴建供几代人共居的多代公寓，并为此举办了献计竞赛活动，在欧洲各国中独树一帜。

（1）结伴式养老公寓

老年人在退休后到完全需要别人照顾之前，还有相当长一段时间，在此期间他们需要新寻找一种新的生活方式。以往，德国老人退休后要么独自生活，要么住进养老院。但独自生活太寂寞，养老院的费用又太高。由于部分老年人厌倦了养老院里单调、与外界隔绝的生活，于是选择与志同道合的伙伴“结伴而居”的新方式。他们共同制定作息时间、彼此照顾、一起用餐、携手外出旅游，关系融洽，相处愉快。这种“结伴而居”无疑走出一条新的路子。

由于老年公寓备受青睐，德国政府十分重视支持建造老年公寓，尤其对结伴入住的老年公寓，在设计上征求老年人的意见，尽量做到人性化、个性化。据德国政府预计，到2050年，60岁以上的老年人将占德国全国人口的35.5%，其中至少一半老人会选择结伴养老方式，与普通养老院相比，这种老年公寓更受老人欢迎，市场潜力无穷。

由于市场需求可观，德国的建筑商们纷纷行动起来，银行方面承诺向他们提供低息贷款，政府表示在税收上给予优惠。此外，德国一些城市计划对老年人原有住宅进行改造，以便让老人不离开原地，就能实现结伴养老。这种对老年人原有住宅进行改造的做法，得到了德国社会包括老年人子女们的大力支持。因为这种做法不仅建设周期短、经济，而且可使老人们不离开住过的老房子、老邻居。为了创建结伴养老式老年公寓，根据老人们的想法，在改造时留出一间公共会客厅和供保姆住的房间。一般认为老年人从退休后到完全需要别人照顾之前，虽然生活基本上可以自理，但有时一些体力活仍然需要年轻人帮助。单独请保姆却没有必要，如果结伴养老的老人共同请保姆，不仅可以解决老人的实际问题，而且节省开销。

（2）多代公寓

2006年，德国政府推出了这项“多代公寓”的计划旨在解决人口老化问题，促进代际间的沟通交流，缓解老人空巢感，强化全社会的团结互助氛围。多代公寓与我国两代居等住宅的概念不一样，它并不是要求直系亲属在一起生活。多代公寓的政策目标是把各个年龄段的人吸引到一栋公寓里居住，公寓里有孩子，有年轻人，还有老年人，大家相互帮助，如同一个大家庭，其乐融融，这就是德国的多代公寓。多代公寓不一定是新建公寓，有一些是在原有楼房的基础上改建。按照德国政府制定的多代公寓标准，现有公寓或者民间团体均可申请国家资助以成立多代公寓。据估计在2006年底，多代公寓的数量就有500栋。多代公寓只租不售，都是由地方政府提供土地和资金，由福利财团或公益法人经营。同时，政府每年向每栋这种公寓最高补助 4 万欧元，用于购置公共活动房间的家具、电脑、书籍以及支付文娱活动费用。为了完成此项工作，政府还配备有专职官员。

每栋多代公寓一般居住 50 人左右，一般设有提供早餐和午餐的咖啡厅或食堂，方便人们相聚，尤其是老年人可以时常见面，加强联系，相互帮助。例如位于瓦尔德堡市中心的多代公寓，是一座 3 层楼房，房间大小为 42 ~ 77 平方米，租金最高 500 欧元。共住了租户合计 44 人，其中 17 岁以下的 8 人，18 ~ 59 岁的 11 人，60 ~ 79 岁的 10 人，80 岁以上的 15 人。一层的公共活动房间约 80 平方米，配备有桌椅、书架等，还有一个小厨房。公寓配有专职的管理人员，负责居民生活咨询、传授特种技能、组织学习烹调知识、帮助居民交流、组织外出旅游等，居民对生活现状不满意或彼此有了矛盾，也可找管理人员解决。管理人员也会不时请来专业人士提供咨询和建议，帮助公寓里的居民和谐相处。申请想入住几代人共居公寓的人，须经负责运营该公寓的福利财团或公益法人和管理人员挑选。挑选的标准，主要是考虑单身老人、青壮年、幼儿搭配，以求每栋公寓各代人配置合理。

多代公寓的出现，在德国其实有一定的民间基础。近年来，越来越多的德国老年人不愿独居或住进养老机构，一些关系亲密的老年人因此共同出资购买别墅，作为安享晚年的寓所。在别墅里，这些老人各自拥有一间卧室，共用厨房和客厅，日常生活中分工合作，各司其职。老年人共同生活，不仅费用可能比入住养老院还低，而且生活质量较高。同时老年人问卷调查表明，多数人为独自生活感到不安，要求过普通人的生活，与社会接触，不愿住在饮食、医疗服务完善的老年公寓。老年人在退休后相当长的一段时间内，绝大多数老人身体健康，生活能自理，因此，想摆脱孤独困扰的老年人和想借助老年人的知识和经验抚育下一代的年轻人，对几代人居公寓特别感兴趣。近几年来要求入住的人数大增，以至于等待一年以上才能住进去的大有人在。

（3）照料护理式公寓

老年人出于安全感的需要，希望在生病或需要帮助时，能与外界联系方便，以便得到更多、更好的照顾，同时他们又愿意在私密性强的家里独立自主地生活。照料护理式公寓满足了老人既要安全又要私密的矛盾需求。照料护理式公寓基于三个出发点：可自主生活；根据需要选择照看和护理，并能得到社会上医疗服务的支持；专门为老人设计的住宅及其环境。也就是说，在照料护理式公寓中，对以下三个方面都非常重视：环境场所理念；建筑设计理念；护理理念。照料护理式公寓的目标是在最大限度满足居住要求的基础上，结合看护的功能，根据各个居住者不同的情况和需要提供相应的照料、护理、帮助和治疗，以使老人在这里能不依靠家人的照顾或在家中雇佣护理员，就能独立地生活到生命的尽头。图 2-5 表示出这类住宅中居住与护理的关系。照料护理式公寓体现的理念如下。

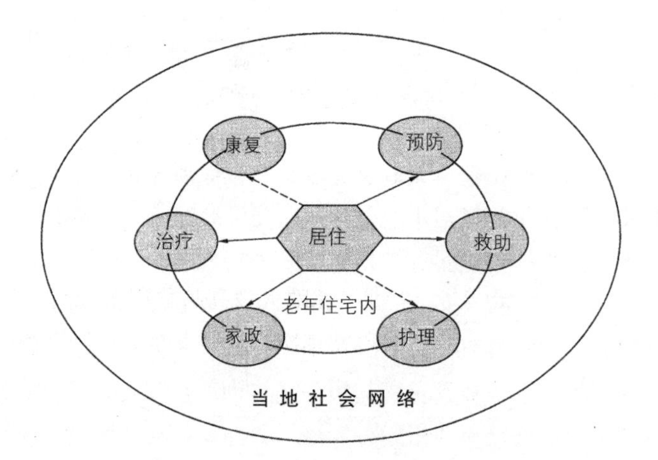

图 2-5
照料护理式住宅居住与护理的关系[①]

1）自主生活理念。照料护理式公寓，首先是舒适的住宅，使老人的居住质量更上了一层楼，考虑如何才有利于老人健康自主地生活。住宅还以无障碍设计为基本标准，以通信联系方便为目标。在住宅中用一些小尺度但又合理的帮助设施或家具来提高住宅服务的质量。如为行动不便的老人设计的侧翻型的浴缸和高度可调节、便于坐着工作的厨房操作台，房间各处都有分布合理的防滑扶手、轻便易锁又安全可靠的门，这些都能体现对老年人的关怀。

2）护理理念。护理理念不再是单一和静态的，而是一个多种多样和动态立体的概念。它的多样性表现在由各个功能不同的企业和服务商提供的服务：如家政服务、医疗护理服务、其他社会服务。动态的服务是指在住宅或住宅小区中不再只设有服务管理员和医疗护理点，更多的服务来自社会网络和现有的组织机构，护理合同由居住者与服务商直接签订。服务商根据居住区居住者的数量和每个居住区不同的实际需求情况，提供全天或分时段的服务，还有紧急求助服务。这种服务网络跨越时间和空间，是住宅社区和各个功能的服务商合作所共同提供的立体交叉的服务。

3）环境理念。住宅环境影响人的生活，老年人因为行动不便，选择在家中或周围环境中活动的时候更多。因此，对于整天生活在这个区域的老人，环境的好坏是十分重要的。可信赖的住宅环境，给人以安全感和认同感，能使个人的自我特性得以维持和延续，使“家”的感觉无形中扩大。照料护理式公寓环境除了要符合现有的城市设计和规划，更注重地方性的设计，使建筑能融入地方结构中，形成整合的空间。还与当地的基础设施联系在一起，嵌入社会网络结构并有效地利用这些设施进行服务。

总体来说，照料护理式公寓是为了方便老人的居住和照料而建。目的是有一个让老人产生安全感和信赖感，提供让人觉得亲密而无拘无束的环境，具有舒适的活动空间、清晰安全的交通流向和有利于老人触、视、听

① 刘美霞等．老年住宅开发和经营模式 [M]. 北京：中国建筑工业出版社，2008.

觉的健康条件。与普通老年住宅相比，照料护理式公寓是一种更为先进的老年住宅形式。

4. 瑞典

瑞典是继法国之后第二个进入“老年型”社会的国家，也是当今世界上老年人口系数最高的国家。到2011底，瑞典人口接近950万，居民中65周岁（瑞典法定退休年龄）以上（含）人口比重已达18%。预计到2030年，这个数字将上升至30%。目前，北欧人口高龄化程度最高，60岁以上人口中超过80岁的人达到20%。西欧其次，达到17%。比例最高的国家是挪威（24%），其次就是瑞典（23%）。

（1）健全的社会养老保障体系

和北欧别的国家一样，瑞典拥有世界上首屈一指的“从摇篮到坟墓”的社会保障制度，老人们不会为金钱发愁。除此而外，“居家养老”的模式保证老人生活得更加幸福，这是瑞典养老制度的核心。早在1913年，瑞典就已经制定了第一套普遍的养老金框架，1956年，瑞典议会通过社会福利法，该项法律规定，子女和亲属不再负有赡养和照料老人的义务，这意味着养老责任必须由政府来承担。经过多年发展，瑞典已经形成一个较为合理完善的养老金制度，能够给予老人基本的生活保障。20世纪90年代，瑞典实施了建立在可持续性基础上的养老金制度的改革，瑞典的退休保险制度为老年生活提供了足可独立的条件，因而使瑞典老人最具独立意识。瑞典各级政府针对老年人在养老金发放、住房补贴、免费医疗、提供社会服务等方面建立了较完备的养老保障制度。从而形成了如今我们看到的全球最佳养老国家。2013年10月1日，联合国首次发布“全球老年观察指数”，对91个国家和地区的老年人生活质量进行了调查。经过对包括收入保障、医疗卫生、就业与教育以及生活环境等四个关键领域的评分，瑞典以总得分89分排名第一，成为世界上最适合养老的国家。

（2）人性化的养老模式

历史上瑞典也曾有过多代同堂的“大家庭”，但随着高度工业化和城市化，这种“大家庭”基本消失。瑞典现在的家庭结构平均为三人，半个世纪以来几乎没有出现过三代同堂的家庭[①]。由于立法上明确子女没有赡养和照料老人的义务，所以瑞典老人在退休之后基本上都不会与子女共同生活，几乎全部为空巢老人。一般情况下，瑞典老人会有三种养老模式，即老人服务院养老、老人公寓养老和居家养老。

老人服务院，由于瑞典人口老龄化严重，对老年机构的建设也非常重视。在瑞典，入住养老院无需交纳住院费用，在养老院养老的一般是基本失去生活自理能力的孤寡老人。养老院的环境很好，硬件设施一应俱全，从吃饭到洗澡都有人照料，但缺乏温情，瑞典老人不到万不得已是不会住

① 劳远游. 访瑞典“老人之家”. 城市规划，1986.

进养老院的。老人服务院由各地市政府建立，为老年人提供养老服务。自从2000年以来，居住在老人服务院的老年人数量大约下降了17%，其中65岁及以上的老年人人数从8%下降到6%；80岁及以上的老年人人数从20%下降到16%。截至2006年10月1日，居住在老人服务院的老年人中80岁以上的老人占81%；老人服务院中的老人70%约为女性。目前瑞典约有98600名老年人居住在老人服务院中。其中56%的老人拥有一间或半间配备厨房、厕所和淋浴设施的房间。除此外，瑞典最常见的老人服务院构造为一间没有厨房，但配备淋浴设施的房间（大约19%）以及由两间房间组成并配有公用厨房、厕所和淋浴设施的小套间（超过16%）。但也有2%约1800名老人与不是他们配偶或者亲属的人居住在同一屋檐下。老人服务院可以是政府管理，也可以由私人卫生和社会服务机构来经营，但是养老服务的筹资和监管都是由市政府负责的。尽管瑞典大多数老年人对老年服务院的生活还算满意，但是仍感到“孤独”和“寂寞”。

老人公寓，公寓养老是20世纪70年代在瑞典兴起的一种养老模式，与国内的干休所类似。老人公寓由地方政府负责建造，政府一般在社区内建造老年公寓、康复中心或在一般住宅中筹建便于老年人居住的辅助住宅。这些建筑按照老年人的特点进行设计，方便老年人居住，楼内设有餐厅、小卖部、门诊室等服务设施。例如，斯德哥尔摩的老人公寓就位于居民区内，是专供有独立生活能力的退休老人居住的，在这里居住每月要付房租，不同的是所有的房间都没有门槛以防老人绊倒，马桶、澡盆比较低矮并带有扶手，考虑到老人弯腰不便，炉灶、烤箱等用具的高度均适合老人站立使用，甚至可以上下升降，阳台、窗户较大，可以让老人多晒太阳。老人公寓还有一支训练有素的家庭护理员队伍，可以随时为老人提供服务。入住老年公寓的老年人，需要经过个人申请，只要批准均可以到老年公寓居住生活。老年公寓设施完备，居住面积人均达到67平方米，居住在老年公寓的老人既可以像在家里一样自己上街买菜做饭，也可以申请送餐上门。对于有病的老人，护理人员将按时到公寓为老人服药、打针和理疗，且有前期的治疗方案、治疗记录。公寓的老人有周到的集体活动和个人活动安排。老年人既有自己独立的活动空间，又使得他们普遍不感到孤独。不过，近年来，老人公寓养老已不再时兴，一些老人公寓又被逐渐改造为普通公寓。

居家养老，瑞典政府力推，也最为流行的是居家养老的形式。瑞典政府承担起了组织实施居家养老服务的责任，为最大限度地让老年人住在自己家里养老，瑞典政府采取了一系列措施。目前瑞典60岁以上老年人口为219万，参与社区服务的人员有24.48万，就是说平均不到9名老年人就有一名为之服务的工作人员。居家养老服务主要是由市政府提供的，并且是政府负有最终责任。居家养老服务有两种形式，一种是老人在自己家中享受养老服务，服务内容包括室内清洁、烹调、洗衣以及其他一些生活上的服务，提供服务的时间可以是白天，也可以是晚上。服务部门可以应电话要求派人去老人家里照顾，临时发病的老人也可以派人替老人去医院排队挂号和送老人去医院看病。服务项目还包括帮助老人锻炼身体、借还图书、购买食品、扫雪、理发、洗澡等。服务部门也收取一定的服务费，但各地收费标准不一[①]。这样可以让所有人在退休后尽可能地继续在自己原来的住宅里安度晚年。这主要是因为居家养老比较人性化，也很个性化，而且更能给人以安全感。近年来由于完善的家政服务网服务，老年人对居住的选择上有了可喜的变化。

与之对应，政府住房政策以扶助老年人独立生活为目标，同时最大限度满足老年人长期居住在一个他们熟悉的地方和环境中的意愿。目前普遍的情况是大多数退休老人既独立于他们的子女，又独立于政府为老人设置的社会养老福利设施，愿意继续生活在自己寓所内。我们可以从图 2-6 中看出，20 世纪 80 年代到 21 世纪大部分老年人选择留在普通住宅的家中，并且一部分原来住在服务性住宅的老人只要身体条件允许，还是回归到普通住宅。瑞典政府的政策也一直是旨在使老年人能尽可能长时间地住在自己家里，基于老人的生活意愿，社会提供多种服务项目为老年人能方便地住在自己家里创造条件。国家还提供贷款和补贴，维修和改善老人的居住条件。瑞典常见的房屋适老改造内容包括拆除房屋内外的各种障碍和重建浴室。为了使老人继续在普通住房生活，各种形式的居家养老服务往往与专业的居家护理服务相结合，以保障老人的健康情况不至于很快恶化，甚至有所改善。

瑞典 65 岁以上的老年人口中，有 91.4% 居住在普通住宅内，可以得到基本的社区服务。生活在家中的瑞典老年人，不到迫不得已，他们通常不会选择机构照料。住在机构照料的老年人当中，有 70% 以上的人患有老年痴呆症[②]。

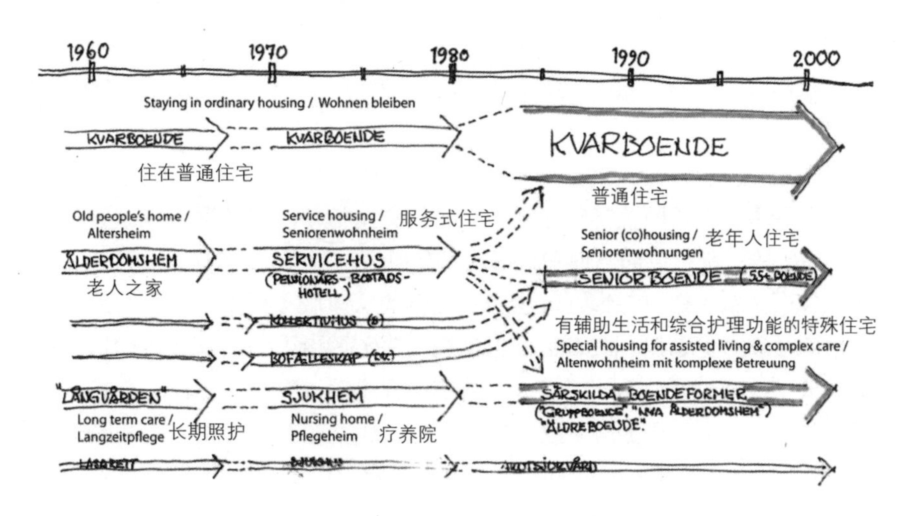

图 2-6
瑞典老年人的住房选择
（图片来源：钱芳静提供）

① 粟芳，魏陆 . 瑞典社会保障制度 [M]. 上海：上海人民出版社，2010.

② 民政部全国老龄办，国外及港澳台地区养老服务情况汇编 [M]. 北京：中国社会出版社，2010.

1960 ~ 1965 年，生活自理程度较低、需要照顾的老人大都入住“老人之家”（old people’s home），到了 20 世纪七八十年代，出现了一批服务式住宅（service housing）和疗养院（nursing home），80 年代中期，新型的有辅助生活和综合护理功能的特殊住宅群（special housing for assisted living & complex care）被开发，它们一般以组团的形式来布局住宅单元，如图 2-7（左图）所示，同时把它们与服务护理单元结合在一起，既保证私人和公共空间、生活和工作空间，又能接受专业的照料，这对于那些生活完全不能自理，如患有老年痴呆症的老人是理想的选择，如图 2-7（右图）所示。据斯德哥尔摩 1984 年统计，该城 65 万居民有 730 所“老年人之家”（senior housing），分设在不同的区域之中。“老年人之家”是加入可达性、可用性等老年住宅元素的普通型住宅，带有轻松可达的公共活动空间，常会开展符合老年人共同兴趣爱好的活动，使他们在愉快而安全的环境中生活。但“老年人之家”的入住有年龄和健康条件的限制，适合需要轻度照顾的老年人。

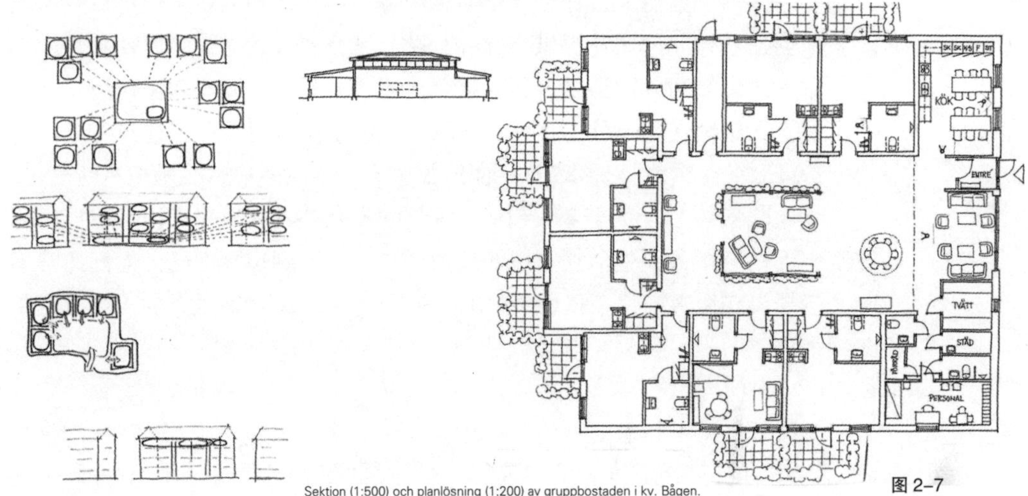

Sektion (1:500) och planlösning (1:200) av gruppbostaden i kv. Bågen.

8 间公寓，30 ~ 32 平方米，有护理功能的特殊老年住宅组团（图片来源：钱芳静提供）

图 2-7
组团的形式图（Group home for the lderly with dementia，Klippan，Skåne.）

实行居家养老的关键是建立一个功能齐全的家政服务网。居家养老的人凡有需要，都可以向当地主管部门提出申请，待实地评估、获得确认后，才会得到同意。瑞典各地方政府负责提供的家政服务虽说是福利性的，但还是要收取一定费用。收费标准根据接受服务的老人的实际收入确定，但远远低于市场收费标准。瑞典大多数市镇提供膳食服务、安全报警和日间托老所服务。由于有了居家护理服务，越来越多的老人可以留在自己家里，直至其生命终结。有些严重病患者也在自己家里接受医疗和社会服务。

居家养老还有一个优势是能够鼓励家庭和子女重新承担起一部分照料老年人的工作。瑞典社会服务法中有一条规定，社会福利委员会应对家中有老年、残疾和患有长期疾病者的公民提供特别的支持和减负政策。在有些城市，提供老年居家照料服务的家庭成员可以获得经济补偿。在某些情况下，家庭成员可以受雇于市政府，或由需要帮助的老年人申请家庭照料津贴，用以向承担照料工作的家庭成员支付报酬。

居家养老另外一个优势是能够节省政府的投入。根据瑞典政府 2005 年所作的统计，老人服务院养老，每个老年人的年服务费用是 45.5 万瑞典克朗，而居家养老服务，每个老年人的年服务费用仅为 21.2 万瑞典克朗，节省开支约 53.4%。

（3）考虑周全的公共设施

除了在资金、生活模式上为退休老人提供合理的制度设计外，在日常的社会公共管理中，瑞典也会针对老人的特点，进行周全的规划考虑。

瑞典的公共交通为保障老人便利出行，都有专为其设计的通道，公交和地铁上也有方便老人行动的老年人专座。出租车则由特殊改装的车辆专为老年人或残疾人提供特别的运输服务。此外，政府在进行居住地区规划时，通常会要求开发商确保相关配套设施适合老年人需求。

瑞典的老年人除了可以在康复中心和托老所就餐外，散居在社区的老年人还可以到附近的中、小学吃饭。中、小学在学生开饭后开始供应老人膳食，食堂提前向老年人公布菜单，所收费用仅为市价的一半。

既有完备的社会保障制度作后盾，又有考虑周全的公共设施，还有体贴入微的上门服务。可以说，瑞典在养老方面无论是硬件还是软件，都走在世界前列，成为世界最佳养老国也就不足为怪了。

2.2.2 北美富裕国家

美国时代杂志（1999 年 11 月）的一篇报道中指出：在 20 世纪初，美国人的平均寿命为 47 岁，而到 20 世纪末平均寿命为 76 岁。同时老人人口的比例也逐步提高，在加拿大老人（65 岁及以上）在 1970 年时为 7%，到 1999 年已达到 13%。而且高龄老人的比例较大。由于美、加两国的人口老化是与经济增长同步发展的，因此比欧洲的国家有更强的经济实力来解决老年人的养老问题。老人在美、加两国许多法律条文中都受到尊重和优厚的待遇，也体现在老人住宅、各种社会养老设施的大量兴建和老年社区的开发规模上。

1. 美国

在 20 世纪 60 年代末进入“老年型”社会。1965 年制定了“老人法”。但有关人口老化产生的社会问题并未引起社会足够的重视，直至 80 年代由于老龄化形势的严峻才有了转变。由于据统计美国的老年人中有相当一部分较富有，因此改善老年人居住生活条件的需求蕴含着巨大的商业效益。这种潜在的利益极大地吸引了商业投资，促使老年人居住建筑和老年社区大规模开发兴建，从而也扩大了自主选择养老方式的范围，满足了多样化的需求。美国老年家庭与欧洲相似，与子女亲属同居者很少，85% 是纯老户，并且75%的老人拥有自己的住宅。美国最新发布的一项普查结果表明，尽管美国人口日益老龄化，但居住在养老院中的老年人比例，却呈下降趋势。2006年，75岁以上的美国人中约有7.4%住在养老院里，2000和1990年的数字分别是8.1%和10.2%，其余都是居家养老。老年居住设施的类型根据老年人的健康状况和意愿大致分为五类：独立式住宅（independent housing units），老年公寓（congregate housing），养老院（personal care housing），护理院（skilled nursing housing），老年养生社区（life care communities），与英国的相应设施十分相似。近年来“美国老人法”已经多次修订，对老年住宅、福利设施和社区计划三方面作了重大改进。

在老年住宅的建造中，采用了一系列方便老人使用的专用产品（包括门窗五金、厨具、浴具等）和当代先进科技成果，使住宅成为人们终生的最佳伴侣。20世纪80年代开始的老年社区开发是美国老年养老生活模式的重要特色。出现了所谓“太阳系”的社区空间结构，把不同类型的老年居住设施、餐馆、商店、娱乐中心和医疗保健连接成一个整体（图2-8、图2-9），老年人能不受外部交通干扰而方便安全地到达各种服务设施。美国一些地区推广的这些“退休社区”项目，为恋家的独居老人提供不出家门的养老院。退休社区项目，如今已覆盖全美大约300个老龄化社区，为那些在家养老的独居老人提供各类服务，包括房屋维修、志愿者上门帮工、社交活动、社区商店购物等。在这些社区里，养老项目管理方通过互联网、电话等联络方式，及时了解老人的需求，提供周到的服务。老人可以不用离开自己舒适的家，就能享受到在养老院般的照料。和入住养老院的成本相比，退休社区所需费用相当低。因此在美国，退休社区也被认为是老人退休后的一种住房选择，也就是说，它为老人退休后挑选什么样的住房和环境度过自己的余生又增加了一种选择。美国的退休社区有很多类型，从服务类型来看，主要有以提供休闲生活为目的的退休社区，也有以提供医疗服务为目的的退休社区，还有以适合较年轻的能够照顾自己的老人的退休社区。除此外，还有居家援助式养老的老人公寓。在这种公寓中居住的老人不需要24小时的医疗照顾，但有专门的服务人员上门打扫室内卫生，或提供穿衣洗澡和膳食服务。不同服务类型的退休社区具有各自不同的目标人群。那些80岁以上的老人将成为以提供医疗服务为目的的退休社区的居民主力，而60～70岁的健康老人将成为以提供休闲生活为目的的退休社区的居民主力[①]。

太阳城中心（Sun City Center）是美国社区养老的代表，是全美最大的老年社区之一。它位于佛罗里达州坦帕市郊，从1961年开始建设，占地10平方公里，太阳城中心历经40年的开发建设，目前有来自全美及世界各地的住户约17000名，而且一直处于持续增长的态势，平均年龄为75岁。所有居民必须55岁以上，18岁以下的陪同人士一年居住时间不能超过30天。

① 张恺梯等．美国养老[M]．北京：中国社会出版社，2010.

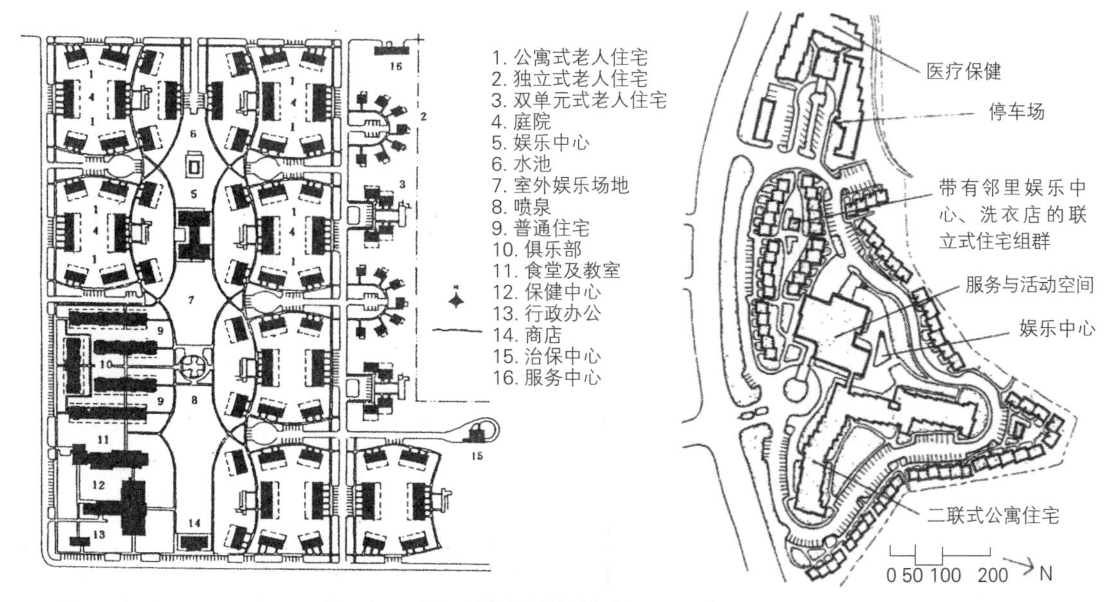

（图片来源：胡仁禄，马光．老年居住环境设计 [M]. 台北：地景企业股份有限公司，1997.）

图 2-8
美国老年社区分散型空间结构图（左）

图 2-9
美国老年社区混合型空间结构（右）

社区内有适应不同老人需要的多种居住组团，社区生活极其活跃，让人们能够建立密切的联系和交流。

太阳城社区的设计独具养老特色。太阳城有专为老年人考虑的建筑规划，太阳城中有许多种住宅类型，以独栋和双拼为主，还有多层公寓、独立居住中心、生活照料社区、复合公寓住宅等。小区内实现无障碍设计：无障碍步行道、无障碍防滑坡道，低按键、高插座，社区住宅以底层建筑为主。同时，社区内的空间导向性比较强调：对方位感、交通的安全性、道路的可达性均作了安排，实施严格的人车分流。在这里，体现的是一种生活，一种不孤独、不依赖的老年生活，充实并且健康。

太阳城的休闲设施是社区的一大亮点。太阳城拥有大量的生活设施，包括 7 个娱乐中心，2 个图书馆，2 个保龄球馆，8 个高尔夫球场，3 个乡村俱乐部，1 间美术馆和 1 个交响乐演奏厅。据认为，居住在这样的老年社区，对老人的身体非常有益，据说老年社区中的老年人比美国平均人口寿命高十岁。

在老年社区中建设的不同建筑以适应不同的生活方式，同时也具有不同的社会服务范围（表 2-4）。在社区计划方面，20 世纪 70 年代中期开始实施“多目标老人中心”计划。它包含一系列综合服务的组织和相应社区建筑设施的兴建。用以提供保健、教育、社会参与和文化娱乐等方面的综合性服务，为居家养老的老人提供全面的保障。在各类社会养老设施中，重点开发为高龄老人所迫切需求的护理院。

2. 加拿大

加拿大在 20 世纪 50 年代初进入老年型社会。加拿大统计局 2015 年 9 月 29 日公布的最新人口统计显示，截至 2015 年 7 月 1 日，加拿大总人口为

美国老年社区的设施类别及服务内容　　表 2-4

居住建筑类别	生活方式	社会服务范围
专人管理的公共房屋 老人公寓 退休老人别墅	独立生活	配套完整的居住单元，包括自己做饭的厨房。公寓内设简单公共活动场所，如：图书馆、会议室、会客室、健身房等
老年人公寓	半独立生活	老人能自我照顾。公寓设公共食堂，并配有紧急服务人员及提供各项咨询的服务
中等照顾的老人院 （特殊护理）	半照顾	设公共食堂，配各家务服务辅助人员，根据需要配有护士护理
日夜值班专职 * 护士护理的养老院	照顾和护理	配医疗护理设施，日夜护士护理三餐供膳，专人负责家务服务和日常医疗处理
老年病医院 *	需护理	急症处理、诊断、医疗监护、会诊等

（注：带"*"者，仅在部分老年社区中设立）

3585 万，与此同时，加拿大 65 岁以上的人数有史以来首次超过了 14 岁以下的人数，为 578 万，14 岁以下人口为 575 万人。65 岁以上群体占总人口的 16.1%，据预测老年人口比例还将不断增长，将在 2024 年 7 月 1 日达到 20.1%。

在加拿大，65 岁以上的老人，有 7.3% 生活在养老机构中，与子女同住的比例为 12.6%，其余的均为独立生活。从年龄组分段来看，65 ~ 74 岁、75 ~ 84 岁、85 岁以上的年龄组内，入住养老机构的比例分别为 2.2%、8.2%、31.6%。有趣的是，在同样的年龄组分段来看，与子女同住的比例分别是 14.7%、10.6%、8.4%，这表明随着年纪的增加和自理能力的下降，并没有老人去与子女同住，这充分说明了加拿大的养老机构和社会为老服务非常充分和完善，以至于可以使相当部分的老年人在没有子女协助的情况下就可以走完自己的人生道路。

（1）居家养老

第二次世界大战后，加拿大为了应对日益加剧的老龄化趋势，开设了很多公立养老院，社会养老日益普遍。但在 20 世纪 90 年代以来，随着第二次世界大战后出生的婴儿潮一代逐渐进入退休年龄，社会养老的财务负担日益显著，居家养老又重新成为潮流。但与第二次世界大战前传统的居家养老相比，这一次变化并非简单的回归，而是居家养老向社会转变的一次升级。其主要特征是老年人住在自己的家中，聘请专业养老服务机构人员入户提供照顾和医疗保障等服务项目。居家养老与养老院养老并行不悖，共同成为应对老龄化浪潮的两个主要方式，甚至居家养老发展势头胜过养老院养老方式。居家养老的社会化服务，大致可分为三大类：日常陪伴、个人护理、专业护士服务。每类项目都有多种产品，且专业化程度较高，服务者普遍接受了老年医学的训练。老人可自由选择这些项目，加拿大居家养老的老年人中，购买老年服务方式的比重超过 75%。

（2）养老院养老

加拿大的养老机构相当多，这些养老机构的主办者大部分是私营企业，也有教会、慈善团体等非营利机构主办的，政府主办的数量不多。老人们可以根据自己健康状况的下降情况逐步提升护理要求，也就是更换养老机构的级别。依据护理需求的程度，大致可划分为下面几种类型。

1）高龄人士公寓。入住者基本上能自我照料，这些公寓有些位于普通公寓内，有些完全是高龄人士合住。

2）退休人士之家。入住者大体上能照料自己，但每天需要约 1 小时的医护照顾。这些房屋里配有护士，每天 24 小时值班，医生也定期到访。

3）老人屋。入住者独立生活的能力较差，个人生活和健康都需要有人照顾。

4）护理安老院。入住者完全失去独立生活能力，需要长期全面照顾。

目前纯老户占老年家庭的 80%，大多数老人独立生活在设备较为齐全的住宅里，半数以上的老人拥有自己的住宅。由于加拿大社会福利制度较为健全，许多慈善机构、教会或同乡会组织以及各种形式的基金会等非营利机构的赞助和捐款使建造老人住宅建设基金来源多样化，同时老人也乐意居住，促使建造老人公寓或养老院的事业得到持续发展，目前有一些投资者除了向低中收入的老人提供合适的住房外，还向一些比较富裕的孤独老人而又喜欢集中居住者提供较为舒适和休闲的住处。除了民间机构的支持外，政府还通过其他途径帮助老人养老：一是兴建老龄公共设施和老年社区；二是帮助拥有住房的老人修理和改造原有住宅；三是供应便于拆装的活动住宅，如奶奶住宅（图 2-10），它可独立使用，也可以把它安装在邻近子女或亲属居住的地方，需要时可移迁他处；四是对无房的老人租房实施补助计划或提供独立居住的建筑[①]。

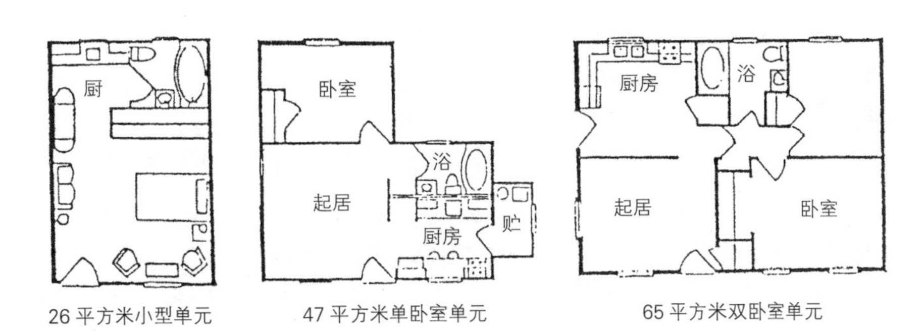

图 2-10
加拿大“奶奶”住宅

2.3　东方国家的养老模式研究

典型的“东方型”社会，除中国大陆外，如日本、韩国、新加坡，以及中国港、澳、台地区，由于长期受封建社会的生活方式和儒家思想的影响，

① 张秋霞等 . 加拿大养老保障制度 [M]. 北京：中国社会出版社，2010.

形成了东方文化色彩浓郁的家庭观念，同时由于经济发展相对滞后的现实，使得这些国家在处理社会老龄问题中有着与欧美全然不同的特点。与发达国家缓慢的人口转变历程不同，东方国家的人口转变是在短短几十年当中完成的，生育水平的下降空间还相对较大，人口预期寿命仍在不断提高。因此，在今后世界人口老龄化的进程当中，东方国家特别是发展中国家的主导作用将会更加明显。而且在21世纪中叶，新加坡、韩国的人口老龄化程度将进一步迅速发展，老年人口的比例将分别达到39.6%、40.8%，他们与日本人口老龄化程度之间的差距正在不断缩小。

亚洲各国的共同特点是比西方社会更为重视传统的家庭养老功能，但各国又存有差异，根据各自的国情所制定的对策也各有特色，他们的经验更值得我们研究借鉴。各国采用的对策主要包括三方面。一是加强家庭养老职能。在住宅形式上，开发可供几代人共居的新型住宅体系，并通过行政与经济手段鼓励多代同堂；在社区规划结构上研究创造能使老少几代家庭间建立亲密联系的空间格局。二是完善社会为老服务体系，以支撑家庭养老。三是发展社会养老设施，作为家庭养老的补充。

2.3.1 日本

第二次世界大战后，老年人口急剧上升，至1970年，65岁及以上人口达到739万人，占总人口的7.06%，在亚洲率先进入了老年型社会。1995年，老年人口占总人口的14.37%。到1998年，约有16.2%的人口为65岁以上的老人，已经超过欧美国家老化水平，进入一个“超高龄化社会”。预计到2025年，老龄人口将达到27.4%（每3.7人中就有一名老龄人口）。①今后日本老龄化的主要特征：首先老年人口高龄化的趋势将更加明显，预计至21世纪中叶，日本老年人口中有超过1/3（35.3%）的为高龄老年人，高龄老年人医疗、护理、照料的需求将会对日本社会、政府产生更大的压力。其次，老年人口的女性化趋势也是日本人口老龄化过程中老年人口的一个特征，其中高龄老年人口女性化的趋势更加明显，日本80岁及以上的高龄老年人当中女性的比例一直保持在65%左右，2025年甚至将高达69.1%，即每三个高龄老年人当中，就有一个女性老年人。

日本社会保障体系受英国和德国的影响较深，因此它的老年人社会保障制度是一种兼具社会保险和传统福利国家“高负担、高福利”的全民保障模式。随着战后日本人口老龄化程度的不断提高，其社会保障制度受人口老龄化因素影响的痕迹越来越重，并不断促使日本老年社会保障制度的逐步加强与完善。

日本的老年社会保障体系之所以能够顺利实施并逐步成熟，除了其较为雄厚的经济实力之外，还与日本有着完善的社会保障体系有着很大的关

① 王伟．日本人口结构的变化趋势及其对社会的影响．日本学刊，2003（4）．

系。一方面，日本的社会保障法律系完备，为建立老年人的社会保障体系提供了坚实的基础和法律环境。如日本在20世纪30年代就推出了《国民健康保险法》，之后又进行了数次修改，此后又颁布了《生活保护法》，并先后进入了“福利三法”、“福利六法”、“福利八法”时代，使日本的社会保障体系获得了快速发展。另一方面，日本在面对日益严峻的人口老龄化背景下，针对老年人的经济、医疗、保健、护理等主要需求，分别出台了相应的保障制度，并且每一项保障制度的出台都有严格的法律依据。例如针对老年人晚年经济保障的《厚生养老金保险法》、《国民养老金法》、《农业从业人员养老金基金法》、《国会议员互助养老金法》等；针对老年人医疗、保健的《健康保险法》、《国民健康保险法》、《老年人保健法》等；另外还有专门为解决老年人的康复、护理需求而出台的《护理保险法》以及针对老年人救助与福利的《老年人福利法》等，形成了一套比较完整的、与社会保障事业配套的法规体系，为日本老年人社会保障制度的实施与管理提供了完善的法律依据。

其中最突出的措施是建立长期护理保险制度。2000年日本65岁及以上的老年人当中，身体虚弱的达到了130万，其中患有痴呆症需要护理的有20万，卧床不起的有120万人。65岁以上的死亡者中，卧床不起时间超过6个月的占1/2。卧床不起需要护理的人员中，卧床3年以上的又占1/2，老年人护理的重度化和长期化可见一斑。与此同时，日本福利费用支出的逐年增长，急剧发展的老龄化都对日本政府造成了重重压力，家庭护理走向社会化势在必行。在这种背景下，日本于1998年颁布了《护理保险法》，决定从2000年开始推行护理保险制度，这也是日本医疗保险和养老保险方面的一个重要改革内容。虽然护理保险的商业模式最早为美国人所创造，但并未被政府所接受，只有在20世纪90年代中期为德国政府所采纳。日本是第二个建立国家长期护理保险制度的国家，可以说长期护理保险制度的建立为老人顺利走完人生的最后一程具有重大的意义。

日本自步入老龄化社会到现在40多年来，针对老龄问题以及老年人的居住问题，吸取了上述欧美发达国家的经验及教训，作了各种尝试、借鉴、探索和不懈的努力。

在日本现有60岁以上居住者的住宅中，18.6%在构造和设备上考虑了年老者的居住要求。日本95.5%的老人在家中养老，4.2%的老人住在疗养院和老人中心等社会化养老机构中[①]。日本和中国一样，虽然有儿女同住的东方式习惯，但近些年也在逐步降低。据1993年日本建设省对东京都的统计，老年人希望与子女同住一宅的占15.1%，同一基地分别居住的占6.4%，同一栋楼分别居住的占2.1%，步程10分钟以内居住的占11.7%，同一地区

① 刘美霞等．老年住宅开发和经营模式[M]．北京：中国建筑工业出版社，2008.

的占 7.0%，以上共计 42.5%。另外大部分的老人则无法得到子女的照顾，使家庭的传统养老功能遭到很大的挑战。

如何照顾老人一直是普遍的社会问题，引起了日本社会各界高度重视。在注重本国孝敬老人的传统的同时又吸取西方发达国家的成功经验，日本的养老模式在实践中逐渐形成了一个结构比较完善、门类比较齐全的老年居住体系。在这个体系下，每个老人都可以找到适合自己的养老居住方式。

1982 年中曾根首相强调："日本型福利"与西欧所谓的福利国家应有区别，日本的福利政策是以家庭为中心，由国民的自助、互助与扶助来推动，目前的养老居住福利对策由在家养老福利对策和设施养老福利对策两部分组成（图 2-11、图 2-12）。

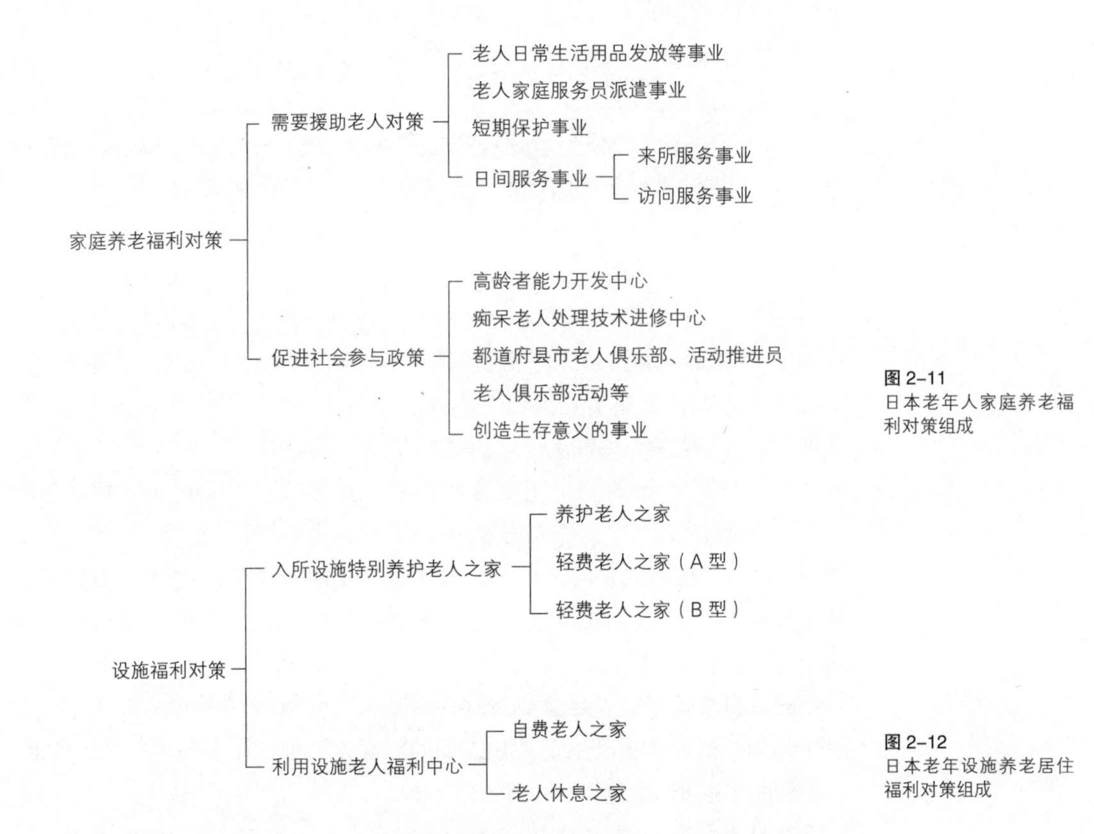

图 2-11
日本老年人家庭养老福利对策组成

图 2-12
日本老年设施养老居住福利对策组成

日本养老对策的最大特点是其将人权、生活、就业及福利等体系化并以立法的形式推向全社会。如 1986 年内阁会议通过的《日本长寿社会对策大纲》，提出了从收入保障、保健福利、社会生活和居住环境四个体系综合推进的方针。这对当前日本城市社区规划、住宅开发和社会服务有着决定性的作用。针对养老生活模式以下的特点尤为突出。

1. 居家养老福利对策

由于日本老人大多数居家养老，而且社会生活节奏快，使得如何照料老人居家生活成为一个有待解决的严重的社会问题，1977 年基于全社会福利常态化的社会共识，把机构的福利对策扩展到了社区福利，使居家养老服务形成了一定的趋势。“都市特别养护老人之家”为提供社区服务而增设护理中心，成为住宅养老护理的据点。1989 年日本发布的“黄金计划”（1995 年得到实施），增加了居家养老服务机构的数量，以对应急剧增加的要求。居家养老服务机构有三大类：家事服务、短期入所和日间托老（表 2-5）。

日本居家养老服务机构的种类、特征与数量　　　　表 2-5

机构种类		机构特征	机构数量（个）	
			1994 年	2000 年
家事服务		65 岁以上衰老、孤遗老人、家事服务员到家服务	59005	100000
短期入所		65 岁以上因私人或社会理由而非短期入所之所要援护老人，指定入住特别养护老人之家或老人福利中心接受服务	24274	50000
日间服务		65 岁以上身心障碍、虚弱或卧床老人及未满 65 岁低龄老年痴呆，在老人日间服务中心、老人之家或老人福利中心接受服务	5180	10000
类型	A 重护理型	一定比例的卧床老人利用		
	B 中护理型	位于 A 与 C 之间的现行型		
	C 轻护理型	以虚弱老人为主		
	D 小规模型	每日使用以 8 人为原则		
	E 痴呆型	专供痴呆老人每日通所之用		

（资料来源：参日本厚生省修订“老人福利指南”1994）

（1）家事服务

早期日本老年人的日常生活照料基本上由家庭承担，政府只负责将那些生活无着的老年人集中到老人院进行集中看护和照料。在 20 世纪 60 年代实施《老年福利法》时期，随着日本生活不能自理老年人的逐渐增多以及家庭中女性成员越来越多地走向社会，依靠传统的家庭照料来解决老年人的看护问题已经难以为继，就已经开始建立日本老年人的护理服务体系。为了配合日本《国民健康保险法》的开展，开始实施老年人家庭服务员派遣计划，这被认为是政府实施的最早的访问护理服务，一般由福利事务所派遣家事服务员到老人家里帮忙作家事、梳洗及护理，并提供生活咨询。这种形式一般每周两次，所以服务员要为独居老人买好其他几日的生活必需品，料理好其他几日的饭菜，由于每次服务只有两小时，还要做梳洗与护理工作，服务效果有限。

20 世纪 70 年代以来，日本政府开始逐渐推行以居家福利服务为重点的社会福利政策，许多养老院和医院都开展了短期的入院护理和进入家庭提供护理等服务。《老年人保健法》实施以来，日本政府针对国内长期卧床不起老年人数量不断增多的趋势，对《老年人保健法》进行了数次修改。到了1992年，《老年人保健法》再次修改，决定设立老年人访问护理制度，即对有病或负伤在家、卧床或处于准卧床状态的老年人，在主管医生认为有访问看护必要的时候，派护士或者保健人士到家中进行疗养上的照顾和必要的辅助诊疗服务。提供服务的部门主要包括一些医疗机构、社会福利机构、护理机构等，提供的访问护理服务主要包括观察病情、照顾日常生活起居、身体机能训练、对家庭成员进行的康复、护理指导培训等。服务的费用主要由政府支持，被照料者仅支付部分服务费用和一些特别服务的费用，如长时间服务、节假日期间的服务等。

2000年，日本开始推行为卧床不起或者因老年痴呆症而丧失自理能力的老年人提供长期护理服务的制度。其支撑在于日本政府开始颁布实施《护理保险法》。这是日本老年人医疗保健福利制度上的一个重要事件，日本政府开始将政府运作和管理的护理服务转交给民间运作，极大地刺激了日本民间护理事业的发展，大量民间资本进入日本的护理服务业，老年人的护理设施和专业的护理人员有了大幅度的增长，护理服务的质量有了大幅度的提高。护理保险费用采用强制性缴纳的原则进行征收，在很大程度上解决了政府面临的老年人医疗费用高涨的问题。另外，《护理保险法》规定被照料者需要经过专业的专家委员会的资格认定，才能接受相应的护理，包括居家护理或者住院护理两大类型，并且每半年还要接受一次专家认定，以确定是否继续接受服务或者调整护理服务计划，在很大程度上保证了日本老年人能够公平、有效地接受专业的照料护理服务。

（2）短期入所

是因家中有事或护理者要休假的时候，让老人暂时入所一段时间。在这里老人可与同年纪的老人相处几天，又有专业人员帮忙护理。目前的利用者大都是痴呆病或卧床老人，四人共居一室，半夜常有徘徊或呻吟的情况发生，有些老人因而不愿再入住。如何提高其软、硬件品质是个尚待开发的课题。

（3）日间服务

共有五小类，大都附设在老人之家或福利中心，让身心障碍、虚弱或独居老人每周能有一两天机会接受康复训练、餐饮及梳洗服务。

2. 社区的养老设施对策

社区养老设施一般包括老人福利中心、老人休息之家、老人休养之家等三类，为本地区不论采取何种居住方式的老人提供免费或低收费使用和服务（后者除外）。

（1）福利中心

A型，提供社区性的生活健康、就业咨询和康复健身设施等服务，费用低或免费。特A型，规模较大，发展快，强调健康指导，设有咨询室、娱乐室、图书室及康复健身训练室、浴场。B型：规模小而分散于邻里中，内有集会室、娱乐室、图书室。

（2）休息之家

规模小而利用范围也较小，费用低或免费，设集会室、浴场及庭园，以增进老年人交流与健康为主。

（3）老人休养之家

大部分设于风景胜地或温泉地区，内有住宿、浴场及交流与康复健身设施，原则上自费，并开放给社区外60岁以上的老年人。

此外，日本社区中还有老年人的基层组织——老年俱乐部，它创建于1963年，入会率由最初的25.6%已增至1984年的47.2%，深受老年人的欢迎，有广泛的群众性和强大的生命力。俱乐部的活动内容包括清扫、美化环境、社会参观学习、健康检查、健身活动和余暇活动等，极大地丰富了老年人日常生活和精神生活。

3. 设施养老的设施对策

日本老年居住设施的历史大致分为三个阶段：养老院时期（1896年～20世纪40年代）；老人之家时期（20世纪50～70年代），多类型时期（始于20世纪80年代）。前两类具有社会救济性质，入住对象早年主要限于社会贫穷老人。随着1963年《老人福利法》公布情况有所改变，社会养老设施的建设开始走向多样化并形成日本自己的特色，目前日本具有四类养老设施，前三者具有社会福利性质，后者为自费设施。

（1）养护老人之家

入住条件为65岁以上，因身体上、精神上、环境上或经济上的理由在家养护有困难者。定员50人以上，每室收容2人以下，每人平均居住面积7.4平方米以上。设有居室、教养室、餐厅、集会室、浴室、医务室、调理室、办公室管理室等（图2-13）。

（2）特别养护老人之家

入住条件65岁以上，身体或精神上有显著缺陷需经常护理，且在家护理有困难者。定员50人以上，每室收容4人以下，每人平均居住面积8.25平方米以上。设有居室、教养室、浴室（有特殊浴槽）、医务室、护士室、功能恢复训练室、护理材料室等（图2-14）。

（3）轻费老人之家

分为A型、B型两种。A型设施收住对象为60岁以上，收入在入所费用2倍以下，没有亲属或因家庭矛盾与家属同居有困难的老人。B型设施收住对象为60岁以上，因居住环境或住宅情况等原因在家养护有困难的老人。入住费用原则上老人生活费用自己承担，事务费按经济能力酌情减免。轻费老人之家居住以单间为原则，但附属设施一般较养护之家简单，标准也低，主要以提供膳食和其他日常生活上必要的方便为目的（图2-15）。

（4）收费老人之家

收住对象为不符合其他福利性老人设施的入所条件或不希望加入公共

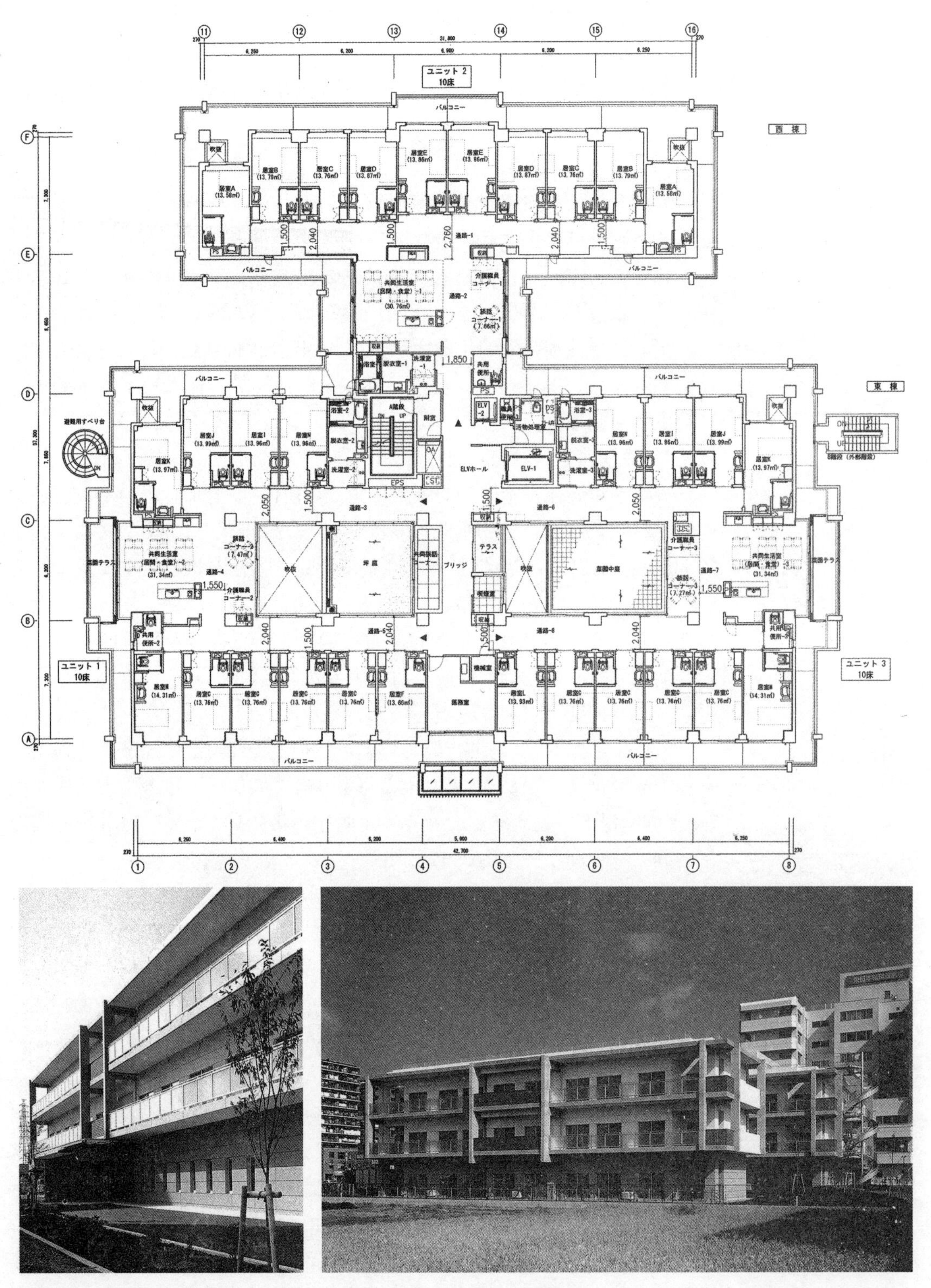

（图片来源：艾克哈德·费德森等 . 全球老年住宅建筑设计手册 [M]. 北京：中信出版社，2011）

图 2-13
养护老人之家（神奈川县海老名市“我家”老年养护中心）

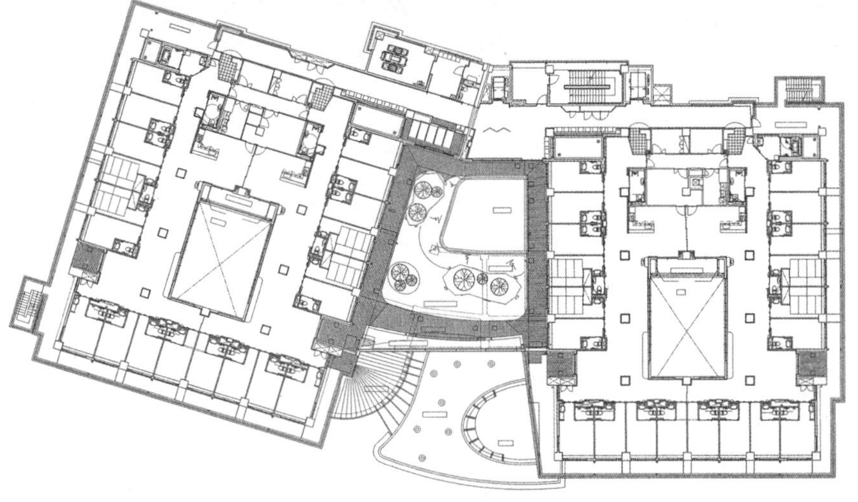

图 2–14
特别养护老人之家（千叶县千叶市淑德共生苑）
（图片来源：艾克哈德·费德森等 . 全球老年住宅建筑设计手册 [M]. 北京：中信出版社，2011）

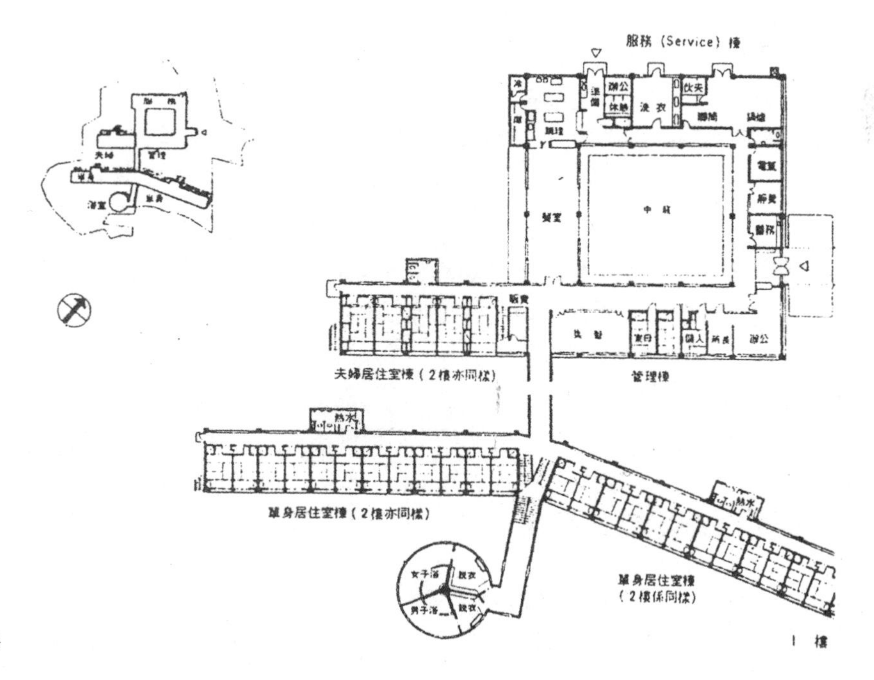

图 2–15
轻费老人之家（爱都县幡豆都宫崎老人之家）

援助设施的老人。入住老人的费用全部自己承担。入住人数一般为 10 人以上，以提供膳食和其他日常生活上必要的方便为目的（图 2-16）。

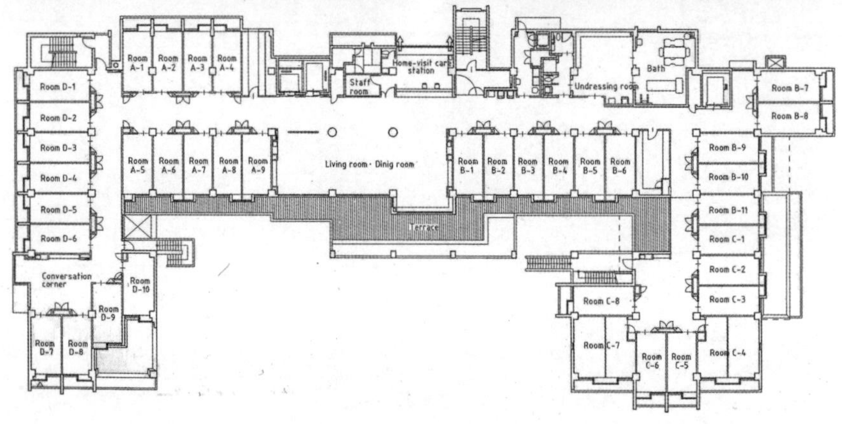

（图片来源：艾克哈德 · 费德森等 . 全球老年住宅建筑设计手册 [M]. 北京：中信出版社，2011.）

图 2-16
收费老人之家（大阪寝屋川桑塞尔香里园专用型护理型收费养老院）

除了上述四类养老设施外，日本还有在老年人医疗保障项下的老年人保健设施和老年医院。

其背景在于 20 世纪 70 年代以后，随着日本人口老龄化进程的不断加快，老年人的医疗费用不断增加，日本政府的财政负担不断增加。为了减轻财政负担，同时也为了提高日本人口的身体健康状况，加强日本老年人疾病预防的保健措施，1982 年日本政府颁布了《老年人保健法》，将保健事业作为一项新的医疗体系，确立了以预防为主的老年人医疗保健体系，并且与全民医疗保险法、护理保险法一起形成了日本老年人的医疗、保健和长期护理制度，使日本老年人在疾病预防、疾病治疗、康复训练、日常护理等方面都得到了有效的保障。

日本的《老年人保健法》将医疗事业和保健事业作为并行的两个部分，将保健事业作为一项新的医疗体系进行定位。服务的人群也分为两个部分：一部分是医疗事业，服务的对象主要是 70 岁以上或者 65 岁以上卧床不起的老年人，服务的内容包括医疗、支付特定的医疗费、支付老年人保健设施的治疗费用等；另一部分则是保健事业，服务的对象主要是 40 岁以上的日本公民，服务的内容主要是进行健康检查、健康康复、家庭访问指导、健康教育、健康咨询等。此法从生命周期的角度出发，强调了健康管理要从中年开始，老年人的疾病要重在预防的原则，这对我国的医疗保健制度改革有着重要的启发意义。

（1）老年人保健设施

日本创建老年人保健设施的主要目的是为那些已经完成医学治疗，但还没有完全恢复自理能力，还需要进行一定时间的身体康复的老年人提供相应的康复保健设施和服务，以此来减少住院老年人的人数和不断增长的高额医疗费用。

根据统计，2000年时日本的卧床老人已经达到了100万左右，如果没有足够的老年福利设施，这些老年人将不得不继续留在医院进行康复治疗，而日本当时的老年福利设施不仅难以容纳这么多卧床不起的老年人，更无法提供相应的身体康复训练服务。因此，日本政府开始着手创建老年人保健设施计划，打算利用老年人保健设施对那些完成治疗，但还需要进行身体康复和生活机能康复训练的老年人提供康复保健服务，以便使他们早些恢复身体自理能力，因此，日本政府在1986年修改《老年人保健法》的时候，便提出了建立以医疗照顾和生活服务为中心的老年人保健设施的政策措施。

老年人保健设施的主要是对那些由于疾病、负伤等处于卧床状态或准卧床状态的老年人提供看护、医学监护下的护理、体能训练及其他必要的医疗服务，并同时提供日常生活上的照顾。根据日本《老年人保健法》的规定，日本的老年人可以入院接受机能恢复训练服务，也可以在家接受社区老年人保健设施的日间服务，进行定期的身体机能恢复训练。前者主要是指在一定时间以内，把卧床或痴呆的老人托付给服务机构由其提供以护理为中心的医疗服务和日常生活服务；后者则主要指对那些在家疗养的卧床老人提供短期机构内照顾服务（包括托付半天的日护理和晚上护理），或者上门护理，包括吃饭、恢复训练等。

在费用负担方面，主要是由各级政府和保险机构支付，其中中央政府负担4/12，都道府县负担1/12，市町村负担1/12，保险基金负担6/12，使用者主要支付很小的部分。

（2）老年人医院

老年人医院是《老年人保健法》中规定的老年人医疗新体系。与一般医院重在诊疗不同，老年人医院主要是用于对老年人进行医疗护理，它主要收容的是一些患有慢性疾病的老年人。老年人医院根据情况又可以分为两类：一类是护理人员配备充足、符合医疗法规定的特别许可老年医院（认定的标准是65岁及以上的老年人患者占到70%以上，在医生、护士的配备标准上也与一般老年人医院不同）；另一类是虽在人员配备上不太符合医疗法的规定，但收容老年人比率比较高的一般老年人医院。但无论是在哪种医院，住院者都必须负担保险中属于个人应当承当的那部分费用。

表2-6显示了日本老年人包括医疗、保健、福利等在内的老年保健制度，

从医疗费用、生活照料到康复护理，都为老年人提供了一个比较好的环境，政府、社会、家庭、社区、个人在这个体系中都承担着一定的职责，共同维持着这个体系的良性运转。总的来讲，日本的老年保健制度已经相对比较完善，已经形成了一个比较好的体系。但同时，随着日本人口高龄化不断加剧，长寿老年人不断增多，老年人的医疗保健制度正在面临着种种挑战，一些体制本身的制约因素也开始逐渐显现出来，改革现有的医疗保健体系，已经成为日本政府考虑的重要议题之一[①]。

日本老年人的医疗、保健、福利制度网络　　表 2-6

	老年人医院	老年人保健设施	特别养护的老年人福利院
功能	治疗功能（医疗）	疗养康复功能（保健）	家庭功能（福利）
对象	需要治疗的患急 / 慢性病的老年人	无须住院治疗、需要康复训练的老年人	居家看护困难、卧床不起的老年人
财源	保险机构 70%，国家 20%，地方政府 10%	保险机构 70%，国家 20%，地方政府 10%	国家 50%，地方政府 50%
个人负担	负担一部分月额 12000 日元，有医疗救助费制度	全部负担月额 50000 日元，有医疗救助费制度	根据经济收入水准负担月额 20000 日元
设施条件	病房每人 4 平方米，没有治疗室、手术室等	疗养室每人 8 平方米，没有门诊室、康复训练室、食堂、浴室	居室每人 8 平方米，没有医务室、康复训练室、食堂、浴室
经营者	医疗法人、国家、地方政府、社会福利法人、保险机构、私人医生	医疗法人、地方政府、社会福利法人	社会福利法人、地方政府

（资料来源：沈洁著．日本老人福利制度．上海：上海远东出版社，1997.）

4. 针对老龄化的住区建设对策

日本的老年福利政策是以“在宅养护”为主，如何确保在宅养护的功能在很大程度上取决于老年人的居住品质，因此早在 1968 年，日本建设省和厚生省联合提出“银发住宅建设计划”（Silver Housing Project），为日常生活上可以自理的老人提供老龄化的租赁式公寓制定住宅供给政策。但直到 1988 年，该政策由于日本社会老龄化的迅速发展才开始实施。基于或是配合上述计划，日本开始了各种老年公寓建设，继“银发住宅”之后，陆续出现了“银发之友”（silver pair），“年长者住宅”（senior houser）等多种名称的老年公寓。这些住宅类型基本上属于公共住宅供应范围，结合福利政策由住宅公团等机构提供（图 2-17）。

除此外，民间团体也介入老年居住设施建设，使得 20 世纪 80 年代出现了老年居住设施多类型时期。民间的老龄居住设施除了自费老人之家外，还有其他多种，如小型的“老年人专用公寓”，附带健康服务的“安养老人公寓”，事先选定入居者的“合作住宅计划”（Cooperative Housing）的“长

① 王莉莉．日本老年社会保障制度．北京，中国社会出版社，2010.

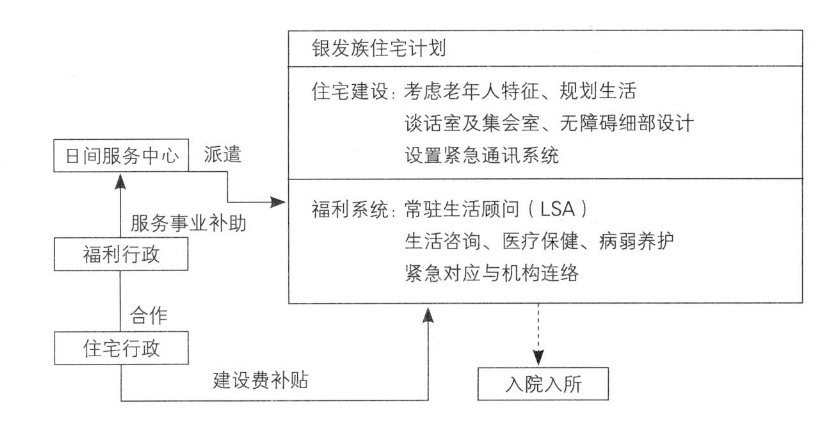

图 2–17
银发族住宅计划关系图

者住宅”，以及不分血缘与年龄的各种“群居住宅”（Group Home）等住宅建设（表 2–7）。

日本其他民间住宅建设　　表 2–7

类别		类型特征	构想理念	管理组织
高龄者公寓		类似小型自费老人之家，考虑老人特征，健康服务依赖外来设施，入居室与管理费较为便宜，但过世后必须捐出遗产的 2/3 作为回馈社会的共济金	自立共济	高龄者生活共济会
安养老人公寓		出租给老年人并提供服务：安康服务，代理购物、餐饮服务及健康管理，每月有聚谈会，促进交流	老者还能长住于原社区	新家促成会
长者住宅		募集入居者，承担土地再依入居者需求设计	入居者互动与沟通，以满足机能需要与经济条件	民间组织
类型	自立型	健康老人，需要健康服务时则依赖外来设施与人员		
	养护型	以身体衰弱及卧床老人为对象，附设有“日间服务中心”及康复设施，对社区开放		
	中间型	提供安养服务		
群居住宅		依各人的想法与条件定做，同时保有个人私密性并共享公共的服务，可附设医疗设施及健康中心，对社区开放	离开血缘与友同住	生涯居住环境研究会 Group Houssing 研究会

（资料来源：陈政雄 . 高龄者的福利 . 建筑师（中国台湾），1995（8））

近年来，日本更提出一些针对老龄化建设的新理念，提出了“适应终生生活设计”的原则。在社区规划上要求适应多种家庭模式的需求，以确保人们终生居住的安定和放心，在住区空间上为家庭养老环境创造条件。他们认为由于社会生活的变化，照料老年人的生活还需要社区提供方便和协助。居住区规划中的相应服务设施应做统一考虑。例如保健、医疗、福利等是老年人所需要的最基本的服务项目，以住区为最基本的组成单位，构成服务主体在身边，能够供给适合需要的细致服务体系。在住宅设计方面提倡“长寿住宅”，即在住宅开始建设时，就树立和贯彻老年住宅设计的必要技术措施，使得居住者一旦变老，各方面体力体能衰弱时，就能增加必要的设施和设备，来提高老年人的自主和自理能力。

2.3.2 新加坡

新加坡政府从20世纪60年代开始了严格的限制生育政策，由此降低了人口增长率，至1975年生育率急速下降至人口更替水平。2000年60岁以上老人占到总人口的10.8%，进入了老龄化社会。新加坡是人口老化较快的亚洲国家之一，当地社会给60岁以上老人取名为“乐龄”人士。在亚洲国家中，新加坡作为新兴产业国家，它的人口老龄化程度是比较高的。与其他国家相比，新加坡的人口是在一个短时间内迅速老化，与中国有些相似，也是由于严格控制的生育政策。但随着医疗、卫生事业的不断进步死亡率持续下降，老龄化程度明显加深。在1980年，60岁及以上的老龄人口比例为7%，与中国持平。2000年新加坡进入老龄社会时老龄化程度达到10.6%，中国则为10.6%，两国老龄化程度不相上下。但在接下来的十年间，新加坡的人口老龄化速度迅速加剧。在2010年11月已高达16%，高出中国3.7%，与美国的老龄化程度接近。据联合国世界人口展望(2008年)预测，在2050年，新加坡的老龄人口将达到39.6%，在全世界仅次于日本的44.2%，高出中国的31.1%一大截。因此，新加坡的老龄化速度和严峻程度将史无前例。

新加坡社会老龄问题产生的原因，第一个因素就是上面提到的新加坡人口老龄化经历的时间短，发展速度快。第二个因素就是家庭结构和功能的变迁。这种变迁对养老最大的影响就是家庭养老功能的弱化。家庭结构变迁，表现之一就是家庭的核心化、小型化，在1968年，每个家庭的平均人数为6.2人，1987年下降为4.3人，到2000年，每个家庭的平均人数下降至3.4人，预计到2030年将进一步下降至只有3.05人[①]。表现之二，是家庭、婚育观念出现变化，出生率严重下降，传统的三代同堂家庭逐步让位于以两代人为主的核心家庭。第三个因素就是价值观念方面的变迁，其中很重要的一点就是西方价值观念和思想文化的影响。第四个因素就是从历史的考察来看，无论是新加坡还是其他地区，其福利领域的政策措施并不是完全有效的，其中一个比较突出的就是福利支出少，发展缓慢，远远跟不上老龄化形势的发展和社会的变迁速度，而这也是比较典型的东亚或东南亚福利模式的一个特征。

为了应对老龄化社会，新加坡政府主要采用下面几项策略：第一，政府发挥主导作用；第二，鼓励社会积极参与；第三，发挥家庭的基础作用；第四，个人需对自己负责。

政府的主导作用，表现在以下几个方面：第一，建立了中央公积金制度；第二，通过立法和司法的方式来保障老年人权益，促使老年人权益的实现，

① 曹云华．试析亚洲“四小龙”的老人问题．东南亚研究，1999（5）．

于 1995 年颁布了《赡养父母法令》；第三，对社会价值观进行引导，提倡传统的儒家价值观；第四，对社会养老力量进行积极扶持和引导，并且在必要的时候也直接进行资金、设施建设方面的投入；第五，面对人口老龄化，还及时调整人口政策；第六，还专门于 1998 年设立了一个人口老化跨部门委员会，来综合解决老年人面临的各种问题。

社会的积极参与。在新加坡各种社会团体、宗教组织、志愿团体、社区组织在敬老养老事业中发挥了重要的作用。以养老院为例，在 1996 年底，公立养老院收养的老人只有 12.1%，其他非政府组织养老院收养的老人占了 87.9%。此外，各类企业也与慈善组织合作，为老年人提供相应的服务。

家庭的基础作用。虽然家庭结构已经发生了一些变化，但是总体来说，家庭在养老方面还是承担了基础的作用和责任。无论是政府的措施，还是社会力量的介入，只能起到一种辅助和支持的作用，而且从政府的本意来说，其目的也是为了通过政府的帮助，让老人留在家庭及社区中生活，并维持传统的家庭结构，为老人营造良好的家庭氛围。当然这并不是说政府将养老责任推给家庭之后，就置之不顾了。新加坡政府在强调家庭责任的同时，也积极创造条件，为家庭养老提供种种便利和鼓励措施。从而使这种家庭养老模式比较好地解决了老龄化带来的老人赡养问题。其中比较有代表性的措施，包括以下几个：首先，政府从养老保障的中央公积金制度入手，运用政策引导的方式，鼓励家人赡养老人；另外一个比较重要的措施则是在居住安排方面，鼓励子女与父母同工同居住，这主要是通过政府的“组屋”这一住房保障措施来引导的。

个人需对自己负责。新加坡是一个非福利国家，新加坡领导人认为过高的福利会使人懒惰，而政府也会因此背上沉重的经济包袱，因此坚决反对走西方福利国家的道路。在新加坡，每个人都要靠自己养活自己，政府不会为个人发放养老金，个人所能花的钱就是自己年轻时存的公积金，而公积金的多少完全取决于自己的工资收入。

从政府大力提倡家庭价值观，强调家庭对于赡养老人的责任，也可以看出政府依然在努力将养老的责任限制在家庭之中，而政府的责任是其次的。这也是新加坡的养老模式的初衷。

新加坡的养老模式推行的是以居家养老为基础，社区服务为依托，机构养老为补充的为老社会服务体系，实际上，中国目前的养老政策在很大程度上参照了新加坡的经验。

家庭养老。除了中央公积金和其他政策支持外，最有特色的就是老人住房的安排。建屋局对与老人同住的组屋申请者提供便利和优惠。在分配政府组屋时，对三代同堂的家庭给予价格上的优惠和优先安排。同时规定单身男女青年不可租赁或购买组屋，但如果愿意与父母或老人同住可优先照顾；对父母遗留下来的那一间房屋，可以享受遗产税的减免优待，条件是必须有一个子女同丧偶的父亲或母亲一起居住。如果纳税人和父母或患有残疾的兄妹一起居住，该纳税人可享有税务扣除的优待。适宜老年人居住的住宅主要有以下两类。一是"多代同堂住宅"。建屋局于1987年开始兴建适合多代同堂的较大面积的住房，以满足新加坡人口老龄化的需求，这样的住房主要有两种，一种住房面积在90～110平方米，一般有三个卧室、一个客厅/餐厅、一个厨房、两个厕所和一个储藏室，这种住房基本上可以满足从新婚、育儿，甚至到儿女结婚以后共同生活的居住需求。另一种面积在133～165平方米，有四五个卧室，是由两套相邻的单元住房改造而成的，老人和子女都有各自相对独立的生活空间，通过客厅和住房等共享活动空间连接起来[①]。这种住房设计使得老年人可以经常和儿孙一起享受天伦之乐，有助于减轻老年人的孤独寂寞感，独立的生活空间又保证了老年人的生活习惯不会被破坏，对老年人来说，这样的住宅不失为一种好的选择。此外，如果子女不是与父母住在一起，但是为了鼓励子女经常去探访服务，政府规定如果子女的住房离父母住所较近，政府会给予一定的住房补贴和免除子女探望父母时的部分小区停车费用。新加坡政府就是通过这些鼓励共同居住的非常人性化的安排和引导使三代同堂的传统家庭结构得以延续。二是"乐龄公寓"。建屋局1998年3月第一次推出了"乐龄公寓"，最先向市场推出了650套乐龄公寓的实验性计划，计划一经推出，即得到市场热烈的回响，很快便收到了500多封申请表格。建屋局在获得市场反馈的信息后，对了"乐龄公寓"计划关于公寓面积、优惠措施等方面进行了进一步完善，这就使得该计划能更好地满足老年人的需求，也使老年人购房时多了一种选择。乐龄公寓的产权一般是30年，之后可延长十年，但不可转售，只能卖回给建屋局。在申请资格方面有一定的要求，建屋局规定"乐龄公寓"的申请者必须是55岁以上的组屋屋主，且必须是新加坡人。夫妇可以一起申请购买，单身人士、离婚者或丧偶的组屋户主也可以申请。其一般都建在成熟社区内，各种设施齐全完善，公共交通便利。乐龄公寓是适合老年人居住的小型公寓，一般为12～14层的精装修板式高层，户型分为35平方米和45平方米两种，价格在5万～7万新元之间，基本设施齐全，老人们可以轻松入住。同时乐龄公寓针对老年人的具体情况和实际需要进行了很多人性化设计，以便老年人能够独立生活。

社区服务。新加坡政府对解决老龄化问题将"原地养老"作为解决老年人问题的一项基本政策，政府一直积极倡导和支持家庭养老，但在现代化的进程中，家庭结构的变化和家庭规模的缩小已成为不可逆转的趋势。而这一政策目标的实现无疑需要社区照顾的支持，迫切需要一种新的照料方式来解决家庭照料资源不足的问题。对于有儒家文化传统的新加坡人而言，人们重视家庭的意义，邻里之间守望相助的相处方式也有广泛的社会

---

① 牛惠恩.面向老龄化的住区规划与住宅设计——兼介新加坡的养老安居计划.住宅产业，2004（7）.

基础，社区照顾摒弃了机构照顾的弊端，通过开放、灵活、弹性的服务方式，使老年人能在熟悉的家庭和社区环境中养老。新加坡社区养老服务主要有以下几种。第一，交友服务。第二，照顾者支持服务。为老年人提供照顾的照顾者不仅在体力上有大量的付出，在心理上往往还要承受着巨大的压力。照顾者支持服务就是为了关注照顾者更好地照顾老年人并减轻身心压力设立的。第三，社区个案管理服务。第四，咨询服务。第五，家务助理服务。具体包括送餐、家务管理、个人卫生清洁、洗衣、就医接送。申请家务助理服务的老年人必须是自身及其照顾者都无法独立完成。第六，邻舍联系和老年人（乐龄）活动中心。第七，老年人（乐龄）日间护理中心。新加坡计划到2013年，把老年人活动中心数量增至41个，这意味着更多的老年人能够在自己熟悉的家庭和社区环境中养老，他们将拥有更多的活动空间，更方便地得到社区和邻里的关怀与支持服务，真正实现“原地养老”[①]。

新加坡的养老机构由于有政府管理、服务运作成本的补贴和社会扶助，经费不成问题，但服务对象非常明确，是真正有护理需要的身体虚弱和低收入的老人。设施设计非常人性化，无论各种功能分区、通风、采光、庭院的布局设计，还是感应床、塑胶地板、卫生间各种高度扶手等设备用具的配备，无不体现出对老年人细致入微的关怀和尊重。在设施配置上，不仅有生活、娱乐设施，而且有康复、医疗设施。在服务功能上不仅有生活照料、娱乐、康复保健功能，而且有心理治疗和临终关怀功能，使入住老人享受到了家庭养老无法取代的专业化的照料服务。

新加坡的机构养老服务主要有以下几类。

1. 社区医院（community hospital）

社区医院为从急症医院出院的老年人提供持续照顾而建，它是一种处于急症医院和社区服务之间的过渡性的服务。社区医院有助于促进老年人自理能力的恢复，它十分适合于从急症医院出院后仍需住院进行康复、护理和喘息服务的老年人。社区医院有一定的入院条件，且要由医院或专门诊所中了解老年人情况的医生转介。

2. 养老院（nursing homes）

养老院是帮助身体状态变得虚弱以致卧床不起，而身边乏人照顾的老人。新加坡的养老院一共分四种类型，分别是政府资助的志愿福利机构养老院、非资助志愿福利机构养老院、商业运行私营养老院和疗养院。前两种养老院都主要是为低收入和贫困老年人服务。

3. 临终关怀机构（hospices）

临终关怀机构是指在当身患绝症的老年人结束治疗后为老年人及其家人提供临终关怀服务的机构，使其在心理上得到支持。分为日间临终关怀服务、家庭临终关怀服务及临终关怀机构服务三种。

---

① 张恺悌．新加坡养老．北京：中国社会出版社，2010.

4. 老年庇护所（sheltered homes for the aged）

老年庇护所是为没有亲属或因为某种原因不能和家人一起居住，且具有自由行动能力的老年人提供的一种居住安排。它是建在社区中的养老机构，通过为老年人提供一些支持服务，使老年人尽可能保持在社区中的独立。

2.3.3 中国香港特区

作为亚洲四小龙之一的香港，早在20世纪80年代就已进入老龄化社会。在香港，一般将65岁及以上的老人称为老年人，75岁以上的则被作为高龄老人对待。2006年，老年人口为852796人，占总人口的12.4%。2007年，香港政府统计处发布了最新的涵盖未来30年的人口推算数据，统计数据显示65岁及以上老年人口的比例，将从2006年的12.4%显著上升至2036年的26.4%。老年人口增速非常快，同时也出现了高龄化加速发展的趋势（高龄老人指75岁及以上的老人）。根据推算数据显示，在未来二三十年中，75岁及以上的老人，尤其是85岁以上的高龄老年人增长比较迅速，其在老年人中所占的比例由2015年的47%左右增长到2036年的53%左右。由此可见，香港人口老龄化趋势将日趋严重。

由于香港华人占绝大多数，社会普遍重视保持与发扬代表传统东方文化的价值观，因此“家庭”的生活方式仍受到重视。社会一致认为这种生活方式有许多好处：一方面，成年子女外出工作时老年父母可协助照顾小孩和料理家务；另一方面，老人也可以享受多代同堂的天伦之乐，并随时得到家人的照料，充实精神生活，解决城市“老龄化”带来的种种老龄生活的社会问题。然而正如日本、新加坡、中国内地等东方国家和地区的情况类似，社会的发展对传统价值观和家庭的养老功能的冲击也日益明显，导致家庭养老效能下降。在香港其两个明显的现象是：①家庭结构规模快速缩小。家庭规模从1994年的平均每个家庭3.4人下降到2004年的3.1人。②空巢家庭占比明显增加。1996年独居纯老户、与配偶生活的纯老户及在养老机构中的老人比例分别为11.5%、16.2%、5.5%；2001年的比例分别为11.3%、18.4%、9.1%；而在2006年其比例已分别增加至11.6%、21.2%、10%。其中尤其明显的是入住养老机构的人大幅增长。可能可以理解为香港家庭人员人数呈现下降的趋势，核心家庭增多，每对夫妇平均只生育一个孩子左右，家庭日益小型化。每户家庭人数的减少，直接影响到家庭养老的人力资源，导致老人在家无法自我照料所致，部分老人因而选择养老机构生活。同时也可能是由于养老机构在过去几年有所发展，满足了老人在机构养老的需求。

香港的老年社会福利，在港英政府统治时期，政府投入不多，关注也不够。只是在末代港督时期，可能出于多方面的因素考虑，才提出了“强化”的政策目标。香港回归以后，特区首任行政长官董建华就明确了回归后特区政府在老年社会福利方面的责任，提出了特区政府将以“老有所养、老有所属、老有所为”为目标，制定全面的安老服务政策，照顾老年人各方面的服务需要。不过在这个时期，政府并没有对以前的福利体制进行根本性的变革，而是大致延续了其理念和格局。例如2000年底开始实施的强积金计划事实上在20世纪90年代已经有了基础。此外，政府在老年人社区照顾、院舍服务、房屋保障以及医疗等方面做出了一些改善和调整。例如，2003年，将长者综合服务中心提升为长者地区中心；2000年11月开始实施安老服务统一评估机制；2003年8月香港房屋协会首次推出“长者安居乐住房计划”。此外，香港政府还积极推行“老有所为”计划，每年都拨款资助不同的团体开展类似的服务。从总体上来讲，这阶段注重已有服务的延续，同时也注意到对现有服务及资源的整合，以便节约资源及更好地为老人服务，对于以前空白的领域和项目则及时推出新的服务计划以满足老人的需求。

香港的老年社会福利，虽然实施时间不长，但总体而言目前还是比较完善的，有自己的特色。香港中文大学社会工作学系教授李翊骏认为：“香港社会福利署在1997年后为香港老年人所提供的老年社会福利服务，基本上可分为社会保障、社区支援服务和院舍服务等几类。”在这里，社会保障主要是指现金援助；社区支援大致指的是老年人的社区照顾和社区；服务院舍服务主要是指老年人在各类老人院中的照料护理服务。从老年社会福利服务及服务的提供主体方面来看，香港呈现出一种多元的格局。一方面，传统的家庭养老仍然在继续发挥作用；另一方面，政府在老年福利事业中也承担了越来越大的责任，包括在社会安全网方面、社会保障方面。因为在老龄化日趋严重的情况下，单靠家庭已经不再能够为老年人提供优质的服务了。此外，在香港的各类慈善性质的非政府组织（NGO）在老年福利服务中发挥着重大的作用，在政府和家庭之外为老年人提供了比较全面的服务。同时，市场在老年福利事业中也有很大作为，其所提供的一些服务有效弥补了政府的不足。

在老年社会福利政策设计上，社会保障与社会服务并重，社会服务模式更具特色。其内容不仅涉及社会保障、住房、医疗、社会参与的各个方面，而且在重视资金、物资等保障的同时，香港也非常重视老龄服务。并且这两个方面并不是截然分开的，即便是保障的提供，很大程度上也有赖于发达的福利提供的协助。因此可以说，香港的老年社会福利是一种社会服务型的制度模式，这也是它不同于其他地区的特点之一。

社会保障方面。主要是按照“老有所养”的政策目标，满足老年人最基本的生活需求。目前最重要的支柱就是综合社会保障援助以及作为补充的公共福利金计划（涉及老人的主要是高龄津贴），在强积金计划开始实施前，这是香港老人获得现金援助最主要的两个项目。综援计划从20世纪70年代初开始实施，虽然数额相对来说并不高，但是它也可以维持老年人最基本的生活需要，同时，获得综援资格的，还可以在政府的医院及诊所获得免费的医疗照顾。公共福利金方面，老年人个案所占比例更是达到了80%以上，所领取的金额也超过了70%。这两者不需要老年人交费，只要符合条件就可领取，而是覆盖了香港相当部分的贫困老人，为他们解决了基本生活问题。在强积金计划方面，香港回归后，政府将其实施提上了议事日程，2000年底开始实施这项计划。虽然目前由于实施时间并不长，并且其针对的主要是就业人员，因此还难以评估其对老年人的影响，但是从其广泛的参与率来看，它基本覆盖了目标群体。

医疗保障和服务方面。香港政府通过卫生署和医院管理局为老年人提供多方面的医疗服务。值得注意的是，政府的医疗服务非常强调预防性、持续照顾以及社区基层照料等理念，而不仅仅是强调为老年人治病。

住房方面。通过香港房屋协会及房屋委员会分别推出“长者安居乐住屋计划”，和四项长者优先配屋计划，为不同收入阶层的老年人提供了住房方面的保障。尤其是四项长者优先配屋计划为大部分低收入老年人群体解决了住房问题。四项长者优先配屋计划具体指：①“高龄单身人士”优先配屋计划；②“共享颐年”优先配屋计划；③“家有长者”优先配屋计划；④“新市乐天伦”优先配屋计划。后两者于2009年合并为“天伦乐”优先配屋计划。作为政府的一项基本政策，老人居住受到优待。如公屋的分配原则上包括三类家庭，即“普通轮候公屋的家庭”、“无亲属之老龄家庭”和“家有老人的家庭”，三者中与老人相关的占了两项，并且申请公屋资格标准规定中有优先权。除此以外，“老人住宅”成为公屋项目之一。1995～2001年，计划兴建的老人公寓将超过一万套。另外，还有小型套房，改造后分配予老人①。

在为老年人提供经济及物质保障的同时，香港社会也为老年人提供了内容丰富、覆盖面广泛的老年社会服务。按照香港政府“老有所属”、“社区照顾”以及“持续照顾”的安老政策理念，香港的老年人社会服务主要是以小区支援为主，同时政府也重视发展安老院舍服务。此外，通过“老有所为”活动计划的实施，政府还积极鼓励老年人参与社会，保持活力。

老年人社会服务。长者小区支援服务主要分为“中心为本”和“家居为本”两大类别。前者以中心的服务为基础，鼓励长者和护老者到中心使用其所提供的服务和参与中心的活动。后者以家居照顾为服务基础，为体弱长者提供到户式及一站式的服务。“中心为本”的长者小区支持服务，主要有四种形式：长者地区中心、长者邻舍中心、长者活动中心及长者日间护理中心。作为一项老龄设施策略，香港政府规划发展署规定每2000名老人设立一老人中心，有效面积140平方米；每17000名老人设一日间护理中心，有效面积200平方米；每17000名老人设一老人综合服务中心，有效面积320平方米。为老年人的日常生活提供了许多便利，为居家养老创

① 贾倍思．稳步前进的10年．建筑师，1997（76）．

造了条件，见表 2-8[①]。同时还有老年度假中心。这些不同类别的中心为有不同需求的老年人提供不同的服务，满足他们在社区养老的意愿。而以“家居为本”的小区支持服务，则主要是两类家居服务形式，即改善家居及小区照顾服务与综合家居照顾服务。服务能为那些体弱、残疾或者有特殊需求的老年人提供上门式的服务，使其能够在家中接受照顾。

香港社区支援服务 表 2-8

服务种类	服务内容	政府资助单位（个）
长者邻舍中心	长者邻舍中心是一种邻舍层面的社区支援服务，提供一系列的全面服务，例如教育及发展性活动、义工服务、护老者服务、辅导服务、外展及社区网络、社交及康乐活动、饭堂膳食服务、偶到服务等，以满足不论健康还是身体有轻度残缺的长者，在心理社交及发展方面的需要	115
长者活动中心	长者活动中心为社区内的长者筹办社交及康乐活动，提供有关长者福利的信息	57
长者地区中心	长者地区中心是一种地区层面的长者社区支援服务，目的是让长者留在社区安老，过着健康、受尊重及有尊严的生活以及提升他们的社区参与度，同时亦推动社会大众共同建立关怀的社区。长者地区中心提供的服务包括社区教育、个案管理、长者支援服务队、健康教育、教育及发展性活动、发布社区信息、服务转介、义工、护老者支援服务、社交及康乐活动、膳食及洗衣服务、偶到服务	41
长者支援服务队	以外展手法发掘区内独居及有需要照顾的长者，为他们提供社区网络及支援服务；招募及培训义工探访及协助独居长者	41
长者日间护理中心	长者日间护理中心提供一系列以中心为本的日间照顾和支援服务，帮助身体机能中度或严重受损的体弱和痴呆症长者，维持最高程度的活动能力，发展他们的潜能和改善他们的生活质量，协助他们在可行情况下在家安享晚年。长者日间护理中心提供的服务包括个人照顾、护理、康复训练、健康教育、护老者支援、暂托服务、辅导及转介服务、社交及康乐活动、膳食及接送服务等	58（2234 个名额）2008 ~ 2009 年度修订预算
综合家居照顾服务	综合家居照顾服务是为体弱长者、残疾人士及有特殊需要的家庭提供多种照顾及服务，个案性质分成两大类：①伤残及体弱个案，采用多元专业的模式，针对体弱长者的需要，向他们提供护理、个人照顾、康复服务及社工服务等。服务队会根据服务使用者的受损或伤残程度，为他们设计及提供一套有计划及健全的家居及社区支援服务；②普通个案，提供个人护理 / 简单护理、家居清洁、护送、照顾幼儿、日间到户（健康 / 家居安全）服务、购物及运送服务、膳食及洗衣等服务等	60（28600 个名额）2008 ~ 2009 年度修订预算
改善家居及社区照顾服务	为身体机能中度受损的体弱长者提供一系列的家居照顾及社区支援服务，包括护理计划、基本及特别护理、个人照顾、康复练习、中心为本区的日间服务、护老者支援服务、暂托服务、24 小时紧急救援、家居环境安全评估及改善建议、家居照顾、膳食、交通及护送服务等	24（3700 个名额）2008 ~ 2009 年度修订预算
长者度假中心	让长者（包括需要长期护理的长者）可以在郊外度假及与其亲友享受余暇	1

① 民政部全国老龄办 . 国外及港澳台地区养老服务情况汇编 . 北京：中国社会出版社，2010.

院舍服务。一般通过非营利组织以及私营机构提供来满足老年人的住院需求，政府则通过《安老院条例》执行发牌制度以及实施定期的监督评估，以规范提供住宿照顾的安老院舍。根据老年人的身体状况差异，安老院舍分为长者宿舍（已停止申请）、安老院（图 2-18）、护理安老院和护养院。为了支持各类组织参与安老院舍服务中来，政府通过“买位计划”与“改善买位计划”、发放“疗养院照顾补助金”以及“照顾痴呆症患者补助金”等在经济上支持其发展。香港共有四类照顾院舍，满足长者的不同护理需求。按照护理需要程度由低到高进行排序，这四类院舍分别是长者宿舍、安老院、护理安老院和护养院。由于这些院舍是由社会组织提供的，在设施和服务上还是有些差异。以护理安老院为例（表 2-9），从宿位类别表可以看出，在人均面积和人员配备上，“改善买位计划”提供的服务都优于“买位计划”，但同非政府机构资助的宿位之间仍存在着一定差距。

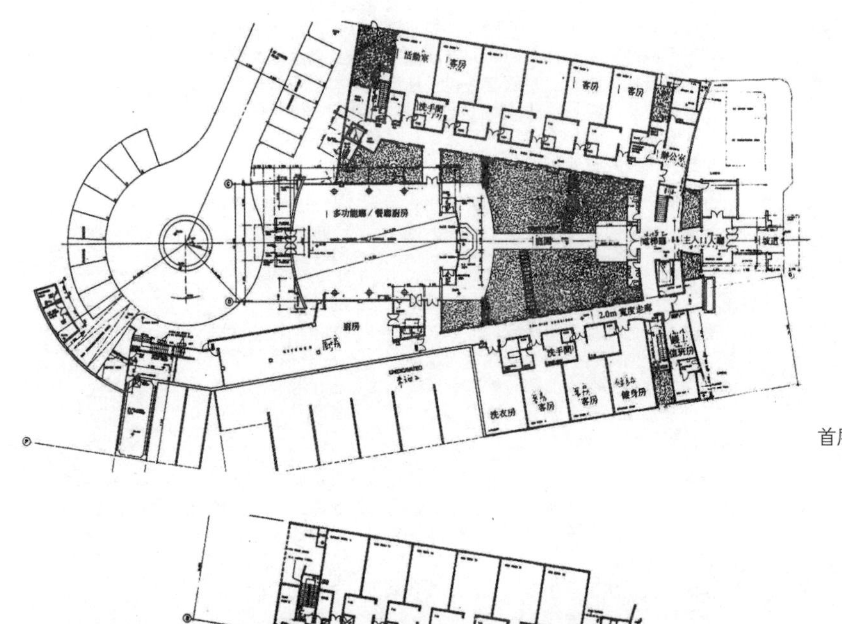

首层平面

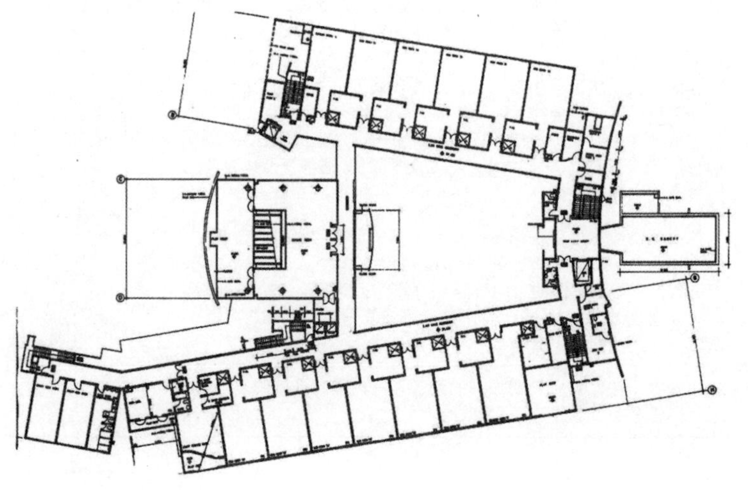

二层平面

图 2-18
香港东华三院伍若瑜护理安老院

护理安老院宿位类别　　表 2-9

护理安老院宿位类别	每名住客所占的最低面积（平方米）	护理安老院的员工数目的最低规定（人）（以每 40 个宿位计算）
非政府机构的资助宿位	10.5	21.75
买位计划下的宿位		
甲二级	8	11
乙级	7	11
改善买位计划下的宿位		
改善甲一级	9.5	21
改善甲二级	8	19

（资料来源：香港审计署《长者住宿服务报告书》，2002 年 3 月 20 日）

虽然资助护理安老院和“改善买位计划”安老院的最低员工数目大致相同，但前者的专业人员较后者多。举例来说，一间设有 40 个宿位的资助护理安老院有一名高级社会工作助理、一名福利工作人员、一名注册护士和三名登记护士，而改善甲一级的“改善买位计划”安老院则只有一名安老院主管和两名注册护士或登记护士。由于资助护理安老院宿位的服务水平较高，以至于截至 2001 年 3 月底，社会福利署护理安老院宿位轮候名册的申请人中，只有 9% 表示愿意入住“买位计划”或“改善买位计划”所提供的服务。在这种情况下，愿意入住“买位计划”或“改善买位计划”的申请人，平均只需要轮候 11 个月，而资助安老院宿位的申请人平均需要轮候 35 个月。

而在“老有所为”方面，通过让有能力及意愿的老年人继续参与社会事务及作出贡献。这其中比较突出的是“老年义工计划”，该计划吸引了众多的老年人参与志愿活动，通过种种机制鼓励他们提供服务，从而让老年人成了香港义工队伍中的一支生力军。通过这些活动，可以让老年人的晚年生活保持生机及活力，充分发挥他们的能力及潜质，提升个人尊严，并通过其表现及贡献，建立他们在家庭和社会中的正面形象及地位。

非政府组织（NGO）的作用。实际上在政府采取措施承担起老年人的经济支柱之前，以东华三院等为代表的慈善团体已经在自筹资金开展相应的老年社会服务，因此可以说香港完善的老年社会服务体系弥补了政府在这方面缺失的责任，社会通过服务的形式避免了因缺少老年社会保障而出现的老年人赡养及照顾问题。直到现在，这种局面依然没有大的改变：虽然政府完善了资金方面的保障制度，但是，这种资助仅仅满足了老年人基本的生活需要和物质方面的要求，而在老年照顾和服务方面，仍然是社会（通过各类慈善团体、私营机构等）承担了绝大部分的责任，政府仅仅是有所资助。非政府组织的安老院舍以及小区支援服务为老年人提供了非常丰富的照顾项目，基本满足了其日常生活及照顾护理的需求，并且，这类组织多由慈善团体或基金支持，许多项目可以免费申请，而即便是缴费享受，费用也是比较低廉的。例如为香港圣公会护养院（图 2-19），笔者曾经于 2013 年参访此处。该护养院床位数约 50 张，主要为一些健康欠佳、身体残疾、认知能力欠佳而不能自我照顾的老人，提供住宿、膳食、起居、基本医疗、护理及社会支援服务。即使该院位于黄大仙地区这样的城市繁华区域，入住的老人费用也不到 2000 港元。据介绍，该费用仅为郊区同类别的护养院的 1/3，其主要的资助来自于教会的支持，但老人是否能入住须经社会福利署批准。

图 2-19
香港圣公会护养院（图片来源：作者自摄）

可以说，香港的老年社会服务体系在很大程度上弥补了社会保障发展不足的缺陷，为全香港的老年人提供了高质量、专业化的服务。而政府也正是看中了社会中的这种资源和力量，放手让他们来负责这个领域，从而在香港老年社会福利发展中出现了另外一个独具特色的地方，即政府与非政府组织合作来为老年人提供全面的服务[①]。

2.4 国外养老模式的借鉴

从以上几个代表性国家的养老模式的介绍，可以明显地感受其养老模式因各国国情的不同而具有差异，最大的差异还是因为文化背景与经济发展水平的不同而采取不同的对策。但也具有很多的共同点，值得我国借鉴学习。

① 刘芳，香港养老 . 北京：中国社会出版社，2010.

欧美国家是世界上最先进入老龄化社会的，经过半个多世纪的探索和努力，总结了很多的经验。从国外发达国家养老模式的历史发展来看，养老模式从一开始推行社会养老模式以解决传统养老模式带来的沉重家庭负担，到后期回归家庭以解决社会养老所面临的居住环境恶化的问题，经历了一个“否定之否定”的螺旋式发展过程[①]。

居家养老是当前的国际趋势。随着人口老龄化规模不断扩大、过程不断加快，发达国家针对老年人的居住建筑从起初的针对高龄、病残老人的住房改造和老年住宅建设，转为促进普通住宅的无障碍化以及建设带有护理服务功能的老年居住建筑。除了进行适老化设计的普适化过程，在养老居住建筑的建设方向上也经历了从“医院养老”到“设施养老”，再到“居家养老”的转变过程[②]（图 2–20）。

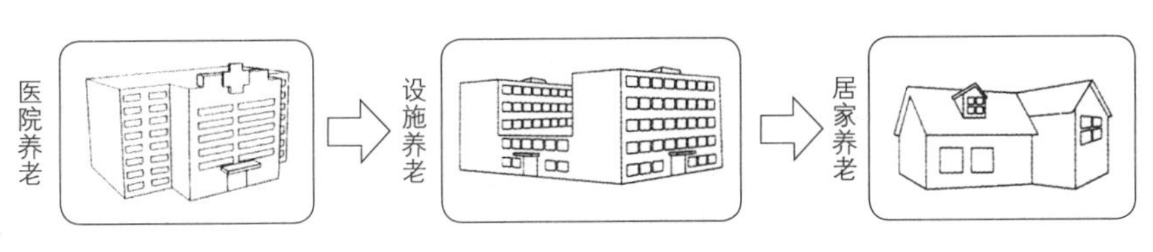

（资料来源：周燕珉等．老年住宅．北京：中国建筑工业出版社，2011.）

图 2–20
发达国家建设养老居住建筑理念的变化过程

起初，欧美国家在解决人口老龄化问题，特别是老年人的照料问题时，大多采取对老年人集中供养的机构养老方式，即建立养老院、护理院等。虽然这种方式可以给老人提供周全的照护，但并不利于老人与亲人的交流，容易造成情感缺失、生活缺乏热情等弊端。调研发现，老年人更希望居住在其长期生活的住宅中，且这种自主生活、积极参与社会活动的生活状态有利于维护老年人的身心健康。于是，很多国家提出了让老人回归家庭的号召。但这种回归家庭的养老方式已不同于传统的家庭养老，而是一种居家和社会服务结合的养老方式，即通常所说的居家养老（图 2–21）。居家养老不必使老年人脱离原有的居住环境和社会关系，也方便子女在闲暇时照顾老人，老人的情感需求能够得到较好的满足。同时，居家养老能够充分整合利用家庭、社区资源，使养老成本大为降低。在众多研究结论的支持下，政府开始转向重视建设老年住宅，并在普通社区积极配建社区养老设施，为实现更好的居家养老提供必要的硬件基础，同时居家养老服务机构提供的专业服务业能使老人的生活质量得到较好的保证。目前，居家养老已经成为欧美等发达国家老年人养老的主要方式，日本等国家也在大力发展居家养老服务。

总的来说，首先，由于这些国家具有发达的经济作为基础，而拥有完

① 赵晓征．养老设施及老年居住建筑——国内外老年居住建筑导论．北京：中国建筑工业出版社，2010.

② 周燕珉等．老年住宅．北京：中国建筑工业出版社，2011.

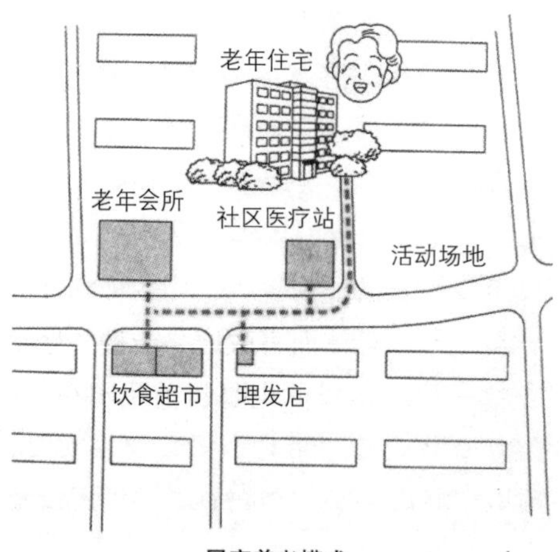

居家养老模式

（资料来源：周燕珉等．老年住宅．北京：中国建筑工业出版社，2011.）

图 2-21
老人可自主选择各类活动

善的社会福利保障体系，使老年人具有较大的生活自由度；其次，由于老龄化历程已较长，实践经验较多，各种养老设施范围广、数量多、质量较好、特别是在进入 20 世纪末期以后，基本上可以应对老龄化的社会需求；最后，这些国家均具有良好法定化的社区服务可以保障老年人具备较好的生活环境。欧美国家对老年人普遍采取社区照顾的模式，内容包括生活照料、物质支援、心理支持等，都取得了相当不错的成效。这一模式，对于老龄化的中国，有相当大的借鉴意义①。

其不同点也是明显的。首先，欧美等国家因为较少有传统大家庭的观念，亲子关系较具独立性，因而老龄化的发展并没有发生像东方社会那样因家庭结构发生变化而产生的养老问题，只是向社会提出了如何帮助大量老年家庭独立和安全生活的问题。对应于这种社会需求的养老生活策略，在住宅的形式上产生了供老年人专用的类型繁多的住宅；美国在社区规划结构形式上产生了可供老年人集居的以提高社会服务效益的老年社区；对确无能力在自己家中独立生活的老年人则可根据老年人的健康状况和个人意愿，选择相应的社会养老设施居住。在老年设施的建设上，特别是欧洲不同于东方社会中政府只注意财政资助和鼓励，政府直接参与的力度较大。其次，欧洲等国家凭借其雄厚的经济实力和缓慢的老龄化进程，实施的是国家保障型的老年福利政策，其最大的特点是国家负担重而个人负担轻；东方国家由于是在较低经济发展水平时快速进入老龄化社会，养老保障只能采取政府、社会、个人共同承担的模式。

相较欧美等国而言，新加坡和中国香港的养老实践经验对我国具有更大的借鉴意义。原因一般认为主要是新加坡与中国具有相似的传统文化和家庭伦理观，而且也因为统计资料所显示的两国在人口和经济发展过程上

① 中国老年住宅市场发展潜力巨大 .http：//www.older99.com/html/news/4526.html. 养老中国网 .

的相似性。他们注重家庭养老的价值，以居家养老作为根本基础；充分利用并且依靠各种非政府组织发展各种院舍养老机构，以满足老年人的特殊生活需求；为了将大量老年人“留”在家中生活，大力发展多样化、不同层次的以社区照顾模式为出发点的为老服务；政府的主导作用在于：建立养老体系，资助、监督和保障老年人居住。在老年人住房供给上采取了倾斜对策，鼓励和满足两代人同居或亲属分户近居形成网络式家庭的需求，优先为之提供多样化的新住宅。总体而言政府是一种“轻负”的养老担当者，与欧洲福利型国家截然不同，这可能也是目前我国在“底子”尚薄即进入老龄化社会值得借鉴的原因。

日本的养老模式介于欧美与新加坡和中国香港模式之间，其过去 40 多年的养老实践经验对我国当前面临的老龄化问题也具有很高参考意义，应该是我国未来建立较高养老保障体系标准的学习标杆。日本的养老对策既注重保护和改善传统的居家养老功能，又重视社会养老设施的建设，使居家养老和设施养老构成整体养老对策的两个组成部分。并以国家行政法规和措施直接参与，以确保养老目标的实施。为确保居家养老的质量，以立法的形式建立护理服务的制度，确保了除建立家庭服务员派遣制度发放日常用品，提供短期在宅护理和日间服务等措施外，长期困扰老龄社会且最难解决的高龄、体弱、残疾老人的长期照料问题，使得在宅养护成为可能。在社会养老设施的建设方面，日本也没有照搬西方国家的模式，而是在实践中逐渐形成了适合日本型福利社会的特有体系。如各种区别对待的老人之家和老年福利中心等四种设施，此外还有私营的“收费老人之家”。随着高龄化的发展，日本已开始着手 21 世纪的长寿社会对策的研究。内阁会议通过了《日本长寿社会对策大纲》，提出了从收入保障、保健福利、社会生活和居住环境四个体系综合推进的方针。其中，针对居住环境，首次提出了“适应终生生活设计”的原则。这对我国目前大量建设住宅而同时又面临老龄化的社会现实，具有重要的借鉴意义。

3 社区与老人

3.1 我国社区发展现状

3.1.1 社区的概念及意义

社区是一个已存在了数千年的客观事物，但是“社区”概念的提出却被视为标志着19世纪社会学中最引人注目的发展。可以说社会学家们是从现代城市社会的剧烈变迁中发现了社区的存在，并从一开始就认为它具有积极的意义。从19世纪末到今天，社会学经过100多年的发展，社区概念的内涵大大丰富了。目前广义地看，社区有许多种定义。如从地理范围出发，认为在一定的地理区域内活动的范围即是社区；从心理学角度出发则认为是“以一定的生产关系和社会关系为基础，形成了一定的行为规范和生活方式，在情感和心理上有地方观念的社会单元”[①]。从人类学的角度看，是一种功能相互联系在一起的“人类社会群体”；从社会学角度看，则是一个具有相对独立性和一定自治性的“社会实体”。

社区有几个基本要素：①有一定的地域；②有一定的人群；③有一定的组织形式，共同的价值观念、行为规范及相应的管理机构；④有满足成员的物质和精神需求的各种生活服务设施。社区是以地域为特征，以认同感为纽带，按照便于管理、便于服务、便于自治、便于资源共享、便于发展的理念来建立和划分的。

尽管对“社区”一词的定义不同的专业有不同的认识，但其本质属性——具有守望相助，并联系密切和富有人情味的人际关系[②]，却为大多数社会学家所一致认同。“社区的本质就是群体的共同结合感，而这种共同结合感的基础无疑是基于地缘、业缘、血缘和共同文化特质而产生的共同成员感，共同归属感。同一社区的人们在长期的共同生活中，在同一行为规范、文化传统和生活方式里形成共同意识，它是维系社区成员关系的强大精神凝聚力”（英国社会学家英克尔斯，1972）。而这正是社会学家推崇社区作用的根本原因：人们关系密切，出入相友，守望相助，疾病相扶，呈现浓郁的生活气息。

① 朱智贤主编．心理学大词典．北京：北京师范大学出版社，1989.

② 参阅夏学塞主编．社区照顾的理论、政策与实践．北京：北京大学出版社，1996.

社区的意义在于使人与社会取得某种联系，起到一种载体的作用。其意义可分为两个层面。一个是物质性的层面，人通过社区享受到城市生活的多样性和便利性。社区作为一个城市构成的基础单元，具有合理的设施配置，对居民提供服务与协助。另一个是社会学的层面，人和社会两者的互动过程使人产生对日常生活所在的较小的地方——社区产生依恋和归属感。早期的西方社会学家认为，由于在复杂的现代社会中存在着许多矛盾，使社会的凝聚力减弱：一方面人与人之间的直接交流减少，人们感到孤独，彼此疏远，精神压力难以排解；另一方面，传统社会中那种由长辈、邻里等提供的非正式的社会控制削弱，犯罪和越轨行为增加。因此当“我们走向一个大都市时，我们更感到维持和复兴较小社区的重要性。社区意识可以帮助个人以一种有意义的方式，与大社会结合在一起，借以减低混乱与疏远的情绪”①。

城市大量不同人口聚集和共处的根本特点在于人们相互依赖和联系，由于这种依赖和联系形成了个人对于一个群体、机构或地域的安全感和认同感，进而产生了对它的归属感。社区归属感就是这样一种感情，是居住需求的一种心理满足，是社区感情的最终表现。它有助于增强社会凝聚力，因而有利于社会的安定和谐，有利于居民的身心健康。而社区的规范性秩序在社区成员的社会化和社会控制方面也起着积极的作用。

3.1.2 我国现行社区的发展及走向

尽管“社区”概念源远流长，但这个概念被我国的城市政府拿来使用却是近 20 来年的事情。20 世纪 80 年代，“社区”概念被政府征用，正式进入政府话语。1986 年，民政部发出开展社区服务的文件，首次将“社区”的概念引入城市管理。从 20 世纪 90 年代开始，社区建设逐渐成为中国城市管理改革的核心内容，并在 90 年代后期上升至中国共产党基层建设的基础环节。政府文件是统一政府话语的标准。目前政府对社区概念的权威性定义，可见 2000 年底中共中央办公厅、国务院办公厅转发的《民政部关于在全国推进城市社区建设的意见》[中办发（2000）23 号] 所明确的，“社区是指聚居在一定地域范围内的人们所组成的社会生活共同体”。在这个文件里，划定了社区的范围，“目前城市社区的范围，一般是指经过社区体制改革后作了规模调整的居民委员会辖区”。与传统意义上的社区概念不同，政府的定义并没能表明影响人群内部关系质量的因素，如文化、价值、种族、阶层等。

尽管在国际上社区发展概念已经实践多年，但是在我国结合本国情况的明确应用却是一个全新的领域。我国对社区研究的理论和实践并不丰富，

① 引自：Park & begress（1968）. 城市社会学——芝加哥学派城市研究论文集 . 北京：华夏出版社，1987.

而且主要集中在社会学界和人文地理学界。城市规划工作者对社区的研究相对薄弱，已有的研究多停留在社区概念的引入和介绍，或重视居民自发性的邻里交往而忽视有组织的社区交往，社区管理等方面内容，恰恰后者是良好社区形成的决定性因素[①]。而民政部门大力推动的社区建设实践层面探索则具有很强的现实意义，其步骤与策略也稳妥可信，30多年探索虽然漫长，却有积极的结果。

被政府重新阐释的社区概念，与传统的社区概念有显著的不同。它首先是行政区划关系上建立起来的社区，是城市行政区划或城市行政管理的延伸。与西方自然形成的社区相比较，社区的区域性主要体现在居住关系上，并不关注感情关系和交往关系。政府“误读”并“错用”了“社区”概念，这有特定的时代背景，反映了特定的时代变迁。当时社会处于转型期，各种社会问题激增，如企业亏损、工人下岗、贫富分化、老龄化加剧、城市流动人口增多。政府需要动员民间力量，与基层社会结合，在城市基层开展社区建设以推进社会发展。政府是从国家政策制度改革的高度上对社会生活组织和管理进行改革探索。实行“政社分开”，把生活组织管理这一部分的工作放到社会上去，让社区成为政府转变职能的承接载体，担负起组织和管理社会的功能。并通过社区建设改革试点，努力构筑适应现代社会文明发展的城市管理制度——社区制。

政府话语中的社区概念更多的是与社区服务和社区建设的实践活动联系在一起。

社区建设自20世纪90年代初开始，逐渐成为中国城市管理改革的核心内容。政府力图通过社区建设来以社区制取代原有的街居制，以改变政府在基层能力不足的弊端，并试图推动更多的市民参与到国家建设中来。民政部2000年23号文件也给出了“社区建设”的定义，“社区建设是指在党和政府领导下，依靠社区力量，利用社区资源，强化社区功能，解决社区问题，促进社区政治、经济、文化、环境协调发展，不断提高社区成员生活水平和生活质量的过程”。可以归结出，政府所指的社区，在城市指的是街道办事处辖区或居委会辖区以及目前一些城市新划分的社区委员会辖区；在农村指的是行政村或自然村。无论是城市社区建设还是农村社区建设，都是重地域界限而轻社会心理。进入21世纪，中国的城镇化进程加快，城市社区成为承接新转移来的城镇居民的必然载体。在当前的语境中，社区建设大多以“法定社区”作为操作单位。确定社区实体首选的标准是划定的地域界限，社区成员归属感的强弱则往往是次要的。也就是说，社区地域的基础是预先规定的，而社会心理的基础是要靠以后培育的。

20世纪90年代中期以后，社区服务被纳入社区建设，并成为其重要

① 高鹏．社区建设对城市规划的启示．城市规划，2001（2）．

组成部分，1996年在武汉召开了全国文明社区建设理论与实践研讨会，在理论与实践结合上把中国的社区建设和社区发展理论提高到新的阶段；1999年民政部全面启动社区建设实验区，以探索推进城市社区建设工作思路和运行模式；2000年12月12日，中共中央办公厅和国务院办公厅发出通知转发《民政部关于在全国推进城市社区建设的意见》，标志着社区建设在我国全面启动，已经成为我国发展的一项基本国策。杭州市属于全国社区建设的先行者，于2001年第一季度完成了全市的社区建构任务，进入了全新的城市管理体制。

社区的今后发展及走向，也在2001年3月15日全国人民代表大会第四次会议批准的《中华人民共和国国民经济和社会发展第十个五年计划》中得到明确表述。即推进社区建设是新时期我国经济和社会发展的重要内容。要坚持政府指导与社会参与相结合，建立与社会主义市场经济体系相适应的社区管理体制和运行机制；加强社区组织和队伍建设，扩充社区管理职能，承接企业事业单位、政府机关剥离的部分社会职能和服务职能；以拓展社区服务为龙头，不断丰富社区建设的内容，发展社区卫生，繁荣社区文化，美化社区环境，加强社区治安、完善社区功能；努力建设管理有序、服务完善、环境优美、治安良好、生活便利、人际关系和谐的新型现代化社区[①]。

3.1.3 我国现行的社区服务

社区服务是随着我国的改革开放的不断深入和社会结构的日益转型发展起来的一项城市市民工程，是我国社会福利制度社会化改革的重要组成部分，属于城市基层工作的范畴，是正在发展的朝阳事业。它包含丰富的内涵。社区服务是在工业化、城市化进程中产生的，最早出现在19世纪80年代的英国，自1884年的C.S.A.巴涅特在伦敦东区建立了第一座社区睦邻中心——汤因比馆以后，类似的社区服务机构在英、美等西方国家相继建立起来。20世纪30年代社区服务事业先后纳入一些国家和地区政府的公共福利政策范畴，并伴以相关的法律保障。在我国，社区服务只是改革开放的产物，20世纪80年代后期民政部开始倡导发展社区服务，并从理论上界定社区服务的含义、性质和目标。社区服务是民政部门于20世纪80年代在城市推广的、以促进经济体制改革和服务人民生活为目的的活动。1986年民政部首次把“社区”概念引入城市管理，提出要在城市中开展社区服务工作；1989年“社区服务”的概念被第一次引入法律条文，这一年12月26日全国人民代表大会通过的《中华人民共和国城市居民委员会组织法》明确规定：“居民委员会应当开展便民利民的社区服务活动”，社区服务是在政府的倡导下，以街道为主体，以居委会为依托，

---

① 李文茂，雷刚．社区概念与社区中的认同建构．城市发展研究，2013（9）．

发动社区成员，开展互助活动，就地解决社区问题，调整人际关系，缓解社会矛盾，改善社区福利，促进社会进步的活动；1992年民政部在杭州召开全国社区建设理论研讨会，把社区服务推进到社区发展的新阶段，将社区服务被纳入第三产业，被作为解决就业问题的重要渠道，它在福利性、互助性和经营性的结构上也有所变化，即经营部分的比例逐渐加大；1992年中共中央、国务院发表了《关于加快发展第三产业的规定》，首次将社区服务列入第三产业的范畴，并指出要优先发展。于是社区服务成为我国的特殊第三产业，随后民政部又联合国务院所属的13个部委颁布了《关于加快发展社区服务业的意见》(以下简称“意见”)，这两个文件的出台，很大程度推动了我国社区服务的实践和理论研究的发展。20世纪90年代中期以后，社区服务被纳入社区建设，并成为其重要组成部分，1996年在武汉召开了全国文明社区建设理论与实践研讨会，在理论与实践结合上把中国的社区建设和社区发展理论提高到新的阶段；“社区服务”这一概念日益为广大城市居民熟悉、接受。社区服务事业与居民生活逐渐变得息息相关。

社区服务这个概念在西方国家用得不多，他们一般用“社区照顾”、“社会福利服务”等概念。在我国社区服务这个概念则有一个不断丰富和完善的过程。最早始于民政部于1987年在大连召开的民政工作会议上界定社区服务是“在政府的领导下，发动和组织社区内的成员开展互助性的社会服务活动，就地解决本社区的社会问题”。1993年，14部委联合颁发的《意见》认为社区服务就是“在政府的倡导下，为满足社会成员多种需求，以街道、镇、居委会和社区组织为依托，具有社会福利性的居民服务业”。结合十多年来我国社区服务的具体发展，对社区服务这个概念基本上有了一个比较成熟的界定。

从现在来看，我国社区服务是指在政府支持和指导下，为满足居民的多类型、多层次需求，调动社区资源，依托社区、由社区机构和志愿者向社区弱势人群及广大居民提供的具有社会福利性、公益性、辅助性服务的活动。它是社会保障的重要组成部分，属于社会服务保障的范围。

社区服务与商业服务是不同的，主要表现为以下几个方面：一是性质不同，社区服务属于社会福利性质，商业服务属于市场经营性质；二是服务对象不同，社区服务优先考虑弱势人群，然后才是其他社区居民，而商业服务直接面向所有居民；三是服务目的不同，社区服务的目的是社会效益，商业服务的目的是经济效益；四是适用机制不同，社区服务主要是道德机制调节，商业服务主要是市场机制调节；五是服务方式不同，社区服务含有自我服务和互助的特点，而商业服务是一种单纯的经济关系[①]。

随着我国城市社区建设的进一步深入，在社区服务上也暴露出了一系

① 刘静林，张蕾.社区服务.北京：中国轻工业出版社，2005.

列矛盾和问题：社区凝聚力不够，社区关系不顺，社区职能“行政化”；服务部门缺乏合力，服务职能不到位，少数地方流于形式；社区自治功能有待完善，社区工作不实，人员不到位。究其实，多年的城市社区建设中预定的改革城市基层管理体制、充分发挥社区力量、合理配置社区资源的根本目标没有完全实现。

3.1.4 社区老年服务现状和问题

社区老年服务是社区服务最基本的内容，也是社区服务的一个重要组成部分。国际上对老年人的社会服务保障主要指满足老年人生存与发展需求的免费或低费服务，可分为老年保障性服务和老年福利服务。老年保障性服务是指最基本的生活照顾、医疗服务等；老年福利服务是指满足老年人精神层面上的享乐和发展的服务。两者主要包括养老服务、健康服务、生活服务、娱乐交往服务、教育服务、发挥余热服务和婚姻服务等。从上文所述的国外发达国家的老龄化应对策略上可以看出，不管是最初以机构养老为主，还是以居家养老为主的国家，最终都认识到以居家养老模式在经济上最为有效，且最为老人所接受。而居家养老最根本的问题，是要加强在社区层面的为老服务，他们在充分发展社区为老服务方面的经验和教训值得我国借鉴。

我国由于综合国力所限，且老龄化速度非常快，所以采取以居家养老为基础、社区养老为依托、机构养老为补充的策略是非常明智的。采用通过政府、社会力量、个人齐头并进的路子大力发展社区老年服务，是满足老年群体的需求，缓解当前老人问题的有效途径。

由于我国社区建设的滞后和上文所述社区建设目标解决的偏差，社区结构、机制和运行存在较多问题，普通的社区服务也明显不足，更遑论社区为老服务，这种现状与我国的老龄化现实极不相称。

按照政府的目标，社区老年服务应该帮助老年人实现积极老化，具体地说就是实现五个所有：老有所养、老有所医、老有所乐、老有所学、老有所为。目前社区老年服务的问题主要表现为八个方面。

1. 老年服务理念不明确。现在很多的服务都是单一按照上级的布置来开展工作的事务服务，而不是为老人特别是特殊老人提供的体系化的针对服务。应该引入积极老化的理念，坚持以老年人为本，倾听服务对象的声音、照顾服务对象的感受的问题解决式服务。

2. 老年服务对象不完全。目前老年服务对象主要是健康的或者生活能够自理的老年人，而有病的老年人和生活不能自理的老年人基本上是推向家庭和专业性的养老机构。老年服务应当以落实弱势老年人群为主，逐步向所有老年人普及的方针。

3. 老年服务内容不全面。老年工作目标的五个所有，除了老有所养老年服务不涉及外，目前相比较来说老有所乐做得好一些，老有所依、老有所学、老有所为均比较弱。一方面是大家认识不够，另一方面是服务力量不足。应该与时俱进，逐步满足老年人群的需求。比如说要进一步完善社区老年的医疗卫生服务、老年慢性病的康复和照顾，在社区里加强心理辅导等。另外，在国外比较普遍的临终关怀也应得到重视。

4. 重硬件，轻软件。目前这十几年政府比较重视，各社区特别是新社区都不同程度地建设了一批老年人服务设施，硬件建设上进步较大。但社区老年服务规范性并不强，监督、评估体系没有，或不严，或不细。应该重视服务的体系化建设工作，使社区老年服务能够得以规范有序地进行。

5. 老年服务方法不专业。老年人群是一个典型的弱势人群，不仅仅是身体和生活需要照顾，他们在精神慰藉、人际交往、环境适应方面也需要帮助。目前的服务方式和方法，基本属于凭经验做事，很难深入和有针对性，因而导致服务方法与老年人的服务需求之间的不适应越来越显著。运用社会工作的专业方法对老年人开展服务，可以有利于提高服务品质。

6. 老年服务队伍不专业。服务队伍是老年人服务工作的根本保障，目前社区老年人服务队伍参差不齐，差距很大。主要体现在：一是社区管理人员中基本上没有专职的老年服务工作人员，老年服务是和其他社区服务合在一起的；二是服务人员基本上没有受过专业训练，更谈不上具有老年社会工作的知识；三是很少有受过专业培训的服务人员。为老年人服务需要多个专业岗位的人员配合，很多服务人员应是专业化和职业化，这类人员应有较高的待遇。国内目前也有些大专院校开设社会工作或老年人服务专业，从这些高校吸收受过专业训练的毕业生从事社区老年人服务势在必行，同时对普通服务人员也应利用现有的教育资源进行培训。

7. 老年服务不是法定的。全国各地差异极大，即使在同一省区或同一市域差异也较大。这种差异既有经济发展水平问题，也有理念问题。为老服务还是一种量“力”而行的事务。不像义务教育和儿童预防接种等是一种法定义务。

8. 老年服务经费投入严重不足。由于不是法定事项，政府财政预算很难确保，同时社会缺乏为社区老年服务贡献的氛围，因而导致老年服务经费投入严重不足，所谓的为老服务很多仅仅是蜻蜓点水，没法有效解决问题。

3.2 社区中的老人

3.2.1 老年人的心理与生理特点

老年人的特点总的来说是走向衰老，主要表现在生理和心理两个方面，具体表现如下。

1. 感知能力退化

感知能力的退化影响老人从周围环境中获取信息，从而影响到身体对环境的反应。感知能力的退化始于 65 岁左右，其中听觉和视觉的退化尤为明显，这两个系统是身体从环境中获得信息的主要渠道，同时，其他系统也出现退化。

（1）视觉

视觉的退化包括分辨精细物体的能力（称为视敏度）和对距离远近的辨别力（称为距离视觉）的退化。屈光不正是造成视觉退化的主要原因。老年人眼睛晶状体处于近似扁平状态，降低了对入射光线的折射，造成聚焦困难，从而使影像清晰度下降。另外，物体距离的远近是根据物体的相对大小、遮挡关系、运动速度等来判断的，物体大、清晰度高，就感觉近；物体小、模糊，就感觉远。出于视敏度的下降，老人在判断距离时，由于判断物体的相对关系发生混乱而出现困难。

1）明暗感受性：人们从亮处到暗处，不能马上看清暗处的东西，过一段时间适应后才能逐渐看清，这就是暗适应；反之则是明适应。老年人随年龄的不断，老化明暗适应的时间都会延长。同样，眼睛对亮光也有一个适应程度的问题，老年人对于过亮的光线和强度对比不易适应。

2）色觉：随年龄的增长，晶状体会逐渐变成黄褐色。因此，老年人在看白色物体时，肯定会把它看成偏黄的颜色。由于晶状体变黄，使老年人在注视外界光线时好像戴上了黄滤色镜，绿、紫等短波长的光波在他们的色觉中会变得更短、更难以分辨。晶状体变黄对色觉的影响十分巨大，但由于这一变化过程相当缓慢，所以老年人感觉不出这种变化。

3）听觉：老年人在听觉方面产生的衰退，随年龄的增长而增加，老人能接收到的音频值随年龄增长而急剧下降，对高音的辨别能力要比低音退化严重。同时，对两种及以上声音的分辨能力也开始下降，对各种声音的辨别所需的强度都在增加。经常可见老年人在交谈时靠近谈话者以弥补听力的衰退。听觉上的衰退在很大程度上影响着老人在社交空间上对尺度的形式的特殊偏爱，他们更喜欢较小的围合感的社交空间。

4）味觉、嗅觉、触觉：老年人的味觉、嗅觉、触觉都在退化，导致老人对环境的纹理、质地的细腻感觉丧失或减弱，对环境中的气味反应迟钝，对令人愉悦的花香等失去美感享受，丧失了与环境之间联系的重要环节，加深了与环境的隔离程度。对煤气火灾等其他危险失去警觉，容易导致事故的发生，给老年人带来消极的心理影响。

（2）中枢神经系统的功能特征

由于神经细胞的减少，造成老年人反应慢，疾病通常也影响老人对外界的反应。例如社区中一位徒步老人在躲避一辆疾驶的汽车时与年轻人相比有很大的差距，需要较长的反应时间。

（3）肌肉的骨髓系统特征

老年人的力量和肌肉控制能力不断下降，一般人的肌肉力量在 20 ~ 30 岁时达到高峰，随后便开始下降，70 岁时其强度只有 30 岁时的一半。肌肉的耐力和灵敏度也会下降。肌肉的技能在日常生活中体现在步行、爬阶梯、购物、闲暇时间的游戏等。年老者为弥补其运动肌性能的下降，经常在走路时迈小步以保持身体平衡，眼睛盯着地面以免绊倒、滑倒。这提示设计者在处理细部环境时要针对老年人的特点。

（4）老年人的器质性病多

由于机体老化，在老年人中各种器质性疾病明显增多。据报道，老年人的住院人次是青年人和成年人的两倍，住院时间也是他们的两倍。杭州社区高龄老人调查中发现，454 位高龄老人中仅 57 位表示没有患有各类慢性病，仅占 12.6%，其余 87.4% 的高龄老人都患有各种慢性病，其中患病率最高的前五位依次是高血压、心脏病、骨关节疾病、糖尿病、脑卒。因各种慢性疾病的困扰而使活动受到限制的人数随年龄的增长而不断增加，活动受到限制的 75 岁以上老人超过其总数的 50%。

老年人中的多发病包括关节炎、风湿病、心血管系统疾病，这些疾病减少了老年人参加各种社交活动的许多机会。

（5）心理的变化

随着生理的老化，老年人在心理上同样会出现显著变化。老年人易产生衰老感，不愿保持和提高心理活动水平。表现为感觉和认知能力会发生相应的变化，反应迟钝、记忆力减退、注意力难以集中、容易产生消极情绪、对新生事物缺乏兴趣、自我封闭、保守固执、猜忌多疑、总爱回想过去、男性出现女性化特征、女性出现男性化特征等等现象。除了这些正常的心理老化之外，随着社会角色的改变，有的老人还出现一些异常的心理变化，这实际上是老年期心理和生理老化的一种特殊表现形式，使老年人的性格也发生了变化，主要表现为喜怒无常、空虚感和孤独感增强、情绪容易受到环境或他人的影响等。

老年人学习能力和记忆能力均渐衰退。人的智力并不必然随着年龄的增长而发生减退，但随着年龄的增长，人的记忆能力却有可能下降。这是因为，记忆由知识、存储和提取等三个程序组成，在这个过程中，老年认知和提取信息一般比年轻人需要更长的时间。这种阻碍使得老年人从社会参与的主流中退避出来。

老年人主要的四种心理感受。一是失落感。由职业生活的终结以及从抚养人口转变为被抚养人口导致其产生失落感。二是寂寞感。人的衰老并非从天而降，而是随着年龄的增长，使自己感觉“衰老”的机会增多，到了退休年龄，有人觉得自己年事还不高，要退休了，会产生一股难言的寂寞感。三是孤独感。退休将夺去老人所有的社会角色。我们生活在由时间和空间构成的世界里，年轻人具有广泛的活动空间，而老年人的活动空间在退休后骤然缩小，生活天地不断收缩，同时也使自己感到生活在“有限的时间”里，十分孤独，由衰老而产生的活动不便和语言交往困难也会加剧这种孤独感。四是自卑感。老年人感到自己不如他人，感到自己的社会地位、身体状况、经济收入不如他人，大有今不如昔的感觉。五是抑郁感，老年人因心情抑郁而失眠的情况较为普遍，差不多半数以上的老人都有失眠现象的出现。

为减少这些负面的生理、心理问题，在社区设施规划布局中就要切实考虑老年人的生理、精神需求，创造适合于老年人生活、交往的空间和环境，使老人把闲暇时间和精力投入社会活动中，做到老有所医、老有所为、老有所乐、老有所学。

人体是由很多相互作用的系统组成的，这些系统能够维持生命体的正常运转。随着肌体的日益衰老，这些系统以相对可以预见的方式开始退化。因此，在设计社区设施和住宅适应这种肌体老化要求的机构时，最重要的就是考虑到这些身体方面的变化以及在环境设计中所暗含的信息。设计良好的设施和住宅不仅考虑到居住者因年老而丧失的部分功能，还应该尽可能创造条件方便他们锻炼其他尚存的能力。

3.2.2 我国老年人的社区养老需求

由于老年人的生理、心理和行为特征的独特性，注定老年人在适应社会及环境上处于弱势群体的地位，其生活必然会对社会提出特殊的养老需求，对这些需求的满足，影响着老人的生活质量和生存状况。需求应包含两方面的内容，一是生存的需求，二是精神的需求，具体表现在以下几方面。

1. 因空间行为结构的变化而产生的养老需求

职业生活的退出使老年人生活空间结构发生了明显变化，在家中度过的时间大大多于在职人员，活动空间也呈现出不断缩小的倾向，且活动频率与活动空间呈反相关系，即活动空间越小，活动频率越高；活动空间越大，活动频率越低（表 3-1）。老人外出活动的积极性随年龄增长有不断下降的趋势，也呈反相关系，即年龄越低，活动积极性越高；年龄越高，活动积极性越低。老年人随着年龄增长而使活动范围越来越局限在社区范围内，大部分时间都在自己的周围邻里环境中度过，对所在社区的空间环境的依赖性日渐增长（图 3-1）。因此，良好的住家环境和社区环境对老年人的晚年生活显得格外重要。

中国九大城市老人外出活动情况 表 3-1

	经常	有时	偶尔	从不
在家门口	66.9	16.1	7.0	10
在住地附近	50.8	28.2	9	12
在本市范围内	15.9	19.6	27.5	37
去其他城市	1.4	6.6	17.6	74.4

（资料来源：吴铭 . 城市老年住宅问题研究 . 开放时代 .1999：99.）

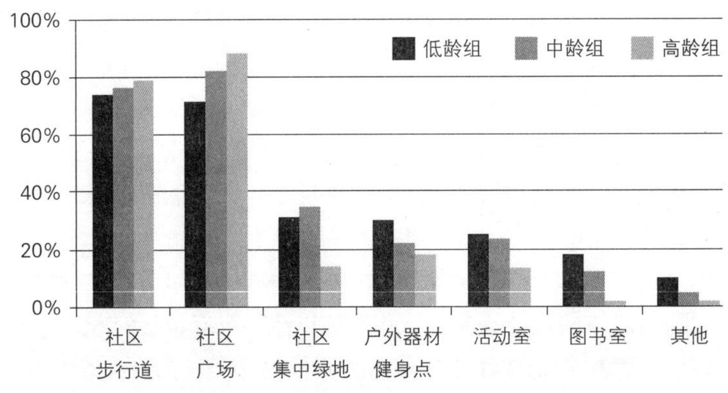

（资料来源：吴岩，戴志中．基于群体多样性的住区公共服务空间适老化调查研究．建筑学报，2014（5）：62.）

图 3-1
老年人最常去的休闲与运动场所

2. 因时间行为结构的变化而产生的养老需求

老年人退休后，日常生活的时间结构发生了明显变化，工作时间缩短，余暇时间显著延长（图 3-2）。从调查的结果看，老年人用于睡眠和饮食起居的时间虽有增加，但与在职职工无显著差别，其时间的延长主要是由于生活节奏的放慢和行动的迟缓所致。老年人用于学习、工作和家务劳动的时间则比在职职工减少很多，这是老年人从职业生活退出后其生活时间结构的一个鲜明特点。老年人用于交际、休养的余暇时间比在职职工增加很多，这主要是由于老年人退出职业生活后有更多可以自由支配的时间，因此有更多的余暇活动。这个调查结果向我们显示：老年人在其居住环境中需要必要的活动空间，以满足其合理支配余暇时间的需要，充实生活意义和提高生活质量。在社区中为老年人提供适宜的娱乐、健身、交际的活动场所和设施是十分必要的。

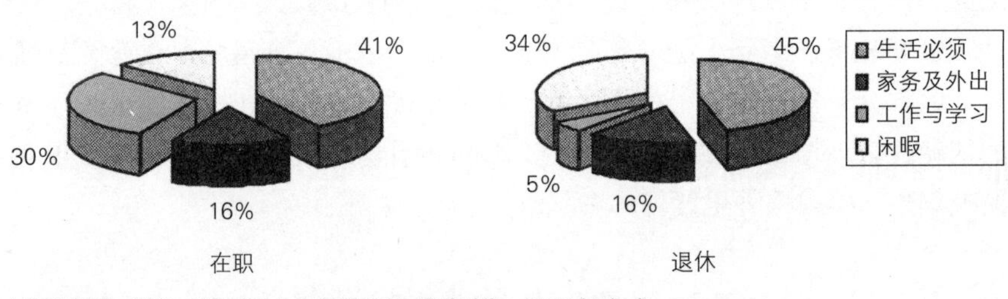

（资料来源：吴铭．城市老年住宅问题研究．开放时代，1999（5）.）

图 3-2
城市老年人与在职者生活时间结构对比图

3. 因老年人个人心理和生理变化而产生的养老需求

通过分析老年人生理特征可知，老年人对生活环境有特殊的要求，声环境、光环境、热环境、无障碍环境和人体工效环境都需要相应改善。老年人的心理需求主要表现出对安全感、归属感、邻里感、私密感、舒适感有较强烈的要求。为了适应由于年龄变化和角色转变而产生的生理、心理变化，他们需要亲人、朋友、邻居的广泛联系、交往、慰借和帮助。在住房方面，要求安全方便舒适。既方便老年人的独立生活，又能在需要时得到子女的帮助；在社区方面，要求有各种齐全的设施。既满足老年人日常生活，又能在需要时及时获得各种必要的社区服务。甚至在老人无法独立生活时，可入住社会相应的社区养老设施。

4. 因老年人的意愿不同而产生的养老需求

在传统观念上，西方国家社会养老意识强，家庭养老意识薄弱，而我国却恰恰相反。西方老人只要健康情况允许，都愿意单门独户居住，也没有养成同成年子女一起生活的习惯；另外三代同堂在西方是"违反"常情的，也是非常容易产生矛盾的。因而，西方国家的老年人一般会独自居住在自己的家里或者寻找老年公寓、社区等和同龄老人一起生活，在完全无法独立生活时会到有护理服务的养老机构生活。但中国的传统观念认为"百善孝为先，孝敬父母是最重要的道德之一"，因而社会意识上普遍认为孝敬老人是每个子女应尽的义务，如果老人离开家庭到老年公寓中去生活，就会被认为子女不孝或者家庭不和；同时只要老人的健康允许，老人都会留在儿孙们身边，照顾子女的下一代，为子女们的家庭奉献余生。因而，中国的老年人在可能的情况下一般都会选择在家养老。

中国社会以到老年机构生活为"耻"的观念也在变。一方面是总体社会观念在慢慢转变，另一方面是家庭实在无法完全承担全部养老责任。目前影响老人入住养老机构的最大原因可能还是养老机构数量少、类型单一、服务和设施较差，不能满足老人们的多方位需求，因而也"迫使"我国老年人对老年公寓接受程度较低。再加之社会福利不完善、社会养老服务滞后，从而导致在中国大多数老年人都选择家庭养老方式。

老年人养老生活状况是一个复杂的社会各要素综合影响的结果。目前的老年人养老生活实况往往由于受诸多因素的影响，往往并不反映老年人的意愿。老年人理想的养老生活模式，根据 1996 年复旦大学人口研究所对上海浦东老年人口基本状况调查表明（表 3-2）：54.8% 的老年人希望与子女住在一起，40.7% 的老年人希望单独居住，仅有 4.5% 的老年人希望住进社会养老设施。不同老年人的养老居住意愿受其自身的婚姻状况、文化程度、经济收入、家庭地位等影响。老年人是否愿意与其子女住在一起，取决于老年人对与子女住在一起的利弊得失的选择，与子女住在一起虽有能获得子女帮助的机会和益处，但也伴随着一些矛盾，如观念和生活上的差异。

不同年龄老年人的居住意愿 表 3-2

年龄（岁）	希望单独居住（%）	希望和子女住（%）	住社会养老设施（%）
60 ~ 64	43.7	53.5	2.8
65 ~ 69	45.0	50.6	4.4
70 ~ 74	42.8	51.2	6.3

续表

年龄（岁）	希望单独居住（%）	希望和子女住（%）	住社会养老设施（%）
74 ~ 79	35.5	59.8	4.7
80 以上	24.5	70.8	4.7
合计	40.7	54.8	4.5

（资料来源：彭希哲．浦东老年事业发展与研究．人口与经济，1997（6）．随着时间的变化，老年人更倾向单独居住）

根据曲嘉瑶[①]针对中国老龄科学研究中心 2000、2006 和 2010 年三次全国性老年人专项调查数据分析认为：十年来老年人与子女同住的意愿显著下降，愿意与子女同住的比例下降了 11 个百分点，从 2000 年的 58%，下降到 2006 年的 49.9%，2010 年又降至 47%。老年人与子女同住的意愿具有明显的城乡差异，城市老年人在 2010 年的调查中，愿意与子女同住的比例仅为 38.8%，城市老年人更倾向于单独居住。

而老年人单独居住的倾向在发达地区可能更强。顾立[②]于 2009 年的调查显示：江苏城市老年人的理想居住方式如下：72.3%的江苏城市老年人希望“住自己家”，所占比例最高；25.0%的江苏城市老年人希望“与子女同住”；仅 2.7%的江苏城市老年人希望“去养（敬）老院”。实际居住情况如下：江苏城市老年人的实际居住方式为：14.9%的江苏城市老年人“独居”，41.2%的江苏城市老年人“与配偶单独居住”，即 56.1%的城市老年人的实际居住方式为“住自己家”；33.3%的江苏城市老年人“与儿子一家同住”，9.8%的江苏城市老年人“与女儿一家同住”，即 43.1%的城市老年人的实际居住方式为“与子女同住”；0.8%的城市老年人的实际居住方式为“其他”。

通过对比分析表明，江苏城市老年人的实际居住方式与居住意愿之间存在一定差距：实际居住在自己家的老年人数量要比意愿中少 16 个百分点，而实际与子女同住的老年人要高 18 个百分点。可见，部分老年人并没有真正按照自己的居住方式意愿安排居住。

综上所述，老年人的居住状况和居住意愿均呈多元化发展，居住方式的发生较大的变化。从趋势上可以看出我国老年人的独立性增强，独自居住的行为和意愿日益普遍，居家养老的意愿越来越强烈，这对我国的居家养老服务提出了更高的要求。为切实满足他们的这一合理需求，维护社会公正，我们理应在住宅政策和社区设施设计中体现这一趋势，反映他们的多元诉求特征。

5. 不同年龄段老年人的养老需求

不同年龄阶段对应着相应的生活状态，结合世界卫生组织对老年人年

① 曲嘉瑶，伍小兰．中国老年人的居住方式与居住意愿．老龄科学研究，2013（7）．

② 顾立．江苏城市老年人居住意愿的研究．南京：南京师范大学硕士学位论文，2011.

龄段的划分和中国老人的具体情况，笔者尝试给我国老人进行中国式三段划分，每个年龄段对养老都有不同要求。

第一年龄段：年轻的老年人（60 ~ 74 岁）年龄段，可以独立生活，为独立性老化阶段。他们虽因年龄增长，活动范围相应缩小，但他们除满足物质生活以外，极其注重和需要的是丰富文化与精神方面的生活内涵，以弥补因退休后生活结构转变而带来的身心、环境等诸多方面的不适应。因而仅有子女的问寒问暖、孙辈绕膝的天伦之乐和做做家务事是远远不够的，他们需要友谊，需要同龄人的交往、慰藉与互助，甚至更多地要求再为社会奉献余热，等等。他们所需的活动空间和场所，显然对每个子女和家庭来讲是无力提供的，只有依靠城市社会特别是社区的支持才能解决。

第二年龄段：老年人（75 ~ 84 岁）年龄段。一般可以独立生活，但有时需要帮助，老人还可以相对自主地生活，为相对独立性老化阶段。一般而言，这一年龄段的老年人，由于身体、精力、智力已大不如前，他们活动的范围和内容较第一年龄段缩小，活动范围更离不开社区和住宅。同时由于老年人各自所处的生活状况，家庭结构与经济水平的差异也决定对老年人的照顾将是全方面、多层次的。如失去家庭照顾的孤寡老人，无子女或自愿独居的老人，子女在外工作无法照顾的老年人，这些老人的供养、日常生活照料的护理，只能更多地依靠所在社区提供帮助。

第三年龄段：长寿老人（85 岁以及以上老人）年龄段。85 岁以及以上的老人必须依靠外界的帮助才能进行日常生活，为依赖性老化阶段。根据我国经济条件、生活水平和健康状况，此阶段的老人一般是居家安养，外出活动甚少，侧重于“供养”和“护理”，这对无子女共住，子女也进入老年行列需要照顾或子女无力照顾的老年人来说，更需要国家、社会、社区的支持和照顾。

总结来说，老年人随着年龄增大，身体生理机能衰退，体力弱，视力、听力下降，记忆力减退，身体平衡能力下降，对外界的应激反应速度缓慢，他们的社会角色和经济地位都发生了变化：一般由主导变为辅助，这些变化给他们带来心理上的压力和情绪上的波动，导致出现自卑感、失落感、孤独感、急躁感和抑郁感。生理、心理、角色和地位的变化反映出他们的需求：相对安静的环境；受尊敬的需求；安全的需求；健康的需求；社会活动的需求。

3.2.3 老年人对社区的期望

老年人由生理和心理的原因，他们的生活必须得到多方面的援助。而经过社会学家的多年研究，社区是一个能提供有效支持和帮助的最重要的社会载体。老年人对社区的期望主要可分两部分，一是社区服务，二是社区活动设施。

1. 老年人对社区的服务需求

老年人由于他们在社会、经济、健康状况等方面的差异，在养老方面的需求是全方面、多层次的，既有医疗生活照料等基本生活方面，也有生活质量、精神慰藉方面的高层次需求，而且不同年龄阶段、健康状况及家居模式的老人有不同的需求内容。我们根据老年人生活自理能力的差异，把老年期大致分为三类：独立性老化阶段、相对独立性老化阶段、依赖性老化阶段，各阶段老年人对服务内容的需求均不相同，具体情况可见下表（表 3-3）。

不同生活自理能力老年人的社区养老服务需求　　表 3-3

不同生活自理能力阶段需求度			服务内容		
独立性老化阶段	相对独立性老化阶段	依赖性老化阶段	大类	小类	具体内容
*	*	*	住宅、环境设施服务	住宅设备修理	住宅维修、环境整治
*	*	*		住宅适老化改造	住宅内部局部设施改造
**	**	**		环境设施适老化改造	无障碍设施改造、老年设施改造
*	*	*	精神慰藉、娱乐交往	娱乐	娱乐、趣味、教育、活动
*	*	*		保护	法律咨询、心理咨询
**	*	*		健康	锻炼、健康讲座
*	*	*		交往	场所提供、活动组织
*	*	○		余热发挥	中介服务、志愿者服务
**	**	***	生活、医疗服务	医疗	健康建档、体检、诊断、治疗、慢性病持续治疗
**	**	**		社区老年食堂	一日三次供餐
**	***	***		应急服务	应急人员支援服务
○	*	*	家务援助	个人照料	洗澡、穿衣、洗衣、梳发、进食
○	*	**		送餐	一日三次送餐
*	*	**		洗涤	洗涤家务品
*	**	***		一般家务	购买、清洁、洗涤家务品
*	**	***		就医	帮助挂号、送医、取药
*	*	***		行动	车辆迎送就医、活动
*	*	**	在宅看护	看护照料	测定血压、体温、心率，喂药等
*	*	***		定期巡护	测定血压、体温、心率、体征观察、询问等
*	**	***	在宅医疗	医疗	治疗、发药、注射
**	**	***		康复训练	日常生活动作的训练
○	*	**	短期托管	日间照料	日间吃饭、活动、休息、喂药
*	**	**		短期入户全日照料	吃饭、起居活动、看护、喂药
**	***	***	长期养护	康复照料	重症、急症病后治疗、康复训练
○	*	***		养老照料	生活照料、医护照料

（注：○偶尔需要，* 一般需要，** 比较需要，*** 非常需要；资料来源：作者自绘）

2. 老年人对社区的活动设施需求

据 1997 年天津大学国家教委博士点基金资助项目《迈入老龄化社会的住区设施研究》调查[①]，老年居民对改善社区环境和设施的愿望是很强烈的，主要表现在以下几方面。

（1）公建设施：虽然许多小区都增加了老年人活动室及保健站等设施，但多数情况下都是一室多用，无法满足老年人的日常活动要求，他们强烈期望改变这种状况。

（2）活动场地：老年人对活动场地的要求包括场地面积位置及安全方面。据统计，参加晨练活动的老人占老年人总数的 40% ~ 50%，有时甚至更多，晨练时间集中在早晨 5：30 ~ 7：30 之间。由于有些集体性晨练活动需要放节奏性很强的音乐，与年轻人的作息时间发生矛盾，产生干扰，因此他们希望集中的活动场地要与住宅保持一定的距离，或采取一些隔声措施。有些在路边活动的老人容易与上班的自行车、小汽车发生矛盾。希望在这些方面的问题能予以解决。

3. 环境细节

表现为环境设施的严重缺乏，或对细部设施的材料、尺度等推敲不够仔细，未认真考虑老年居民在实际使用中的需要。如采用冰冷的水泥板坐凳，用踏步处理高差等简单方式。他们强烈希望设计人员重视环境细部设计，增加无障碍设计的内容，改变过去那种粗放型的方法。

从上面对老年的养老需求论述中，可以发现大部分的养老需求与"宅"与"社区"相关联，这无疑给我们以启发——建构"在宅养老"模式系统，以适应老年人生活的住宅为主设施，以服务于老年人的社区设施和完善的社区服务为社会支持来解决养老问题。从上章中的国外经验来看，无论是西方社会，还是东方的日本、中国香港等，都也奉行将居家养老为主，以设施养老作为补充的对策。但是为了提高居家养老的生活质量，都不遗余力地发挥社区作用。由此，我们可以确信基于社区背景的"在宅养老"模式是我国未来切实可行的养老对策之一。

3.2.4 社区对老年人的意义

社区是老年人社会支持体系的一个基本单位。原因有二：第一，社区是社会支持资源的主要聚集点。社区不仅是一个生活共同体，同时也是社会支持工作的最终落脚点之一，各种社会支持的资源最终要流向居住在社区中的弱势群体。第二，社区有助于老人们建立社会网络。长期居住会在人们心理上产生认同感，通过互动而结识的社区成员容易产生信任感，而信任是社会网络得以存在与维持的基础。

社区是养老可靠的"机构"。社区主要通过社区为老服务造福于居家养

① 张海山 . 迈入老龄化社会的住区设施研究 . 天津：天津大学硕士学位论文，1999.

老的老人。从上文分析可以看出，西方国家近年来也普遍从以机构养老为问题解决路径转向以加强社区老年照顾服务以支持以居家养老为主的新思路。而东方文化圈的中国香港、新加坡则直接切入了社区养老的模式。一方面是经济因素使然，另一方面则是出于对西方社区照顾理论的认可。如香港对于英国提出的社区照顾的实用性，不但广泛接受其概念，并把老人照顾作为社区照顾的主要任务而且有意去实现这种理念。早在1973年，香港政府在老人未来需要报告书中就使用了社区照顾的概念，并明确了社区照顾的基本思路。在这一思路指导下，随后的二三十年时间里香港建立起了完善的老年人社区照顾体系。新加坡从20世纪90年代开始，随着人口老龄化程度的加剧，借鉴了香港社区照顾的成功经验，认为它是解决老年人照料问题的一种有效途径，提出了“原地养老”的基本政策，作为解决老年人问题一项国策。而这一政策目标的实现，无疑需要社区照顾的支持。从东西方的经验可以看出，良好的社区养老服务是老年人居家养老的有效保障。

社区中养老不仅是文化因素使然，主要还有社会、经济发展水平等因素综合决定的结果。家庭结构的变化和家庭规模的缩小已经成为不可逆转的趋势，我们迫切需要一种新的照料方式来解决家庭照料资源不足的问题，同时我国又不是福利国家，主要还是靠个人、部分靠社会对自己的福利保障负责，社区养老有助于减轻机构照顾的压力，减少政府在养老机构建设中的财政支出，且有助于建立个人、家庭社会、政府在对老年人照顾问题的一种责任共担机制。因此，我们说社区养老在未来的一段时间内是政府在解决老龄化问题方面要重点发展的领域。同时社区养老符合中国人的传统，摒弃了机构照顾的弊端，既有熟悉的社区环境和人际关系，又可以通过开放、灵活弹性的社区老年服务方式，使老年人能在熟悉的家庭和社区环境中老化，更符合老年人的需要。这不仅是老年人愿意接受的养老方式，又能享受到社区提供的各种养老服务。

4 在宅养老

4.1 “在宅养老”模式的提出

4.1.1 “在宅养老”的概念界定

从国外的养老对策来看，主要还是支持绝大部分人在家中、在原地养老。虽然有部分能自理的老人也选择在设施中养老，但是情况也并非全部如意。如美国尽管养老院常被官方称赞为“老人的安乐窝”，但不少社会团体和媒体不时地批评养老院人满为患，服务不到位，忽视老人情感需求以及不尊重老人隐私权和自主权等。此外，养老院收费也越来越高——在最近10来年内翻了一番，据悉其中除小部分是由各级政府来负担外，大部分则须由老人自家承担。这些因素的综合影响，也导致一些似乎不可理解的现象：许多老人宁愿流浪街头也不愿光顾养老院，路易斯安那州的某养老院还曾发生了“老人大逃亡”——计有七成的住院老人因不满院中伙食而纷纷逃离[①]。此外老人的居住意愿也不容忽视，即使在素有“福利国家”之称的瑞典，生活自理程度较高的老人都愿意留在自己家中生活。对于老年人来说，理想的居住形态是，在普通的街道中过普通的生活，即“普通化”(Normalization)。在已经生活习惯了的街道、社区和家中，在熟悉的人脉环境中安度晚年生活，目前已经成为绝大多数老人的最能接受的生活方式。

我国由于国民经济发展水平的不高、养老院类型少、费用高、床位数量不足、服务项目短缺、“门槛高”——仅接收健康的自费老人的现状决定了我国绝大部分的老人在相当长的时期内只能居家养老。

“在宅养老”即是在此大背景下提出的一种养老对策。“在宅养老”指的是老人以住宅为生活基地来安排晚年生活的一种方式，是一种有别于设施养老，如过集体生活的老年公寓养老、养老院养老和以家庭为生活基础的传统家庭养老的一种模式[②]。“在宅养老”这一概念由笔者于2000年在浙江大学师从国家设计大师沈济黄教授撰写硕士论文《基于社区背景的“在宅养老”模式研究》时提出并公开。笔者形成“在宅养老”模式的概念则始于1997年初苏州新加坡工业园区的新城花园五小区以老年居住园为建设

① 美国养老缘何受冷落．天津老年时报，2001-4-21.

② 姜传鉷．基于社区背景的“在宅养老”模式研究．杭州：浙江大学硕士学位论文，2001.

主题的公开邀请设计招标，由于这个项目的中标和实施更进一步强化了适老化的概念。在汉语中并没有“在宅养老”这个词，笔者当时的用意是强调“住宅”而不仅仅是“家”对于老人生活的重要性，而借鉴日本“宅急送”这个词的用法造了“在宅养老”这个词。从本质上来看，“在宅养老”模式来源于“居家养老”，但对其内涵作适当的扩充，对其外延作出一些限定。本文将“在宅养老”置于社区这一层面进行研究，并将“宅”与“社区”作为一个整体来对待，以期构建一种有利于老年人晚年生活的生活模式——“在宅养老”模式。“在宅养老”模式中老年人居住在自己或子女的住宅，或者各种非过集体生活的老年公寓中，但并非由家庭成员来承担全部的养老责任，而是由社区采取社会化服务的方式解决老人的医疗照顾、精神慰藉和生活照料等主要养老责任。其和“家庭养老”的异同在于：相同之处均是不离开“宅”养老；不同之处在于家庭养老是一个相对封闭的概念，其要素是和家庭成员一起生活，如和配偶一起居家生活（即所谓空巢家庭）或和其子女或孙辈一起生活，其最大的积极因素在于可以获得家庭成员的协助，从而保证老人具有一定的生活质量。但“空巢家庭”中的老人很容易受高龄或配偶过世或一个老人失能的影响，而导致老人生活遭到严重影响；与子女或孙辈共同生活的家庭正如上文所言已受到严重挑战，“四、二、一”的家庭结构（四个老人、一对夫妇、一个小孩）和社会竞争的激烈使家庭赡养负荷过重，从而导致年轻的一代无暇或无专业能力顾及高龄或失能的老人。独居和高龄或失能的空巢老人和在家中无法被顾及的高龄或失能的老人使家庭养老失去了依靠家庭成员协助生活的全部或部分客观基础，从而造成老人在生命终末期的生活质量下降甚至导致其无法生存。事实上独居的老人就不是“家”的概念，也大部分失去了非同住亲属或者说“家庭成员”的生活照料；“空巢老人”特别是在一位老人或两老在自理能力受损的情况下，其家庭成员的生活协助能力就非常有限，与独居老人的境况很接近。这两类高龄老人是老龄社会真正的“弱势群体”。“在宅养老”模式试图以适老化的住宅能在家庭成员相同的协助下，可以更方便、舒适地生活，或者在独自居住时能借助适老化的住宅而使独立或半独立生活的时间更长一些，或在失能时更方便、有效地接受养护服务。“在宅养老”作为一种养老模式，笔者尝试借鉴“居家养老”结合良好的社区老年公共设施和有效的社区为老服务，建构一个基于社区老年服务和公共设施的广义的“在宅养老”居家照护体系。这种体系将有助于提高老年人的生活质量，可以成为现在以及潜在老年人养老问题减压的新方式。

由于其生活形式既可以是一个老人独居或与配偶构成的空巢家庭，也可以是与子女或孙辈生活，甚至可以和其他人共同生活。相对于居家养老具有更广泛的内涵，可以看出居家养老是其组成部分（见图 4-1）。

“在宅养老”模式具有的养老优势在于：

①让老人继续生活于长期居住且熟悉的具有更大适应性的住宅中，并

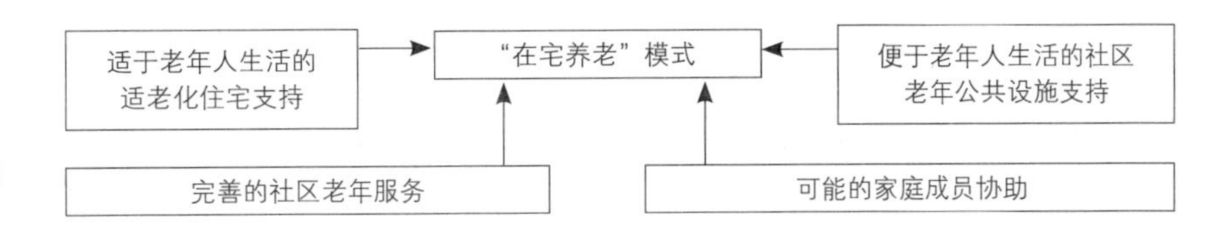

图 4-1
"在宅养老"模式框图
（资料来源：作者自绘）

与社区互动。

②具备丰富的社区人际资源和设施资源。

③可充分利用系统的社区服务。

④通过社区便捷获得所居住城市的更广泛的服务。

而这些恰恰是传统的"家庭养老"所不曾拥有的。该策略的核心是通过社区将"老人"与"社会"这两者取得某种联系，共同发挥养老功用，由此我们可以确信，"在宅养老"模式将会是我国目前养老对策的一种现实选择。

"在宅养老"这一新型的养老体系至少包括两方面的要素：物质及非物质要素。物质要素主要以老年人的居住设施（住宅）和社区的相关服务设施等为主要内容，非物质要素通常指相关老年人的权益保障、福利政策、社区服务体系等因素。

本书"在宅养老"模式主要研究在社区背景下，探讨营造一个基本满足老人生活的社区老年公共设施和供老人方便、舒适生活的住宅的规划和设计。这些设施质量的高低不仅关系到老人的生活质量，也关系到全社会相关人员的工作、生活及未来，更关系到社会是否有序发展和可持续发展的问题。按国际上较一致的看法，老龄化社会目标应是一个有效率的社会，一个公平和公正的社会，一个有保障的社会，一个有尊严的社会，一个可持续发展的社会，也即是一个良性的老龄化社会。

4.1.2 "在宅养老"意义

养老模式无论是从供养模式还是生活模式，在我国处于快速成型期阶段。特别是在政府的高度重视下，"十二五"时期老龄事业和养老体系建设取得长足发展。《中国老龄事业发展"十二五"规划》、《社会养老服务体系建设规划（2011 ~ 2015 年）》确定的目标任务基本完成。老年人权益保障和养老服务业发展等方面的法规政策不断完善；基本养老、基本医疗保障覆盖面不断扩大，保障水平逐年提高；以居家为基础、社区为依托、机构为补充、医养相结合的养老服务体系初步形成，养老床位数量达到 672.7 万张；老年宜居环境建设持续推进，老年人社会参与条件继续优化；老年文化、体育、教育事业快速发展，老年人精神文化生活日益丰富；老年人优待项目更加丰富、范围大幅拓宽，敬老养老助老社会氛围日益浓厚，老年人的获得感和幸福感明显增强。[①] 总体上养老服务体系有"型"了，但质和

① 国发［2017］13 号．十三五国家老龄事业发展和养老体系建设规划．

量还有待提高。作为涵盖居家养老的“在宅养老”模式其可供值得探讨的意义在于以下 6 方面。

1. 适合我国国民经济发展水平尚低而且各种社会保障、福利政策还不健全的现实。我国在 20 世纪末人均 GDP 才达到 800 美元就进入老龄社会，而美、日等国均是在 GDP 达到万元以上才进入老龄社会的。因此我国不能像西方国家一样提供大量的福利性养老设施，而商业性养老设施的昂贵费用也会使大部分老人无法承受。“在宅养老”是居家性质的养老方式，是一种低代价的养老对策。这一点已为西方和东方的日本、新加坡等国的经验所证实。

2. 适于解决我国存在的巨大老人群体。在政策性老龄化的背景下，我国老龄人口在短期内呈急剧膨胀的态势，而传统家庭为主的赡养方式的功能正在逐步变弱，难以保证老人的晚年生活质量。而“在宅养老”模式则兼顾发挥老人自身、家庭和社区的作用，可以满足大部分具有一定生活自理能力的老人生活。

3. “在宅养老”可以满足老人的传统文化心理特征。尽管仅是独居或老年夫妇一起生活，但“宅”至少是家庭的象征因素。在他们看来，家庭的存在始终是美满生活的一种最重要的形式。中国传统文化中非常提倡家庭在养老中的重要作用，而“在宅养老”使这样一个优秀的传统得以延续，让老年人住在“家”里，由社区提供养老服务，不仅满足了老年人享受天伦之乐的愿望，也很好地满足了年轻人“孝顺”父母的心理。

4. “在宅养老”模式可以提高社会效率。随着年轻人文化程度的提高，社会流动性比以往有了很大的发展，但在家庭养老模式下，这种流动性受到很大程度的限制，影响社会效率，并妨碍社会资源的优化配置。而“在宅养老”只牵涉老人与社区的关系，在一定程度上可减轻老人与子女互为拖累的问题，有利于人员的流动，提高整个社会效率。

5. “在宅养老”是顺应时代的养老策略。根据不同时代的养老问题，我们要寻找与时代同步的养老问题的答案，“在宅养老”旨在创建中国式新型居家养老模式。

6. “在宅养老”由于可以使老人在自己的“宅”里生活的时间相对更长，可以减轻对社会机构需求的压力。作为一个发展中的国家，各类养老机构的建设始终是一个艰难的问题，床位数的提高不可能一蹴而就，需要投入大量的财力。而“在宅养老”可以尽可能地使老人在自己的住宅内生活，因而可以减轻和延缓对机构的压力。

“在宅养老”模式是对传统家庭养老的提升，对居家养老模式的补充和更新。该策略的核心是以适老化的“宅”作为“家”的硬件基础为老人服务，辅以社区老年公共设施，再通过社区服务将“老人”与“社会”这两者取得某种联系，可以更有效地共同发挥养老功用，以更低代价解决我国众多老人养老服务的需求。它是一种新的养老服务理念和创新的养老方式，将会是目前养老对策的一种现实选择，可以作为我国建立具有中国特色养老服务体系的基础工程。

“在宅养老”模式对策的目标为以下 3 个方面：[①]

（1）提高健康老人的生活自理能力，延长老人的自理生活时间；

（2）对部分丧失生活自理能力的老人提供设施、服务方面的协助；

（3）提高老人生活的舒适度和生活质量。

“在宅养老”不仅能适应我国人口老龄化、空巢老人迅速增加的要求，以较少成本，满足许多不愿离开社区老人的服务需求，更重要的是，通过社区养老服务，可以让一部分家庭经济有困难但又有养老服务需求的老年人得到精心照料，感受到社会的温暖，从而对稳固家庭、稳定社会起到良好的支撑作用。

4.1.3 “在宅养老”在社会养老中的层次

我国的养老模式传统上以家庭养老方式为主。所谓“家庭养老”，指的是老人在家里和老伴、儿女等家人共同生活的养老方式，这是中国几千年来一直沿袭的传统养老方式。原先包含有两重的意义即经济供养与生活照料，由于城市大部分的老人经济来源由社会支付，因此传统的家庭养老逐步演变为精神上的交流和生活照料。

然而在现代社会中，流动性加大、竞争激烈、家庭规模变小等因素导致年轻一代已无力独自承担老人的所有养老生活。由此应运而生的则是个人养老方式（即空巢家庭）和机构养老方式（即集体生活如护理院或半集体生活如老年公寓等）。

中国城市居民养老方式的选择虽然已日趋多元化，但在相当长的一段时间里，主要还是个人养老、家庭养老和社会机构养老这 3 种模式。我国于 2000 年进入老龄社会后，在老龄化后果逐步加重而政府投入受限的情况下，面对经济发展和工业化、城市化进程不断加快、传统家庭养老服务模式受到挑战，需要找到一个家庭养老长处与社会化为老服务共存的新模式——居家养老。“居家养老”是指以家庭为核心、以社区为依托、以专业化服务为依靠，为居住在家的老年人提供以解决日常生活困难为主要内容的社会化服务。居家养老被官方正式认可是在 2008 年 2 月，全国老龄委办公室、发展改革委、教育部、民政部等 10 个部门联合下发了《关于全面推进居家养老服务工作的意见》，其中明确居家养老服务是指政府和社会力量依托社区，为居家的老年人提供生活照料、家政服务、康复护理和精神慰藉等方面服务的一种服务形式。它是对传统家庭养老模式的补充与更新，

① Jiang Chuanhong. Elderly-oriented strategy about residential planning and residential building design based on the view of ‘house-based care for the aged’, Proceedings of the 10th International Symposium on Architectural Interchanges in Asia.[M] Beijing: China City Press, 2014

是我国发展社区服务，建立养老服务体系的一项重要内容。此外，发展机构养老服务由于受耗费资源多、建设周期长、服务对象范围狭窄等因素制约，不可能满足多数老年人的服务需求，所以居家养老服务是大多数老年人的必然选择，也符合我国的传统文化习俗。老年人可以尽可能不改变生活方式，在自己熟悉的环境里颐养天年。

从国际经验来看，20世纪后半期，发达国家也大力发展过大型老年服务机构。但是，效率和效果都差强人意。因此，到20世纪90年代以后，发达国家的老年服务都转向以居家养老为基础，"原址安老（Aging in Place）"成为国际共识，其内涵是：尽可能地让老人在习惯居住的家庭和社区中度过晚年，不到万不得已，尽量不要离开自己熟悉的环境，尤其是社会、人文环境。可以明确的是，中国的居家养老不等于家庭养老，完整的表述应该是"在社区服务支持下的居家养老"。在这一点上，中国的老年发展策略是与国际接轨的。

值得一提的是，国内有部分人认为还存在一种"社区养老"模式。如秦颖[①]认为"一种以强调社区服务为主，结合个人与家庭养老的新型养老方式，即社区养老"；《人民日报》文章也认为，社区养老模式是"以家庭养老为主，社区机构养老为辅，在为居家老人照料服务方面，又以上门服务为主，托老所服务为辅的整合社会各方力量的养老模式"。[②]实际上，作为老年人生活模式来说，一般只有居家养老模式和机构养老模式之分，社区养老只是一种服务，与居家生活的结合才形成居家养老模式。

由于"在宅养老"模式主要脱胎于家庭养老，借鉴了居家养老模式，让老人在自己的适老化住宅中生活，同时结合了社区为老服务和公共设施的支持，可以想象"在宅养老"将会是社会庞大养老体系中最基本也是最为主要的基础。

这一模式的有效性也可从国外的实践经验中得到支持。如瑞典，由于居家养老服务得到强化，大多数的退休老人既独立于他们的子女，又独立于政府专为老人设置的公共福利机构，而继续独立生活在自己的寓所内。自从2000年以来，居住在老人服务院的老年人数量大约下降了17%，其中65岁及以上的老年人人数从8%下降到6%[③]；80岁及以上的老年人人数从20%下降到16%，住各类养老设施的也仅在5%以下，而且入住者大多在80岁以上。其很关键的策略是为居家养老的老年人提供健全的社区设施和服务的同时，在老年居住福利对策的重点上也强调提供适合老年人居住的各种住宅并对既存的住宅进行适老化改造。

但是"在宅养老"并非万能的对策。在老年人群中，随着年龄的增长

① 秦颖．和讯网[OL]. http://bank.money.hexun.com/1847_1194844A.shtml.2005-06-15.

② 林丽鹂．人民日报[J].2015-07-24，17版．

③ 粟芳、魏陆．瑞典社会保障制度[M]. 上海：上海人民出版社．2010.

会因为罹患疾病、机能衰退和认知障碍而逐渐丧失生活自理能力。老年人失能一般都有一个过程，即从社会功能的丧失到生理机能的丧失，从生理功能部分丧失再到完全丧失，目前我国失能老人数量较大（表 4-1）。因此，对不同程度失能的老人，或者说在老人失能过程中的不同阶段，就应该根据需要提供不同的服务。粗略的划分，可分为健康的或轻微失能的老人，部分失能的老人和完全失能的老人。前两类老人采用“在宅养老”模式生活问题不大，完全失能的老人则最好是在社会养老设施中生活，其照护会更专业。如果老人不愿离家，也可以由社区养老机构上门为居家照护提供支持性的服务。

同时在高速老龄化过程中痴呆老人的出现率也越来越高，这种痴呆老人的大量出现也必然给社会带来沉重的养老负担，这部分老人在后期也最好由养老机构来照料。我国目前还缺乏相关的统计资料，表 4-2 为日本的数据，对我们有较大的参考价值。从表中可以看出我国中、高龄老人需要半护理、全护理的比例比日本高，说明我国老人的总体健康状况比日本老人还有较大的差距。

2006 年老年人日常生活自理能力情况　　表 4-1

年龄组	能够自理	有部分自理困难	不能自理
60 ~ 69 岁	89.3	7.7	3.0
70 ~ 79 岁	77.1	15.7	7.1
80 ~ 89 岁	45.9	31.9	22.2

资料来源：张恺梯：中国人口老龄化与老年人状况蓝皮书，中国社会出版社，2010

日本老年人身体状况资料　　表 4-2

年龄段	65 ~ 69	70 ~ 74	75 ~ 79	80 ~ 84	85
痴呆老人出现率（%）	1.2	3.1	4.7	13.1	23.4
年龄段	65 ~ 74		75 ~ 84		85 ~
卧床不起老人比率（%）	2.20		6.08		14.59
需完全护理	1.4		4.5		9.6
需要半护理	3.0		6.9		17.5

资料来源：日本高龄化社会基础资料年鉴，1986 年

与世界各国相比，中国未来 50 年人口老化的程度和速度都是创记录的。据日本专家预测，日本由进入老龄化社会，即从老年人占总体人口比达 7% 时，到老龄程度最高时 22%，经过 50 年；而中国 65 岁以上老年比由 7% 上升到最高 32% 仅需 45 年。日本的高龄老人比最高为 6.5%，而中国将超过 10%。由此可见，为满足高龄老人的生活，我国将需要大量的机构养老设施。机构养老设施也将是全社会养老体系中很重要的一部分。没有社区养老服务就没有在宅养老模式，但只有机构养老设施才能为大部分失能老人的生

活兜底。机构养老和在宅养老针对不同需求的老人，形成一个完善的养老体系。

4.2 “在宅养老”模式的相关支持系统

4.2.1 “在宅养老”模式的住宅支持系统

由于老年人退休后，社会活动空间逐步缩小。居家时间明显多于在职人员，并且随着年龄的增长越来越多，因而对居住空间的需求和依赖程度相对增多，住宅构成了老年人生活的主要物质基础，其功能是否符合老年人的需求成为很关键的一环。

然而一般住宅建设基本上是以“正常人”的需求进行设计建造的，较少系统性地考虑到老年人的特殊需求。我国两本主要的相关老年人的建筑设计标准《老年人居住建筑设计标准》GB/T 50340—2003、《老年人建筑设计规范》JGJ 122—99 也分别主要针对老年人设计的居住建筑和专供老年人使用的居住建筑及公共建筑设计，因此也很难对普通的住宅设计起到规范作用，而目前住宅设计中涉及老年人需求的主要内容为无障碍方面的设施，还不能覆盖老年人的大部分生活需求哪怕是老年人的全部无障碍需求。这种状况的必然结果就是，当用户进入老年阶段时又不得不花大量的财力去进行适老化改造，很多情况是由于先天条件所限，大部分住宅还无法被改造得完全适合老年人生活，只能是个“适度适老化”的住宅，不能充分发挥住宅对老年人生活支持的作用。

我国住宅建设情况如此，国外也大致是这个情况，如瑞典的养老服务中就有由政府提供贷款和补贴用于维修和改善老人的居住条件的内容。瑞典常见的房屋适老改造内容包括拆除房屋内外的各种障碍和重建浴室①。英国、德国等国家也有类似的养老服务。

鉴于我国人口老龄化的特点，“在宅养老”模式在理论框架的设计上就是为了寻找一种低代价、有效、切实的养老模式新思路。作为“在宅养老”模式的支持系统的住宅策略有三：

首先，我国目前的住宅建设量非常大，在住宅建设过程中，如果对老龄化问题落实不到实处，缺乏足够的预见性，那么老龄化问题对经济和社会将造成深远的不利影响。在此我们可以强调这么一个原则，由于我国是一个发展中国家，经济力量有限，但政府对建设行为和程序的控制力较强，因而在研究和建设住宅时，可以从普通住宅着手计议。强调在不增加或者少增加建造费用的条件下，尽可能充分考虑老年人居住方面的特殊需求，同时考虑到“正常”住宅本身功能的通用性，进行住宅两者功能的兼容性思考，对可以兼顾的功能一步到位，对一些尚不迫切的住宅的适老化功能

① 粟芳，魏陆．瑞典社会保障制度 [M]. 上海：上海人民出版社，2010.

进行“潜伏”设计。在使用者进入老年以前，按正常的情况使用；一旦使用者变老或转给老人居住时，通过简单的改造就能很快适应老年人的生活需求。这样就可以使住宅在不同的阶段适合不同的需求。“适老”的意图在需要时可以充分得到实施而改造费用较低，从而获得最大的社会效益和经济效益。

其次，在住宅建设中要有计划地在社区中适量地建造各类适老化功能强的老年公寓，为“在宅养老”提供多样化的生活选择。如德国的“结伴养老公寓”，“照料护理式公寓”可以给我们有益的借鉴。“结伴养老公寓”是他们认为老年人在退休后到完全需要别人照顾之前，还有相当长一段时间，在此期间他们需要新寻找一种新的生活方式。以往，德国老人退休后要么独自生活，要么住进养老院。但独自生活太寂寞，养老院的费用又太高。由于部分老年人厌倦了养老院里单调、与外界隔绝的生活，于是选择志同道合的伙伴“结伴而居”的新方式。他们共同制定作息时间、彼此照顾、一起用餐、携手外出旅游，关系融洽，相处愉快。这种“结伴而居”无疑走出来一条新的路子。“照料护理式公寓”则是老年人出于安全感的需要。他们希望在生病或需要帮助时，能与外界联系方便，以便得到更多、更好的照顾，同时他们又愿意在私密性强的家里独立自主地生活。照料护理式公寓满足了老人既要安全又要私密的矛盾需求，照料护理式公寓基于三个出发点：①可自主生活；②根据需要选择照看和护理并能得到社会上医疗服务的支持；③专门为老人设计的住宅及其环境。照料护理式公寓的目标是在最大限度满足居住要求的基础上，结合看护的功能并根据各个居住者不同的情况和需要提供相应的照料、护理、帮助和治疗，以使老人在这里能不依靠家人的照顾或在家中雇佣护理员就能独立地生活到直到生命的尽头[①]。总的来说，“结伴养老公寓”、“照料护理式公寓”等各具特色的老年公寓是为了方便老人的居住和照料，与普通老年住宅相比，是一种更适合老年人生活的老年住宅形式。

另外，我们可以借鉴新加坡和香港的经验，充分发挥政府的作用，结合各地方的保障房计划，带头实施适老化住宅，同时推出相应的扶老政策，推动“在宅养老”模式，减轻社会老龄化压力。

4.2.2 “在宅养老”模式的社区设施支持系统

社区支持可分为两个部分，一是社区的养老设施支持，二是社区养老服务支持。两者相辅相成，缺一不可。我国由于引入社区概念及研究较晚，并且原先在内容、概念设定上与国外有一些区别，导致了我们在这一领域的应用滞后。直至2000年底，民政部在通过多年的试点探索和理论研究后正式提出了社区建设政策，其策略和概念基本接近国际上认可的通行做法，

---

① 张啸．德国养老[M]. 北京：中国社会出版社，2010.

目前在全国推行的力度较大，为“在宅养老”模式的实施可提供强有力的基础性支持作用。

就社区养老设施而言，从目前来看，居住区内面向老人的社区服务设施建设还不能很好地适应社区老龄人口的紧迫需求。就现有居住区配套公建来看，主要是按国家《城市居住区规划设计规范》(2002 年版) GB 50180—93 配置，其服务设施包括：教育、医疗卫生、文体、商业服务、社区服务、金融邮电、市政公用、行政管理及其他共八类。仅有的老年设施也仅仅在 2002 年版中才有体现，被包含在社区服务一栏中，而与其他老年人口有关的设施如日间照料中心等未曾列入正式规范之中。2008 年 6 月 1 日起实施的《城镇老年人设施规划规范》GB 50437—2007，从为适应我国人口结构老龄化、加强老年人设施的规划、为老年人提供安全、方便、舒适、卫生的生活环境、满足老年人日益增长的物质与精神文化需要出发制订了规范。内容涵盖了老年公 寓、养老院、老人护理院、老年学校（大学)、老年活动中心、老年服务中心、老年服务站、托老 所等功能，也明确了配建指标。该规范的指标和内容比《城市居住区规划设计规范》(2002 年版) GB 50180—93 针对性强，但其指标体系标准还是很低。以机构养老床位数为例，为 1.5 ~ 3.0 床位 / 百老人，相较于发达国家的 5 ~ 7 床位 / 百老人指标差距较大，即使如此，该规范在全国大部分城市的城市规划中仍得到很好的执行。

目前社区内老年设施由各地方政府的建设管理中结合住宅建设单列。该政策大约在 2010 年左右实施，但各地实施时间不一，指标一般为每 100 户 $20m^2$。该指标与目前日益老龄化的现实极其不协调，属于“聊胜于无”，普遍感觉面积匮乏。有些地区管理松懈，由开发商交付的用房布置不合理、质量低劣甚至被挪作他用。同时由于是分散布置，社区建设中老人设施缺乏统一规划，很难发挥其应有的作用。因此，根据实际需要调整原有的公建配套规范，积极引导社区内老年性公建配置结构合理化和定量化的任务已刻不容缓。

“在宅养老”模式的特性决定其必须依托社区养老设施和社区养老服务。在社区层面普遍应该建立居家养老服务机构、场所、适老化场地环境和服务队伍，整合社会资源，调动各方面的积极性，共同营造老年人居家生活养老服务社会环境。同时吸引生活能够自理的老年人走出家门，到社区为老服务设施接受服务和参加活动，对生活不能自理的老年人则采取派专人上门服务，满足老年人生活照料、医疗护理、文化娱乐、心理慰藉等多种需求。

社区养老设施方面，政府规划提出加强社区养老服务设施建设。统筹规划发展城乡社区养老服务设施，新建城区和新建居住（小）区按要求配套建设养老服务设施，老城区和已建成居住（小）区无养老服务设施或现有设施未达到规划要求的，通过购置、置换、租赁等方式建设。加强社区养老服务设施与社区综合服务设施的整合利用[1]。问题在于，我们的养老服务设施规划要求是什么？上述的国家规范可行吗？在国务院《关于加快发展养老服务业的若干意见》中也只提到“各地在制定城市总体规划、控制性详细规划时，必须按照人均用地不少于0.1平方米的标准，分区分级规划设置养老服务设施。”对于目前而言，我们明确不同设施的覆盖范围、设施的配建内容和他们的指标标准可能最为重要。

社区养老服务方面，政府希望到2020年服务体系更加健全。生活照料、医疗护理、精神慰藉、紧急救援等养老服务覆盖所有居家老年人。符合标准的日间照料中心、老年人活动中心等服务设施覆盖所有城市社区，90%以上的乡镇和60%以上的农村社区建立包括养老服务在内的社区综合服务设施和站点[2]。由于社区养老服务牵涉资金投入、服务主体、人员专业技能和服务标准等多方面的因素，目前最为人们诟病，相比较与养老设施差距更大。某养老院罗院长则从他的一些在社区工作的朋友那里了解到：社区居家养老其实都是社区请家政公司为老年人提供服务，一来这些家政公司的选择基本上是根据价格来定，为老年人提供服务的人员很多并不具备专业知识和能力；二来很多老年人需要的是长期有人在身边陪伴，当他们突发疾病，例如心脏病发作时，根本没有能力和社区工作人员联系寻求帮助，所以，国家现在提倡的社区居家养老是有机构、有形式，但事实上无法很好地满足老年人的照料[3]。这基本上是我们目前所谓的社区养老服务的现状。

我国经济欠发达固然是我国目前开展养老服务的弱项，但是由于有政府的高度重视和社会制度的保障，这也是我国具有办好社区老人服务的坚强基础。这主要是因为我国社区有基层的政府派出机构——街道办事处领导和社区委员会的主事，他们由于长期从事社区服务工作，熟悉社区情况，具备社区管理经验，是开展社区服务的一支中坚力量。政府可以完全放手让社区组织去开展社区养老工作，真正把生活组织管理这一部分工作放到社会上，由社区承担。这种“政社分开”的做法应该也是中国当初推广社区体制的初衷和改革政策中精简政府实行分权的必然要求，同时也有利于实现“公众参与”的目的。政府需要做的只是为社区养老服务提供尽可能的设施和资金支持。

根据国外的经验，应让更多的社团组织和自治组织等非政府组织介入社区，形成多种力量、多种组织并存的社区新格局。允许并鼓励非政府组织开设以盈利为目的的老年服务设施，通过多元互动和相互竞争，推动社区养老服务的发展。

有些城市实际上也一直在尝试提高社区老年服务水平，进一步完善社区为老服务的功能，尽可能采取上门服务、定点服务和巡回服务等方式，

---

① 国务院．“十三五”国家老龄事业发展和养老体系建设规划．国发〔2017〕13号．
② 国务院．关于加快发展养老服务业的若干意见．国发〔2013〕35号．
③ 刁米纳等．养老院的故事[M]．北京：中国社会出版社，2010.

为老年人特别是针对那些独居、空巢老人提供生活照料、家政服务、紧急救援以及其他便利老年人的无偿、低偿服务项目。如杭州涌金门社区的为老服务就很有特色。该社区现有老年人 1495 人，独居老人 84 人、空巢老人 342 人，80 岁以上的 307 人，为了更好地为他们提供各项方便的措施，社区在大厅里进行了老年人“援通呼叫器”展示宣传活动。“援通呼叫器”是一个安装和使用都非常方便的联系工具，方法就是在普通的电话边上添加了一个烟盒大小的“援通呼叫器”，它的上面有一红一绿两个按键，有紧急的情况发生，如:身体不适、疾病发作等，老人可以按红色按钮，激活“援通社区智能信息服务系统”，系统会立刻为求救者联通到其子女或 120 急救中心。非紧急情况下，如修理空调、冰箱等，老人可以按绿键寻求各种服务。近期社区又与专门的援助机构合作，组织定期的上门身体检查，通过援助呼叫系统可以及时地将老人的健康状况如血压脉搏等通过短信通知给家人。对于这么一个实用工具的到来，社区居民特别是老年朋友给予了极大的关注，作为老年人的亲属也经常到现场来观摩这个工具的使用状况①。

由于社区本身具有的丰富人际关系资源和人力资源，因此在开展社区养老服务时应充分利用这一社区优势。一方面，发展社区服务需要一定数量的人员来工作，而离退休以后返回社区的老年人正是发展社区服务事业的重要人力资源，实际上我国目前社区从事多项服务工作的居委会，大部分是由离退休老人组成的。当然由老年人管理社区居委会工作的方式，是否有利于社区组织的整体发展，还有值得商榷之处，但也能客观证明利用社区老人资源来开展社区服务的可能性。社区服务应进一步把健康老人或中低龄老人组织起来，使他们发挥余热，为高龄老人、病弱老人及儿童、残疾人等提供低收费的有偿服务。近年来，许多发达国家纷纷推行“老人社区服务就业方案”、“银色人力计划”等，其中心就是“从被动的老年福利服务转向争取老人资源的反馈”。这些做法对我国都是有借鉴意义的。另一方面，社区组织也应挖掘其他各种社会力量参与社区养老服务，充分利用邻里互助这一资源，让成年人、低龄老人为比邻而居的高龄老人做些力所能及的事，如做做家务，陪老人聊天等；最后发挥各种社会志愿者作用，组织在校学生、部队军人、企业员工组成志愿服务小组，为老人提供无偿服务。在全国范围开展志愿者为老服务“金晖行动”，组织动员广大青少年和其他社会公众加入为老服务志愿者行列，通过与养老机构和居家老年人结对帮扶等形式，为老年人提供生活照料、医疗保健、法律援助等多方面的服务。事实上，上述各种形式的服务已经在我国许多城市社区存在并发挥着作用，只是范围窄、规模小，社会应大力宣传鼓励，让更多的人参与到这一社会、社区互助中来。

① 陈雪萍. 以社区为基础的老年人长期照护体系构建——基于杭州市的实证分析 [M]. 杭州：浙江大学出版社，2011.

目前我国老龄化的问题得到政府高层的高度关注并且在社区层面大力推行设施和服务建设，这是一个积极的信息，相信随着“十三五”国家老龄事业发展和养老体系建设规划的实施，我国的社区老年设施和服务会得到加强，从而形成对“在宅养老”模式的有力支持。

4.3 “在宅养老”在我国的实践和探索

虽然我国在1999年才进入老龄化国家行列，但老龄化的端倪早在20世纪80年代已经在东南沿海地区和大城市出现。借鉴国外经验、结合我国传统居家养老生活特点和当时的住房改革及住宅商品化契机，社会各界人士包括建筑师和房产商对老年人的居住生活方式一直进行了锲而不舍的探索和实践，他们的努力和成果在今天看来仍有值得借鉴的作用。

4.3.1 常州红梅新村的两代居

早在20世纪80年代，随着住宅状况的逐步好转和大家庭结构的解体，社会上纯老户有所增加。为了应对这种纯老户的生活照顾问题，“分而不离”的居住方式即“分开住、住得近、叫得应、常来往”[①] 逐渐受到多数老人认可。

作为对这种居住方式的回应，1986年常州市在新建的红梅新村小区中心附近建造了一批“二代居”住宅，是我国“二代居”的第一个探索作品（图4-2）。

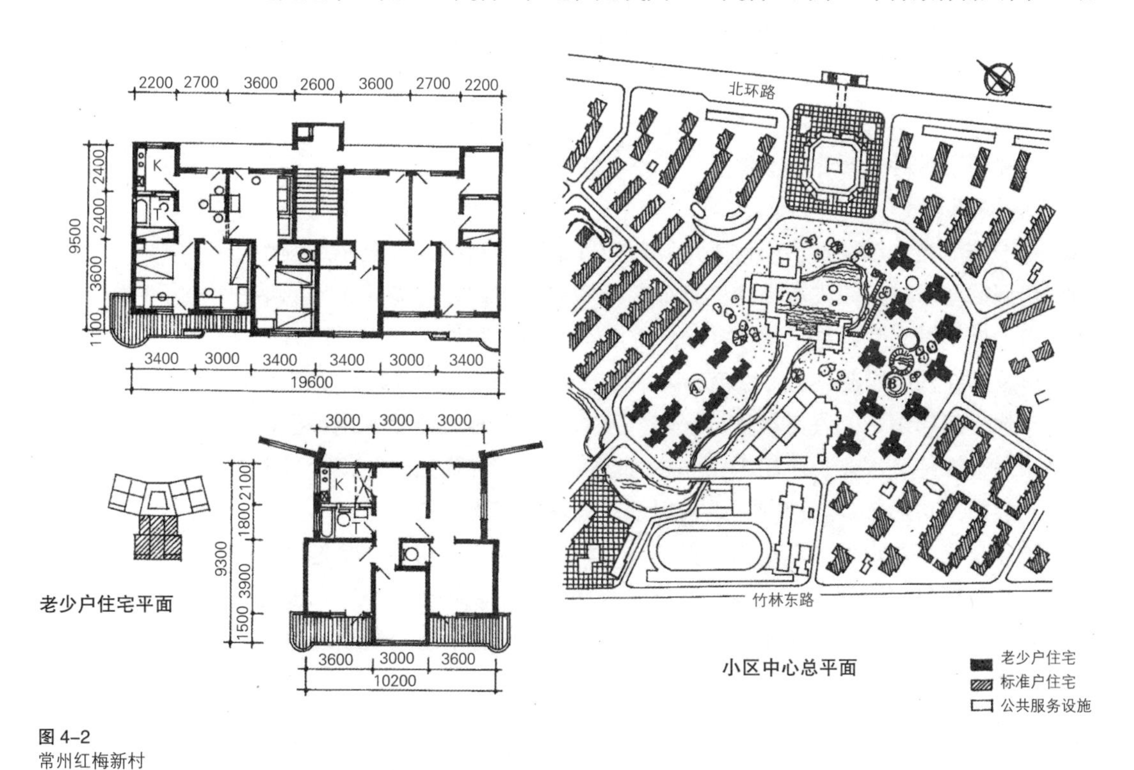

图4-2
常州红梅新村

① 张剑敏．老龄化城市的住宅设计[J]．时代建筑，1995（3）．

“二代居”的合理之处在于既符合中国传统的伦理观念，便于老少两代的相互照顾，宜于共享天伦之乐，又能充分地照顾到老少二代人在生理功能、心理需求、社会角色、生活情趣、习惯与思想观念等方面存在的差异而造成的各自独立生活的愿望。这类住宅既有老少二代人各自的私有空间，又有可供二代人交流往来的公共空间。达到“合中有分，分中有合”或“可分可合”的目的。

“二代居”的居住方式在考虑老少两代生活方便的同时，最大程度方便了家庭成员的生活照料。是一种居住条件比较宽裕的老少两代共同生活的方式。

4.3.2 北京东方太阳城

北京东方太阳城是一个生态与绿色的老年社区，由北京时代维拓建筑设计有限公司和美国SASAKY设计事务所、北京建筑工程学院环境与能源学院合作设计。项目位于京东顺义潮白河畔，自2001年始建。该项目占地2340000 平方米，建筑用地1230000 平方米，建筑面积800000平方米，容积率0.05。太阳城国际老年公寓由多层公寓、联排住宅、独栋住宅等构成①。

1. 规划设计理念

规划设计以绿色生态为指导原则，把阳光、绿地、水体作为基本设计要素和生态资源，以开放空间的规划结构为设计手段，科学整体地从规划、建筑设计、建造运营管理等领域，系统地采用了先进适度的技术，节约能源、促进环保，为老年人提供健康、舒适、生态、和谐的生活环境，创建一个可持续发展的新型绿色老年社区。

2. 规划布局

基于场地的自然特性，项目采用开放空间的规划结构，各类建筑按功能与造型的差异进行归类和集中，形成7个主要的组团，以岛式布局的手法散布于基地的大片绿地中（图4-3，图4-4）。由于基地远离市区没有同城的市政条件，规划设计利用绿色生态手段结合地势设计了近160000平方米的水体，起到雨水的收集与排放、防洪调蓄、改善小气候的作用。经过规划布局，绿地、水体、居住组团互相分割、包绕、穿插，空间元素呈现相互开放的结构形态，这种空间结构保证了充沛的阳光、流通温润的小气候环境以及良好的视觉景观。为了保证人与阳光、空气、水体、绿地尽可能的亲和，项目采用低密度开发的策略，其中一期容积率为0.45，二期为0.56，三期为0.80。在此基础上，规划设计通过系统的生态景观设计进一步完善了开放空间的规划结构。

---

① 艾克哈德·费德森等．全球老年住宅建筑设计手册[M]. 北京：中信出版社，2011.

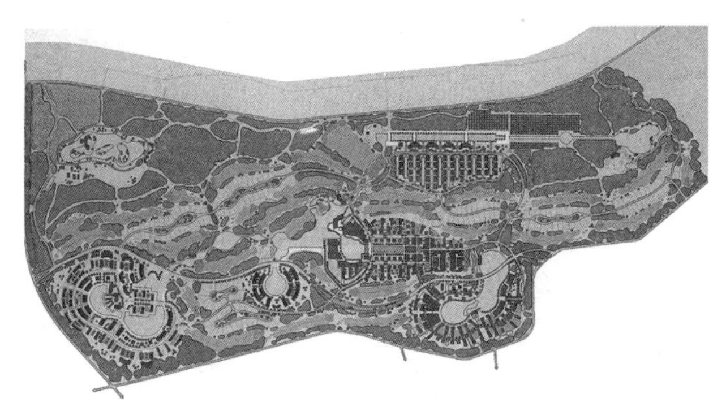

图 4-3
总平面图（左）

图 4-4
配套公建（右）

首先，各组团空间以穿插包绕组团的水体和绿地为景观组织的核心，有的组团以自然流畅的水面为中心，建筑顺沿池岸自由排布；有的组团以规整的水系为景观轴线，形成几何化的空间；有的组团贴临运动绿地线性布局；全部建筑向绿地开放。各个组团独特的空间形态强化了组团的可识别性，同时也形成鲜明的景观主题。组团内部空间配合各自的景观主题配种绿植、庭院、室外小品以及步行系统，形成视觉丰富由公共领域向私密空间逐级过渡的景观体系。

项目的景观设计不仅有形态上的系统考虑，在空间序列也着意安排，重点在主要出入口和干道沿线，利用栽植和地形形成空间的收放、引导、屏蔽、并通过水体空间的穿插，特色花卉树木的栽植形成一系列富有变化，令人愉悦的景观走廊。

3. 适应老年生活的社区建筑

该项目为适应老年生活并达到退休生活领跑者的设计理念，从规划设计、住宅单体设计、服务配套设施、社区无障碍设计等方面作了很多深入细致的精心考虑。

（1）环境的可识别性、无障碍设计和出行安全

每一社区按照功能的差异被赋予相对独立的外观形象并通过绿地水体空间形态、植物配置等强调各自的视觉特性，形成良好的空间导向性，出行安全性借助于规划合理的交通系统得以实现，车行、人行、高尔夫专用球车道各成系统，车行系统分级设置，一级路为主干道由南向北将各个社区联通；二级路为次干道连通主干道与各社区；人行系统尽可能与车行系统分离，供行人及骑自行车人使用，并在居住单元、公共场所和各类景观绿地之间建立了全面安全便捷的联系，并尽量减少与车辆的交叉。在人车混合交叉地区设必要的限速装置，主要车行道采用曲线路型以减缓车速。小花园风景地带步行道结合小品建筑设置充分的座椅供老年人中途休息，在设施上多层公寓和公建场所设无障碍电梯及残疾人坡道等无障碍设施。

（2）户型设计

除针对老年人机能衰退引发的特殊需要进行无障碍设计外，住宅设计中重点思考下列内容：

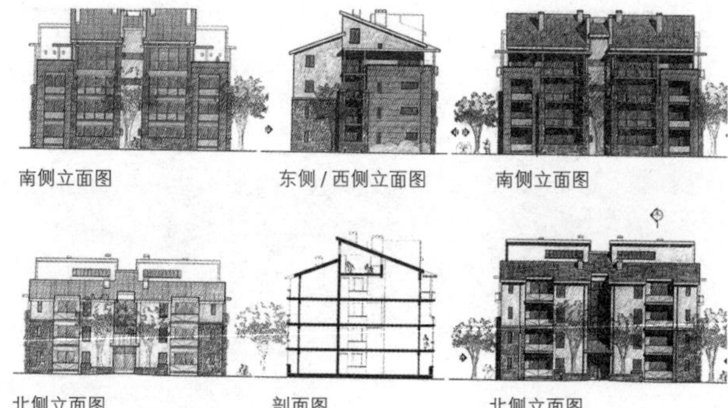

图 4-5
多层公寓

其一，住宅类型的广泛性。针对不同收入阶层老人，有公寓、联排住宅、独立住宅等类型。户型面积从 70 平方米的一室一厅公寓到有 500 平方米的独立式住宅，不同阅历的老人相聚在这里，不同的人生，相同的归宿，使他们乐于交流感受，心态平和地从新鲜的视角感悟人生（图 4-5）。

其二，注重公寓户型的舒适性与经济性的统一。如一居室在起居间开间为 3.6 米，二居的开间为 3.9 米，三居更大一些，二居面积在 95-102 平方米，小三居面积约 125 平方米，起居餐厅分设，三卧两卫并带小面积工人房。

其三，对老年住宅形态进行了积极探索。考虑到老人身体较弱的护养要求，较大户型中均设工人房，在老人健康时可当作储藏室。在联排和独立等较高标准住宅中突出两代居的设计理念，首层均设带独立卫生间的南向老人主卧，并靠近起居厅，可方便出入户外。户型均为平层不设错层和高差，联排住宅受传统四合院启发采用内院式布局，并在露台庭院设活动百叶门提供老人专用的户外活动空间。

其四，立面造型平和健朗。采用自由组合的坡顶造型，平时又不显拘谨，考虑到老年人视网膜黄斑衰退，对黄色系比较敏感，外立面色彩统一运用黄、橙、红等柔和又醒目的色彩，以涂料为主；联排住宅以坡顶为主，平坡结合；独立住宅采用四坡顶。

（3）完善的社区公共服务配套设施

考虑到社区离城区较远，配置了相对更为完善的公共服务设施，并集中布置于中心社区，位置居全社区中心地段，方便各社区到达。中心社区的总建筑面积约 50000 平方米，围绕中央水景呈集群式布局，中央水景是直径 120 米的人工湖，周边是宽敞的亲水步行街道，正南是步行街放大形成的太阳广场，也是中心社区的主入口。中心会所功能齐全，地下一层为农贸市场与物业管理中心，首层设有超市、精品店和各式餐厅，二层为中心大堂、多功能厅、图书馆、活动室，三层还有各类活动用房。健身中心位于中心水景以东，包括室内综合球馆、游泳池、健身房及保龄球馆。中央水景正西是零售中心，它是银行、邮局、各类零售服务、饮食集中的区域，可为老年居住者提供极其方便的服务。中心社区还建有旅馆，为来此作客和参加各种老人节活动的外地老人提供了多种形式与价位的住宿。除中心社区以外，各居住社区也配备了小型服务中心，方便日常使用。

4.3.3 苏州新城花园的老年社区

1997年初，苏州新加坡工业园区的新城花园五小区以老年居住园为建设主题举行了公开邀请设计招标。我公司的规划设计方案以其对老龄社会居住环境具有较为系统的认识和合理的解决对策赢得了评委会的肯定并中标。该小区已于1998年底建设完成并通过验收。

江苏省经济发达，是全国最早整区跨入老龄社会的省份之一。业主苏州新加坡工业园区房地产公司的领导杨秉德和薛普文先生意识超前，敏锐地意识到了老龄化对整个社会的影响，因而较早地形成了建设老年社区的想法。他们最初的目标客户群是20世纪50年代支援西北地区的军工和地方建设的老专家，希望让他们在风景秀丽的苏州金鸡湖畔有一个生活和修养的栖息地。这一建设老年社区的想法还得到了当时民政部领导的高度肯定并亲笔题词“万杨”工程。

新城花园位于苏州新加坡工业园区首期启动区的南面，建设规模为30万平方米，是当地一个大型的现代化小区。它西接老城区，东临环境优美的金鸡湖，南边不远是规划的商业核心区，小区前后均为宽广的现代化建设街道，交通便捷。而五小区则处于新城花园中间，西边为已建成的住宅区，东边为保护良好的小河和绿化带，南边不远为规模较大、设施齐全的邻里中心和大面积草坪。老年居住园区享有交通便利、环境优美、又无噪音干扰等诸多优点。五小区占地21072平方米，园区地上建筑总面积为34280平方米，容积率为1.63，绿化率为35.6%。

笔者作为设计人，在投标设计时对老年人居住环境及相关问题作如下思考并于建成后在《新建筑》发表了下面的文字[①]。时隔20年再来回顾当时的思考和发表的文字，应该说还是比较切合老龄化的实际情况的。

1. 养老模式近期内仍将以在宅养老为主。

原因在于：中国老龄化具有自己的特点，主要表现在三方面：一、老龄人口绝对数巨大；二、老龄化速度特别快；三、国民经济发展水平低，福利体系及设施缺乏。

因此就国情而言，经济和社会的发展水平决定了养老至少在近期内不可能社会化，在宅养老将是主要的养老模式，但这一模式含义上有别于家庭养老模式。它既可以是与子女合住，也可以是老人单独居住，具有更大的适应性。

2. 必须强化社区服务于老人的功能作用

社区在老龄化社会中往往可以作为单位设置各种服务设施，既满足老年居民的物质生活需要，也能为他们的精神文化生活提供保障。五小区整

---

① 姜传鉷．营造适合老年人生活的居住环境[J]. 新建筑，2001（02）.

区作为老年社区规划设计的意义应达到两个目标：对本社区大多数老人提供完善的服务，同时该社区的服务辐射到大社区，使之成为老年人的中心，老年社区设施运作成本也将会降低。

3. 老年人不等同于残疾人

目前有一种认识上的误区，往往将老年人“等同于”残疾人，其设施均参照残疾人设施来建设。实际上两者有较大的区别。老年人的特点主要是年老、体弱，但仍具有一定的生活自理能力。举例来说，适合老年人居住的住宅楼梯，设计的关键应是使老人们容易攀登楼梯并保证其安全。

4. 住宅设计应支持在宅养老

设计应当从老人的生理、心理综合考虑，在空间布局、细部设计上，最大限度地满足他们的各种需求，提高其生活自理能力，达到支持居家养老的目的。

5. 老年住宅是一种较高标准的住宅

老年人的特点决定了老年住宅的标准应该高于一般住宅，例如卧室面积、日照要求均应高于正常人群。老年住宅是一种适应性更大的住宅，能够更好地对应人在一生中不同时期的生活。老年住宅的这一特性也是老年社区多元化的一个主要条件。

6. 老年社区的构成应多元化

老年社区构成的多元化包括两个方面：一、住宅的套型及标准多样化，便于不同层次的居民选购；二、人员构成多样化，便于老人与一般住户交往和必要时得到协助。

苏州新城花园老年社区的规划与设计特点（图 4-6）：

老年社区规划与设计的要旨在于，体现适合老年人生活的社区物质结构、网络结构和公寓之于老人的适应性处理。根据对苏州当地情况的分析，该老年社区将是一个混合型社区，其特点是老年人将占有较高的比例，并有较为齐全的老人服务设施；同时，也有部分一般住户。整个社区的设计目标是：安全的社区；生活方便的社区；交往密切的社区；充满活力、多样化的社区；经济上可承受的社区。

1. 总图设计

社区内场地平整，无高差变化，以确保老年人行动安全。社区为围合社区，内部不考虑小汽车直接驶入和停放。小汽车均停放在社区外围以保证社区内老人生活的安全和宁静。

社区内建筑日照间距均大于 1∶1.5（苏州市新建住宅一般为 1∶1.2），保证老人有充分的日照时间。中间宽敞的庭院以草坪为主，并有环通的游廊和亭子等设施供老人休闲健身之用。

社区建筑总面积为 34280 平方米，容积率 1.63，绿化率 35.6%。

2. 建筑设计

社区内建筑由数栋四层、六层、九层公寓及一栋二层建筑构成。二层

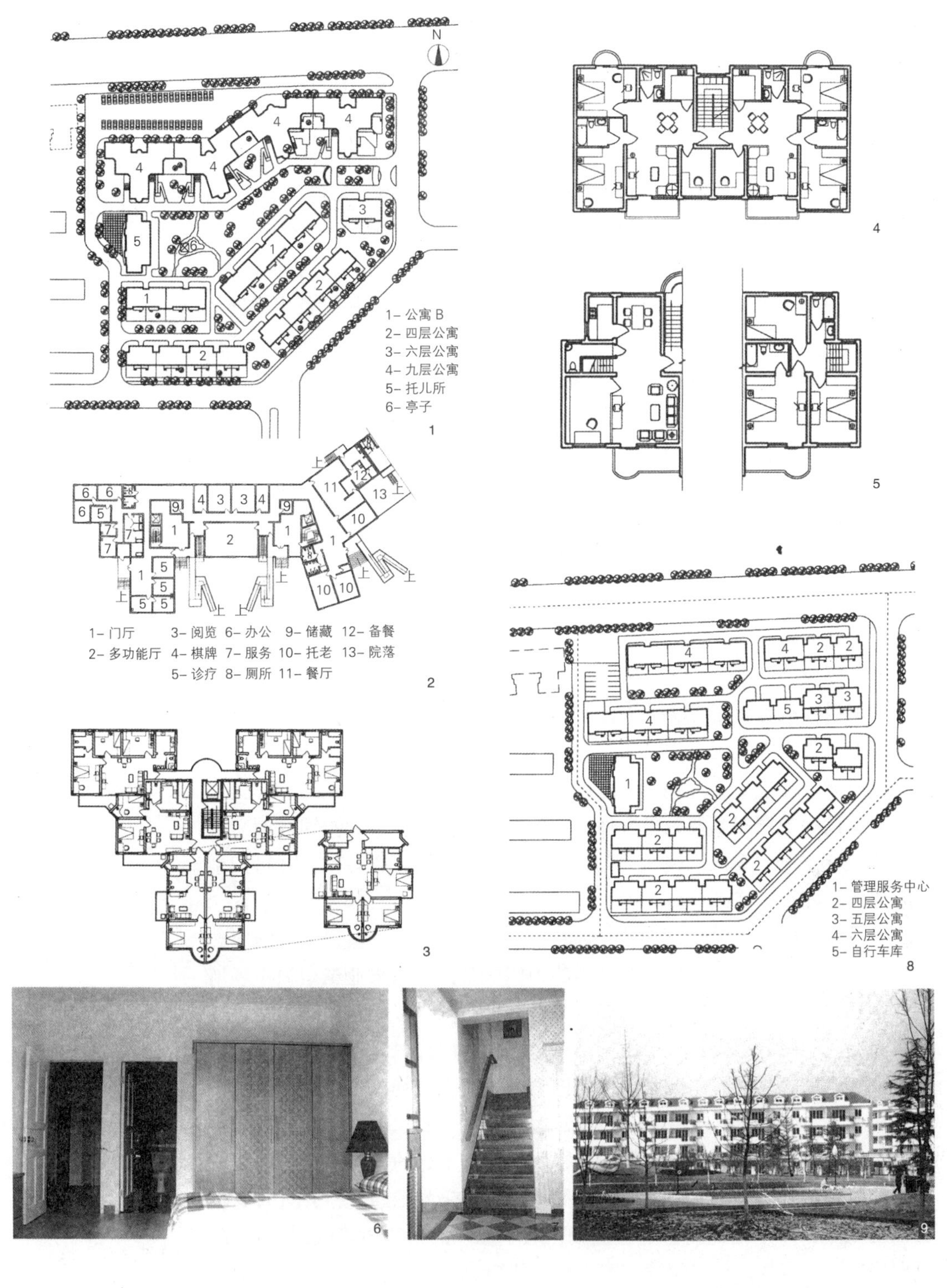

图 4-6
苏州新城花园老年社区

建筑为新城花园规划要求配建的托儿所。九层公寓底层为老年社区配建的各项服务设施，包括劳务站、活动室、医疗站、餐厅、特殊浴室（带助浴）、托老所、管理中心等。

九层公寓为电梯公寓，共四个单元，每个单元六户；有小、中、大套型，必要时两个小套型可以合并为一个大套型。

六层公寓为一梯二户的公寓。四层公寓为跃层式公寓，标准较高。

老年公寓建筑设计主要特点如下：

（1）主卧室、起居室、书房均朝南。主卧室尺寸较大，至少 3.6 米 × 4.5 米，尺度上考虑床两侧均有护理床空间，其中一侧为 1.5 米，以便轮椅进出和护理人员服务。

（2）主要卫生间比较宽敞。一般为 2.1 米 × 2.7 米，位置靠近主卧室。淋浴和缸浴可以互换改造，以满足行动困难老人的需要。浴缸及坐便器墙面安装扶手。

（3）同一楼层不出现高差，跃层公寓室内楼梯不做变宽度踏步，适当放大踏步尺寸并在梯段两侧设扶手，以确保老年人安全。

（4）厨房空间较大，可以保证操作台外有 0.9 米以上的宽度。操作台均为“L”形，紧凑方便，以减少老年人往返运动。

（5）门洞尺寸包括厨房、主卫生间均不小于 0.9 米。主卧、主卫、分户门均为外开门，以便在紧急救援时不碰伤老人。

（6）公共楼梯踏步比较平缓，1.5 米 × 3 米，中间休息平台宽大并设休息座椅。墙面两侧均安装扶手。

3. 公用设计

照明设计采用高照度以适合老年人视力弱的特点。

所有电、水、煤气表均采用智能型产品，耗量全部实现自动抄收，方便老人生活。

公寓设应急呼叫系统，每个住户均可在户内实现应急和报警呼叫。呼叫点设置在主卧、主卫、起居室、厨房等处。总台设在管理中心并可识别信号来源。

4. 设计变更

老年社区为分批实施，首批施工的为四层公寓。后来业主根据市场情况，担心九层电梯公寓造价较高在当地低房价市场难以销售，要求变更设计。最终我们将九层公寓全部由同类型的四、六层公寓及派生型取代，并对总图作了调整。同时园区管委会也同意开发商在此社区不建托儿所的要求，因此九层公寓底层全部服务设施转设在原托儿所处，并将其改为三层。

老年社区从设计到竣工，状况是喜忧参半。不好的方面是市场经济的价值规律作用远远超出了开发商的良好愿望和建筑师的想象，并且对老年社区的成型带来了负面的影响。例如，老年社区的公寓由于区位条件好、日照间距大、容积率低、绿化率高、户型优良具有优势，而其价格定位则由于是安居房受市政府控制，只能实行同周边普通安居工程同价销售，所以住宅价值优势越发明显，特别是跃层公寓曾出现排队购房现象。而购房者并非都是老人或准老人，这种现象导致入住对象的老人比例大大低于原设想，因此开发商不敢“上马”老人服务设施，这对老年社区的完整性是最大的缺憾。可喜的是我们对老年社区的特性进行了有益的探讨，并且相当一部分的理念得到实施。目前已有很大一部分住户入住该社区。可以确信该社区将能更好地适应其居民在人生中的不同阶段，直到年老。这种对应老龄化的“潜伏设计”也是设计初衷之一。

5 “在宅养老”模式住宅支持系统（一）——适老化的住宅体系研究

老年人的居住问题不仅涉及物质因素，如居住面积太小，是否成套等。还涉及心理、文化观念等方面的问题。具体表现在以下几点：

1. 多代同堂家庭的居住面积过于狭小，代际分室不合理，部分家庭中老年人还没有自己单独的居室。

2. 住房质量不高。目前老人所居住的住宅以 2000 年以前的老旧住宅居多，部分老人居住的为非成套住宅。

3. 住房设备和配件配置按正常人的使用标准进行设计，未能充分考虑老年人的特点。主要表现在卫生间、厨房的水、电等设备的安装和空间设计在操作方式上不符合老年人使用时的安全方便特点。绝大部分的多层住宅不设电梯，给老年人参加户外活动增加了困难。

4. 住宅类型少。目前主要为单元式普通公寓楼，对老年人的生活缺少针对性，不利于老人交往，缺乏邻里之间的相互照顾。

5. 居住生活空间结构单一，不能根据家庭成员变化及老人生理机能变化而进行适当调整。与此同时，还没有形成对无障碍环境的共识，住宅居住环境的无障碍设施不规范或根本没有。

老年人居住问题的存在反映了社会发展历史，也反映了整个社会观念上的落后。老龄化的形势，迫使我们必须以新的视点——从老年人的生活方式出发重新审视住宅建设必须采取的对策，以确保满足老年人“在宅养老”的需求。国外老年人居住发展的理论和实践特别是欧洲等发达国家的经验和我国的部分实践老年人的居住方式应该可以是多元化的。

5.1 老年人的居住类型

目前我国空巢家庭的老人比占老年人口的比例已经达到 51.3%[①]，老人单独生活有的出于无奈，无疑也有其优点，使老少两代尽量少受互相干扰。结合我国国情，借鉴国外经验，吸取居家养老优点，并尽可能使老少两代尽量少互相干扰，特提出以下几种居住类型，优化老年人的居住模式以提高老年人的生活质量。

① 全国老龄办、民政部、财政部 . 第四次中国城乡老年人生活状况抽样调查 . 2016-10-9.

5.1.1 与子女同住型

与子女同住型即传统的家庭养老，目的是让年轻一代承担其传统家庭养老的功能，以子女与老人的自身力量减轻对社会的压力。随着社会经济的发展这种几代合居的养老模式已经逐渐在减少，但是居住型式可以多样化，无须局限于多代同堂的生活原型。与子女同住型，侧重于老人和子女住宅的相邻关系。

1. 两代居

这种供老年人与子女同居的住宅，最初发源于20世纪60年代中期的日本“邻居型双拼住宅”又称为“两代居”（图5-1）。这种形式的住宅在东亚“儒教”文化影响较大的国家得到普遍关注与研究，获得了迅速发展。我国也有部分“两代居”住宅，主要还是房产商作为市场营销策略而推出的产品，但数量不多。

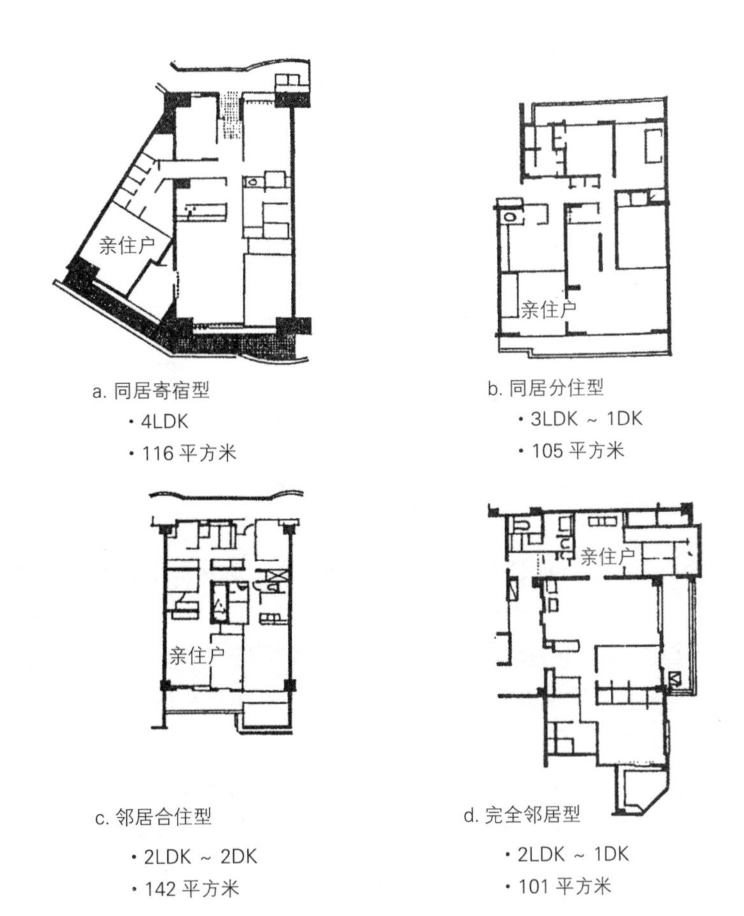

图 5-1
日本“邻居型双拼住宅”

（1）设计原则

形成多代同居家庭，有利于代际交流和生活上相互照应。在两代居住宅设计上，应当克服几代人共同生活带来的相互干扰和牵制，促进亲子两代家庭间的和谐相处和自主发展。既要考虑到老年人居住得舒适、安全、方便，又要考虑到对老年人的照顾和护理方便，同时还要考虑到为老年人的活动和交流创造条件。

（2）空间组成和平面类型

两代居住宅内部空间组成一般包括"主体户"和"同居户"[①]两个相互独立的部分，两户各有完整的成套使用空间，包括起居室、卧室和卫生间，"主体户"必须是完整的，且有两个居住空间的居住单元，"同居户"则可有部分辅助空间与主体户合用，根据主体户和同居户两部分各自独立空间的大小和空间关系，平面形式有如下三种类型（图 5-2）。

1）完全同居型：同户门，同厨房及起居室，"同居户"居室仅带独用卫生间，这种形式的住宅适合于丧偶或高龄老人与子女同居，便于子女给老年人以更多的经常性照顾。

2）半同居型：同用一总户门，共用一个起居空间，厨房及卫生间各自配套，各户居室空间相对独立，分户内联系可以通过公共生活空间，因而各自生活独立性大，可避免生活作息时间上的相互干扰，室内空间利用也便于各户自主安排，这种形式适合于两代夫妇带第三代的共同生活。

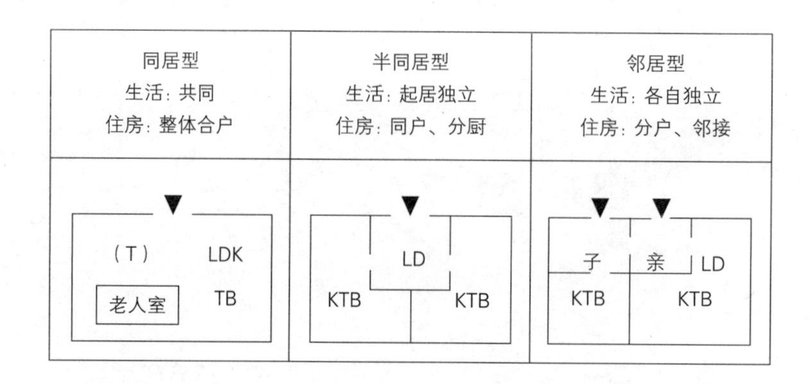

图 5-2
多代同居型居住模式基本类型

3）邻居型：两户各有独立户门、各户居室、厨房和卫生间等空间各自配套使用，两户仅以起居空间相通或分隔融通，这种形式实际上是两套不同户型的住宅单元相邻接，比同户门的半同居型具有更大独立性，这种形式较适合于双亲年龄尚不高，有生活自理能力，希望自主独立性生活的家庭，这种空间关系对住房的分配也较具有灵活性。

目前 A、B、C 三型住宅在实践上大部分为有平面式。也有部分标准较高的采用跃层式的，每层可以设置自己的出入口。这种方式相对来说相互干扰更少，适应性更高。

上述三种住宅形式有着共同的特点，即以起居空间作为联系亲子之间

① 借用新加坡多代同堂组屋的划分名称，根据父母与子女的主次关系，在子女成婚前，一般是双亲处于主导地位，古用"主体户"，而在子女成婚后，双亲家庭与子女家庭交换住处而占用"同居户"

的亲密关系的核心空间，在维系家庭物质生活和精神生活中发挥着纽带作用，与我国传统民居中院落空间有着极为相似的地方。

（3）两代居住宅的适应性和可行性

上述住宅空间的基本组成型式，不仅满足不同家庭结构和生活方式对住宅空间组成结构的要求，也适应家庭成员随年龄变化对居室空间要求产生的变化，亲子两代间根据双方需求变化可以随意调整对“主体户”和“同居户”空间的使用。从人的生命周期和家庭结构的变化周期看，同居型住宅是最为稳定的家庭居住环境（图 5-3），从本人结婚与父母同居开始到双亲死亡或与已婚子女同居，大约三代人可有 30 年左右的共同生活时间，如果居室空间采用可移动的轻质隔断的话，那么这种同居型住宅的灵活性和适应性会更强。同时从经济上考虑，同老人与子女分开居住的两套住宅相比，在使用面积相同的情况下，因减少了辅助面积，总的建筑面积也会相应减少，无形中也降低了住房建设的投资，这对国家和个人都有利，随着住宅房价的推升，人们将会更多地选择这种面积小、价格低而功能全的新型住宅。

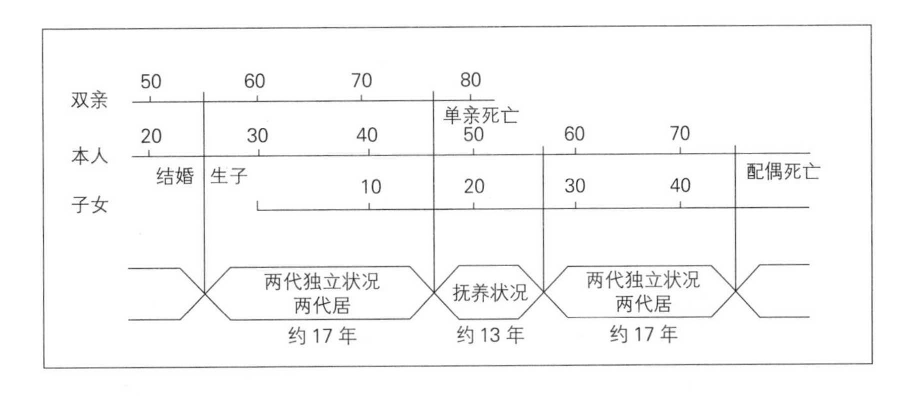

图 5-3
生命周期中亲子关系

2. 邻近居

老年人希望追求自己的高质量晚年生活和希望对年轻一代的生活干扰是目前老人单独生活的一个主要因素。选择“邻近居”是一个比较理想的居住方式。我们不妨将“邻近居”定义为距离不超过 1000 米也即老人步行时间不超过 15 分钟的住宅。一般而言，这类“邻近居”住宅同我国大量在建的普通住宅并无本质差别，只是老人与子女的住宅距离相对较近，便于双方的互相照应和协助。如果老人居住的普通住宅在布局方式上、空间的特殊需要略作一些调整，则会更有利于老年人的生活。

这种“邻近居”在目前各个城市房价普遍高涨的情况下，可能更有现实意义。双方中只要一方变动住房就可以实行“邻近居”而不像两代居必须双方同时变动，同时由于住宅是普通住宅因而选择性更大。

虽然这类形式住宅属于老年人与子女分开居住，但从亲子双方的感情和生活互助角度考虑，两代间仍有想保持这种“藕断丝连”的相互照应和依存关系的愿望，希望能“分住靠近”。按亲子两代家庭在空间距离上的远近，可有如下四种类型：

（1）同楼层邻近居：两代同居一层，居住单元间经过公共走廊取得横向联系，亲子间日常生活便于相互照应，这种关系可以通过住宅楼单元组合的户型调配来形成。

（2）同楼分层邻近居：老年住户尽量使用低层单元与子女家庭可以垂直交通联系，这种方式既方便老年人参加室外活动和参与社会生活，又方便子女顺便探视和照应老人生活。

（3）同街坊分楼邻近居：两户位于一个院落空间，日常生活中随时可遇，余暇便于互访互助，生活独立性强，感情依存关系密切。

（4）同社区分街坊邻近居：虽空间距离稍远，但仍在老年人正常步行范围之内，有利于保持亲子间长久的亲密情感，对健康的老年家庭仍是一种理想的安排。

5.1.2 专住型

健康状况良好的老人由于种种原因常独自居住，然而随着年龄的增长，自理能力会逐步下降。专住型老年公寓就是一种比较合适的居住方式。专住型老年公寓是指全是老年人住户的一种居住型式，它既便于管理员、护理人员进行管理和服务，又易于老年伙伴之间进行交流。国内目前的老年公寓有两种，一种是老人主要过集体生活，老人入住是以租用床位的形式或少量单间的方式在其中生活的，这类基本上可以归入机构养老一类。而专住型老年公寓不妨定义为老人是以“家”的形式入住的，且公寓配置有公共交流和生活辅助设施并有相应的护理和管理服务的公寓，类似德国备受青睐的结伴式养老公寓。

老人在专住型老年公寓生活介于居家和机构养老生活之间，兼具两者优点。一般而言，老年人在退休后会希望寻找一种新的生活方式。选择志同道合的伙伴“结伴而居”的新的方式，可以使他们相处愉快、关系融洽、彼此照顾，既可以欢度漫长而悠闲的退休时光，又不至影响下一代的生活。据德国政府预计，到 2050 年，至少一半的老人会选择结伴养老方式。与普通养老院相比，这种老年公寓更受老人欢迎，市场潜力无穷。

专住型老年公寓的生活方式也得到日本老人的欢迎。日本东京都“银发之友”（SilverPair）项目，意为“使在那里居住的老年人过着既自立又互相帮助的生活”。该住宅的内容与社会关系可以在 1993 年版的《东京的社会福利》中的一幅插图中得到很好的说明（图 5-4）[①]。

专住型生活方式之于老人的优点在于：

1. 老人易于交流和相互帮助。这一种精神上的需求以前往往为我们忽

① 邹广天 . 日本老年公寓的规划与设计 [J]. 世界建筑，1999（04）

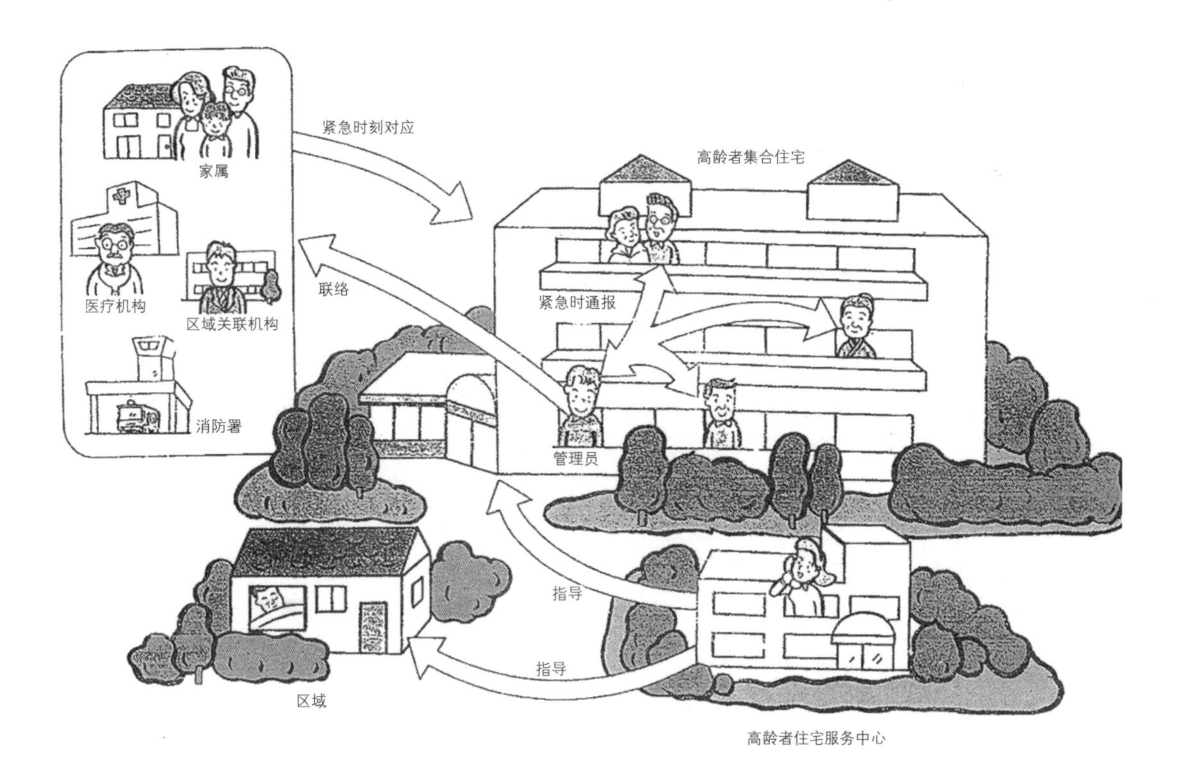

图 5–4
东京银发之友（高龄者集合住宅）模式示意

视，据一项资料统计，北京市被调查以往入住社会养老设施的老人中，竟然有近 30% 的人认为那儿热闹，可以消磨时光。

2. 由于老人聚合，使得管理和服务容易，成本较低。这将较好地适合我国大部分老人经济上并不富有，又确实在生活上需要得到部分协助的国情。

3. 由于专住型住房设施中一般会设有集中餐厅、浴室等设施，而老人自己宅中也设有厨房、卫生间等设施，可使老人的生活更有选择余地，保证生活质量。

4. 由于老人是以拥有“家”的方式入住，可以更好地保有个人的私密性和拥有私人惯用物品，符合人性化的需求。

5. 对于经济上并不富裕但又有房产的老人，由于老人公寓一般面积不大，其原有的房产出租可能就可以部分或全部覆盖其生活费用。

6. 随着社区养老服务的提升，老人即使在失能的状态下，凭借老年公寓的护理和社区养老服务的结合，有可能无须子女的协助也能自己生活。

由此可见，专住型老年公寓是一种介于普通住宅和养老院之间的一个比较好的适合老年人生活的居住建筑，它可以吸引健康老人，也可以满足部分需要服务的老人，从而达到减轻机构养老的压力。

在有着诸多优点的同时，其存在的缺点也是明显的。由于老人集中到一起居住，与居民小区内的其他一般住户在居住场所上就截然分开了。部分心理不够乐观或者在健康状况不佳时的老人容易产生失落、悲观、自卑等不良的心理感觉。

5.1.3 混住型

指老年人住户与一般住户混住的公寓。混住型的出现，主要是为了解决专住型住宅存在的问题，谋求老年人住户与其他一般住户之间的密切交往。在混住型的公寓中，老年人住户所占比例一般都不大。根据混住化的状态，混住型又可以分为以下三种（图 5-5）:

1. 横向布置型

在公寓中，至少布置一层老年人住宅，通常是布置在一般住宅的下面。如东京都练马区光丘公园城漫步 10 号街 5 号住宅（光丘公寓）是横向布置型的实例，共 14 层，其中第 3 层为老年公寓，第 4 ~ 14 层为一般住宅。这种布置方法是使老年人住户与其他住户混住同一栋住宅之中。但是将老年人住户单独集中于同一层，明显地有别于其他一般住户，仍不太理想。

2. 竖向布置型

在公寓某一局部的竖向至少布置一列老年公寓，使各层都有至少一户老年住户，可以考虑布置在临近电梯的位置。这种布置方法将老年住户分散在各层之中，稍好于横向布置型，但有时老年住户所居楼层偏高。

3. 混合布置型

在公寓适当位置布置老年人住宅，使之被全包围或半包围在一般住户之间，并临近电梯。这种类型较好地解决了老年住户与一般住户之间的混住化的位置关系问题。岛根县滨田市绿之丘小区县营住宅的 70 户中有 10 户，市营住宅的 90 户中有 20 户老年人住户，在每层中老年人住户成对布置，两侧布置一般住户将其包围，以避免产生“孤立化”。

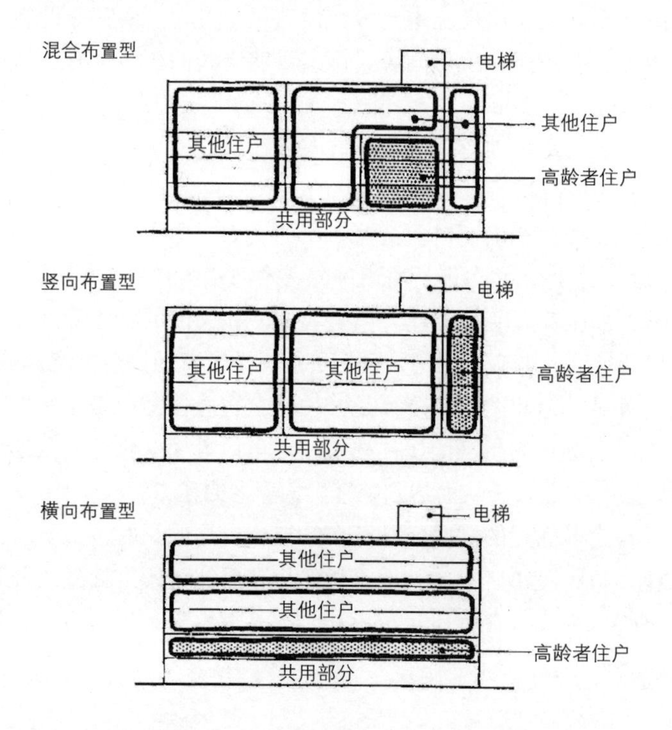

图 5-5
横向布置型

日本混住型公寓的出现是一种对专住老年公寓内涵的延伸。目前我国还处于追求养老床位数量的阶段，尚没有意识到对于老年人多样化居家养老的人性化需求的回应。而各种类型的老年公寓则是对养老院和护理院的反思。实际上西方发达国家也包括日本等东方国家在走了一圈重机构养老这一所谓经典社会化养老的路子之后，又普遍回归基于社区照顾的居家养老。其原因一是政府财政可以投入更少，二是更好地满足了老人的人性化需求。这些国家随着社区照顾服务水平的提高，老人机构入住率逐步下降，有些国家已经低于5%。其中，一部分人留在家中养老，另外一部分人就是生活在各种多样化的老人公寓之中。

日本混合布置型公寓类似2006年德国政府推出的“多代公寓”。德国政府推出“多代公寓”的计划以在解决人口老化问题，促进代际间的沟通交流，缓解老人的空巢感，强化全社会的团结互助氛围。但是这种混合布置型公寓或者说多带公寓，仅仅依靠市场力量是不够的，需要政府的介入资助和推广。如有德国的多代公寓就有政府大量的资助和强力支持。例如多代公寓只租不售，都是由地方政府提供土地和资金，由福利财团或公益法人经营。同时，政府每年向每栋这种公寓最高补助4万欧元用于购置公共活动房间的家具、电脑、书籍以及支付文娱活动费用；公寓配有专职的管理人员负责居民生活咨询、传授特种技能、组织学习烹调知识、帮助居民交流、组织外出旅游等；每栋多代公寓一般设有提供早餐和午餐的咖啡厅或食堂，方便人们相聚尤其是老年人可以时常见面，加强联系；相互帮助为了完成此项工作，政府还配备有专职官员。也因此，该计划获得了老人、青壮年等人的支持。

我国适合以在宅养老的方式解决的老龄化居住问题，该问题的解决可以充分结合国情和借鉴国外的先进理念，做到有的放矢。如过集体生活的老年公寓在瑞典等国家已经在逐步减少，我们应该思考是否还需要大力建设单一类型的此类公寓或是建设多样化的公寓？实际上各种多样化的居住方式不一定牵涉政府的刚性资金投入，很重要的是政府的推介和引导社会力量以及对老人的关注。

5.2 老龄社会住宅建设的总体设想

5.2.1 完善多样化的住宅体系

老年人根据自己的家庭状况、经济条件，生活习惯、身体状况等等因素对住房的户型、大小等会有不同的要求。对老龄人群及老龄家庭的居住形式、居住需求作出具体的调查研究有利于政府结合社会经济发展水平进行准确的预测和规划，从而更好地服务与社会。从我国的情况看，随着政府对社区养老服务的重视和加强，在宅养老将是我国老年人的主要养老模式。为适应老龄化需求，国家已经制定了以居家养老为基础的老龄化化社会发展大政。各地方政府应制定相应住宅建设和供应政策以充分发挥家庭成员的基础作用，优化家居模式，巩固和完善传统的家庭养老居住优势。

完善的多样化的适合老龄社会的住宅体系应该包含具有适老化或潜在适老化功能的普通住宅、各种类型的老年公寓、保障房。

除继续开发大量适应市场需求、面积适度、功能齐全的具有适老化或潜在适老化功能的普通住宅以外，还应通过政策手段鼓励开发商开发类似“两代居”和“邻近居”等产品，同时对购买者予以不同的税费优惠和住房金融信贷支持，以充分发挥家庭养老的积极因素。

适度开发各种类型的老年公寓。目前，我国的老人虽以家庭养老为主，但也有不少身边无子女的空巢老人，尤其是大量陆续步入老年的“计划生育”老人，即使身边有子女，但由于种种原因，也有一些老人不愿和子女住在一起。这些老人生活无人照顾、孤独情绪不断增长。因而，群居性的各种老年公寓可以部分解决这部分老人的养老居住问题。如专住型老年公寓和多代公寓既能让老人过正常的家庭生活，保持其独立性和私密性，又能提供生活服务和活动设施，让老人参与群体性活动。建筑设施也能更好适应老人的特殊需求，必要时还可以提供安全、生活协助和医疗、护理服务。为了适应城市人口老龄化高峰的来临，我们应制定适当的建设数量指标，将各类老年公寓作为住宅的一部分列入城市住宅建设规划总量之中。既满足不断升高的老年人多样化需求，也可以最大限度减轻社会养老机构的承载压力。

推行各类老年公寓，学习国外经验只租不售。由于老年人普遍经济承受能力下降，政府应严格控制此类住宅的消费价格。政府可以以无偿提供土地、建设报批等各环节给予优惠和倾斜的手段和 PPP 的方式，建设并控制房产和运营利润以造福老年人。同时，只租不售也可以更好地流通，以服务更多的老人。

结合保障房体制，出台政策鼓励多代同堂优先。新加坡和香港的住宅保障政策无不鼓励多代同堂生活。鼓励老人和子女共同生活并使他们更易取得面积适度、功能齐全的保障住宅，不仅使老人、子女得益，而且政府也可减轻养老负担。

5.2.2 建设规范化的涉老住宅市场体系

尊老的社会把尊老敬老不仅建立在伦理道德层面，还建立在市场关系之上。

（1）建立规范化的涉老住宅流通体系

规范住宅流通行为。普通的住宅的流通是客观存在的，其中涉老的住宅流通行为今后会越来越多。如老年人因子女离家独立门户或配偶的过世，存在着住房面积太大而无法管理或方便照顾要求临近子女换房；因年龄增长对楼层的高低不适应要求换房；因为健康原因要求入住养老机构或老年公寓等要求卖房或换房；成年子女为方便照顾老人而要求更换居住点或要求以小换大等，都客观要求建立完善的市场流通手段来方便人们之间的住房调换，这不仅有助于调剂老年人的住房需求，也有助促进住宅资源的有效配置、提高使用效率。政府宜出台政策对此类交易行为予以税费优惠甚至减免和住房金融信贷支持以充分发挥家庭养老的积极因素。

（2）建立完善的涉老住宅租金管理制度

目前我国通过20世纪大规模的住宅体制改革之后，公有住宅的数量已经很少，只是在最近几年因为房价高企，各地方政府建设了一定量的公共租赁房。租金价格比市场价低但优惠幅度不大，从各地的承租对象来看还是年轻人入住为主。无房或住房困难的老人是社会最弱势的群体。从社会救济角度看，政府应有部分公共租赁房优先保证无房或住房困难的老人。在规范化的租赁价格体系外，建立困难老人和家庭专项居住补助，确保其“有得住”的基本居住要求。

（3）加快建立涉老公共住房供应制度

任何一个国家针对老龄化问题的解决都不可能袖手旁观而置身事外，而必须承担足够的义务。我国目前的住宅体系基本上是一个私有化的市场体系，政府不再承担向市民提供住宅的义务，但从私有化的市场体系中获取了大量的税收，有足够的经济实力，理应担负起建立涉老公共住宅的责任。除了建设具有社会救济性质的涉老公共租赁房外，尚需建立各类老年公寓。各类老年公寓不宜是完全商品化的住宅，诚如上文所述宜只租不售。建设方式各地可以结合各自特点可以多样化，其最终的目的是能给老人提供以适度的价格获得合适的服务。

根据国外经验和我国的国情，每住宅小区需建造一部分老年公寓，可供那些既希望单独居住又能与子女距离不远，便于经常往来的老人居住。居住小区内的老年公寓宜集中建造，老年公寓应布置在居住区的生活中心附近，宜与社区养老服务中心结合。老年公寓一般由居住单元、公共活动区域（包括餐厅、活动室、健身房等）、护理用房、服务管理区、后勤用房（包括厨房、洗衣房等）组成。根据老人生活自理能力及需要照顾程度的差异，老人公寓一般可设计成具有不同服务系统的四种类型：一是主要供具有独立生活能力的老人居住的老年公寓；二是主要供具有半独立生活能力的老人居住的老年公寓；三是主要供需要全天生活照料的老人居住的老年公寓；四是混合型老年公寓即接受有各种不同生活自理能力的老人的老年公寓。

居住单元能较大程度上反映居住水平。居住单元可以多样化。如可分为独户单元和多户单元。独户单元可以是旅馆式的，也可以由一间房间和厨房、厕所组成或者由一房一厅和厨房、厕所组成。多户单元由公用的厅、厨房和盥洗室以及几套带有小卫生设施的房间组成。每套房间可住一对老年夫妇或一至两个独身老人。公用的厅和厨房是老人们的交往空间。公共盥洗室内设有浴缸、淋浴器、洗衣机等。

由于老年公寓的老人比较集中，老人容易与外界脱节，也很容易失去独立性和私密性 ，因此，老年公寓的设计应尽可能为老人创造“家居”的氛围。在功能设计上、内外各种空间、细部及用具的形式、尺寸都必须考虑老人的人体尺度和特点；对老人居住的环境和建筑物均实施无障碍设计。

5.2.3 建立全寿命住宅体系

针对我国目前仍以“在宅养老”为主要养老模式的现实，在住宅建设中以新的观念来指导研究和设计适应老年人生活的住宅并充分发挥在宅养老模式中的住宅支持作用至关重要的。

全寿命住宅的概念。人的一生经历了幼儿—少年—成年—老年的发展阶段，人的生命是有限的，相比较而言，住宅的生命可以更长。我们可以尝试赋予全寿命住宅以概念，即住宅可以对应人的一生，也可以对应不同人不同的生命阶段，其住宅的功能除满足一般正常需求外，还具有适老化的功能，具备全生命周期的适应性。全寿命住宅的适老化功能，不只是涉及当前老年人的需求，也涉及每个人自己未来的需要，是全社会对老年人的应有关怀之义。

因此，在普通住宅中建立全寿命住宅的概念，在住宅开始建设时就树立和贯彻老年住宅设计的必要技术措施，使得居住者一旦变老就能增加必要的设施和设备来提高老年人的自主和自理的能力是十分必要的。全寿命住宅作为一种理念，能更好地适应人一生的生活。

全寿命住宅从上述的内容描述来看，实际上是一种适老化通用住宅，是针对不同年龄、不同能力的人都能够方便使用的居住产品。例如住宅楼内的无障碍设计、注重细节的照明系统、人性化设计的门窗等等都也能更好地服务于“正常人”。

德国艾克哈德·费德森等人认为，老年人住所的主要原则包括：①

·有稳定收入、家庭和社区支持及自助形式提供的食物、水源、居所、衣物和保健服务；

·安全并可适应人际交往及环境改变的生活环境；

·可以在家庭中生活尽可能长的时间

·可以提供人道的、具有安全保障功能的保健机构，尤其是具有保障、居住、社交及精神促进功能的中等保健机构；

·在任何居所、保健或治疗机构中都享有人权和基本自由，包括完全尊重老年人的人格尊严、宗教信仰、生活需要和隐私，并且尊重其对医疗保健及生活质量的决定权。

这些原则的基本目标是尽可能长久地促进和保持老年人生活的生动性和独立性。全寿命住宅可以承载更多老年人喜欢独自生活在自己的房子或

① （德）艾克哈德·费德森等，全球老年住宅建筑设计手册，中信出版社，2011.

公寓中的梦想，因为他们与其生活的居住环境联系更紧密。

5.3 既有住宅改造对策

由于老人的经济水平总体上偏低，因而其居住水平较差。很多老人居住的住宅还是20世纪政府或企业分配的住宅，大多数标准偏低，设备简陋，且缺乏老人设施，有些还是不成套的住宅，其中以20世纪50～60年代、80～90年之间建造的数量多且质量差。部分此类住宅已被当地政府整体改造或列入改造计划，但没能改造的住宅数量也不少。2012年中国城乡老年人口状况追踪调查的分析数据显示，中国约有84%的老人居住在2000年以前建造的住宅当中。这类住宅很有可能会“送走”一批老人又迎来一批新老人。

这些“简陋”的住宅和目前大量的既有住宅显然不可能仅通过拆除重建的方式来达到适老化的目的，对其改造是必然的选择。

既有住宅的适老化改造是一个系统问题，包括环境的无障碍化和设施的适老化。单就住宅无障碍问题而言，可以对我们现实的居住建筑及外部做个简单的回顾。1989年以前我们国家基本上没有建立无障碍的概念，1989年建设部、民政部、残联联合颁发了《方便残疾人使用的城市道路和建筑物设计规范》（JGJ 50—88），这本规范的内容主要针对城市道路和大城市的重要公共建筑，居住建筑并不在列，而且在当时的情况下这本规范并没有得到很好的执行，但是它所确立的无障碍的一些概念和原则，对设计、建设者具有很重要的意义。2001年，住建部在原标准的基础上，推出了经修订后的《城市道路和建筑物无障碍设计规范》（JGJ 50—2001），这本规范的内容比原标准更宽、更广，它的范围牵涉到所有的公共建筑及居住建筑，还包括公共绿地等，但是居住建筑只是涉及了一些公共部位和出入口。该标准对一些重要的条文列入了强制性条文，应该说得到了比较好的执行。目前实施的《无障碍设计规范》（GB 50763—2012）于2012年颁布，替代了原来的标准并升格为国家标准，这本规范内容在深度上比原来的更广，分门别类有专门的实施要求。对居住建筑它明确的内容范围涵盖住宅、公寓及宿舍建筑（职工宿舍和学生宿舍）等，但部位也仅是公共部位和出入口。2006年实施的《住宅建筑规范》（GB 50368—2005）和2012年实施的《住宅设计规范》（GB 50096—2011）对普通住宅的出入口、公共部位、户内场地通行等明确了无障碍的要求并作了一些详细的要求。由此可见，我国的既存住宅的无障碍环境是非常严峻的。

住宅外部环境、公共部位出入口的无障碍化和设施的适老化改造相对容易，毕竟场地和空间的余地相对较大，只要资源投入就可以取得较好的效果。最为棘手的是住宅本身的改造和垂直交通问题。这些多层老旧住宅适老化改造最为突出的问题是：①没有电梯，老人上下楼困难。这些住宅中的人口老化现象日趋严重，上下楼困难问题愈发普遍，造就了一大批"悬空老人"。②户型面积偏小，加之砖混结构住宅体系增加改造困难。③户内卫生间和厨房等配置标准明显偏低。④没有无障碍环境。

目前可以值得考虑的改造途径是：

1. 针对没有电梯问题，考虑到这些住宅的私有化属性和可以上市流通的政策，实际上我们也可以有更多的办法，即在不解决多层住宅电梯的安装情况下，通过一定的流通置换途径使底层的住宅改为适应老年人生活的住宅[①]，或由政府资助或全额拨款建设为针对老人不同健康状况而提供的社会养老设施，如各类老年公寓之类。

2. 多层住宅中加装电梯，方便老人出入。目前老旧住宅加装电梯呼声很高，但由于牵涉到复杂的住户利益、经济等因素，有些砖混结构建筑还牵涉技术规范的可操作性问题，能完成加装的案例很少。一般而言，电梯的加装可能性比较小，需要跳出单一的电梯问题，结合适当的住宅功能改造和面积扩大，使所有的利益相关方得到益处，则成功的概率会更大一些。例如北京大有北里社区，在为老旧住宅加装电梯的同时扩大了每一户的套内面积，使空间格局更加合理，居住条件得以改善，并满足了轮椅的通行要求，更加符合老年人的居住生活习惯，可谓一举多得[②]（图 5-6）。

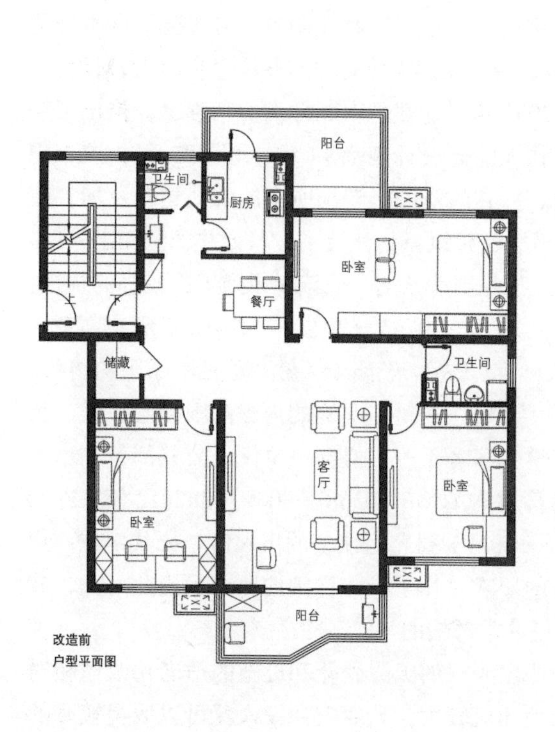

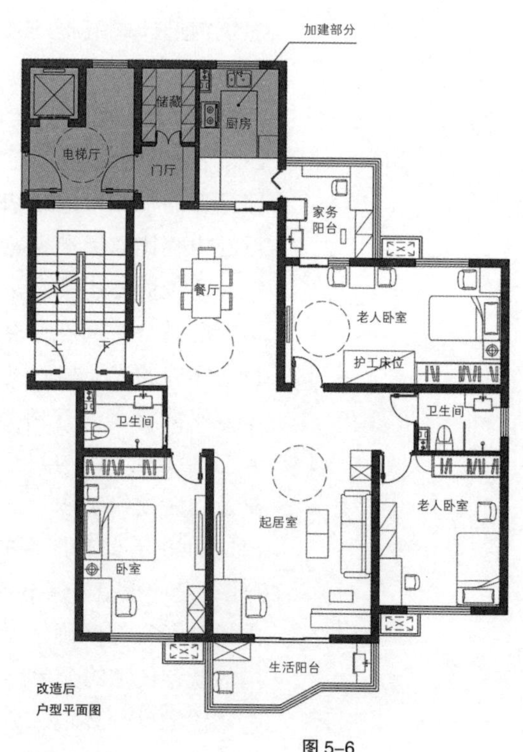

图 5-6
改造前、后平面图

① 姜传鉷：社区环境的老化及品质保持 [J]. 规划师，2001（2）.
② 周燕珉，秦岭 . 老龄化背景下城市新旧住宅的适老化转型 [J]. 时代建筑，2016（06）.

3. 既有住宅的户内适老化改造。户内适老化改造是一个对老人生活很重要但技术难度大、费钱又很难以奏效的难题。应对策略如下：

（1）户内无障碍化。卫生间和厨房的高差通过铺设地砖适当减小并做斜坡处理；室内和阳台的高差只有通过包阳台使原来的阳台门变为室内门以取消门槛；卧室门及阳台门一般洞口尺寸为 0.9 米，卫生间、厨房门一般为 0.8 米，他们的净宽分别为 0.77 米和 0.67 米，无障碍相关的规范一般要求为净宽 0.8 米，两者有一定的差距。由于轮椅的尺寸一般为 0.65 米，一般而言 0.9 米宽的的门洞基本上能满足使用要求，而 0.8 米宽的的门洞对轮椅及其他助行器使用比较困难，宜改为推拉门保证净宽尺寸达到 0.75 米。

（2）户内卫生间和厨房的适老化。由于面积和结构体系的限制，卫生间和厨房的扩面积的可能性较低。为确保轮椅的回转，应尽可能在卫生间和厨房的相邻外部房间如起居室或餐厅整理出 1.5 米见方的回转空间供掉头后倒进或直进；卫生间墙上安装扶手助老。如果扶手在非承重墙上，可在扶手功能区域外的始末端延长或沿不同方向延长并固定以加大承载力，确保老人使用安全。

（3）老人的卧室为便于需借助助行器、轮椅和需要全护理的老人使用，一般要求净宽为 3 米以上。条件受限制者可以通过调整床的摆放最好确保床的一侧有 1 米净宽和一个 1.5 米见方的回转空间。

（4）地面材料改为防滑地面。

（5）在室内特别是卫生间和厨房间为老人安装报警系统。

（6）利用阳台尽量形成一处比较可靠的防火避难空间。

既有住宅改造之于老人，其意义在于：首先可以保证老人不离开其生活多年而充满依恋的社区，其次由于我国老年人大部分已基本上不具备再购置新房的经济能力，因此更新改造现有大量低标准住宅，使之在社会老龄化中发挥作用是最为经济和现实的措施。更新改造旧宅为老年人在宅养老提供了更理想的住房条件，方便其参与和享受社会生活。

6
“在宅养老”模式住宅支持系统（二）——适老化的住宅设计研究

我国是一个发展中的国家，经济力量有限，因而在研究和设计老人住宅时，首先应从普通住宅设计着手。强调在不增加或者少量增加建造费用的条件下，尽可能满足老人在居住方面的特殊需要，同时考虑到“正常”住宅本身功能的通用性，进行住宅两者功能的兼容性思考，对可以兼顾的功能一步到位，对一些尚不迫切的住宅的适老化功能进行“潜伏”设计。在使用者进入老年以前，按“正常”的情况使用。一旦使用者变老或转给老人居住时，通过简单的改造就能很快适应老年人的生活需求。这样就可以使住宅可以在不同的阶段适合不同的需求，“适老”的意图在需要时可以充分得到实施而改造费用较低，从而获得最大的社会效益和经济效益。倘若如此，笔者认为该种住宅就是一种“全寿命住宅”，可以对应人一生中的幼儿—少年—成年—老年的不同发展阶段，具备全生命周期的适应性。住宅中的“人”可能是同一个家庭的人，也可能是不同家庭的人。

清华大学的周燕珉也认为，虽然中国城市新建住宅户型在适老化设计方面存在诸多问题，但如果能够在设计思路和方法上做出相应的调整，这些问题是可以得到有效解决，并且还有助于住宅品质的提升和可持续发展。基于对现状问题的分析，她尝试对城市新建住宅户型的适老化设计提出建议，应从全生命周期的角度考虑户型的适老化设计。为了使住宅在其百年的结构寿命当中较好地适应居住需求的变化，需要从长生命周期的角度来考虑户型设计。尝试在同一户型当中，针对家庭在不同的发展阶段的不同居住生活状态，给出相应的设计方案和使用建议，以验证和优化户型的适应性设计。在家庭发展过程当中，变化最为显著的就是老人的生活状态。五六十岁的准老人或说年轻老人大多较为健康，生活能够自理，但到了七八十岁，老人的健康水平和自理能力就会出现不同程度的下降，日常生活大多需要接受他人的照顾、看护，或使用轮椅助行器等辅助器械。这就需要在设计当中充分考虑室内空间的灵活性，为满足助行器械的通行与回转、护理人员的辅助操作、空间功能的灵活转换留出改造的余地[①]。

住宅功能的适老化和灵活性的把握存在“度”的问题。以目前的国情，明确在不增加或者少量增加建造费用的条件下达到目的的可能性或许对我

---

① 周燕珉，秦岭．老龄化背景下城市新旧住宅的适老化转型[J]. 时代建筑，2016（06）.

们更为合适。因此必要且必需的适老化功能在新建住宅中的设计或潜伏设计的思考成为必要。我们不能忘了中外大量的既存住宅适老化改造的“痛”，又去给未来增加新的“痛”。中国的人口老龄化高峰正在逼近，做好各项准备的重要机遇期和窗口期时间不长，推动适合在宅养老的住宅事关家庭和社会的和谐、幸福，建筑师应该有所作为，肩负起时代赋予的责任，在今后的住宅设计中发挥积极的专业作用，在社会事务中积极“鼓”与“呼”。

6.1 适老化住宅的设计原则

适于老年人居住的住宅，首先要一切从老人的居住生活行为特征和需求出发，也就是应很好地理解老人究竟具有什么样的身体机能、心理特征、生活结构来确定合适的设计方针，运用相关的技术措施去改善、整备、补充由于年龄增长带来的各种不便之处，以达到提高老人居住环境质量的目标和要求（表 6-1）。即使是对于潜伏设计，即对将来可以易于改造成具有老年人生活特点的一般住宅设计，也应选择相同或大部分的原则来进行设计。总体来说，应当按下列的原则来设计住宅，使之具有适当的养老意图。

针对老年人的自身变化在住宅中可提供的支持　　表 6-1

变化项目	自身功能特征性及相关影响		居住环境及其配备
人体尺寸	·普遍身高比年轻时降低	眼看不到、手摸不到的位置增多	·调整操作范围尺寸
运动能力	下列功能不全使人适应能力降低： ·灵活性下降 ·协调能力下降 ·运动速度下降 ·耐久力下降 ·骨质疏松 ·排泄功能下降	·容易跌倒，发生骨折 ·需要配备助行器具及轮椅 ·失禁、尿频	·留出日常活动所需的空间 ·消除地面高差，保持地面平整，防滑，耐污染，易清洁，慎用地面上蜡。 ·保持墙面平整，避免出现突出墙角和尖角 ·不用或慎用容易变形、移动和翻倒的家具，等身高度以下不用大片普通玻璃，防止碎片伤人 ·开关、插座、阀门、执手、插销等设在易操作位置 ·就近布置卫生间 ·选择合用的便器
感知能力	内外感知协调是及时准确完成动作的保障，感知能力下降、信息减少可造成多种危害。 ·内部感觉下（机体感觉、平衡感觉） ·外部感觉下（视觉、听觉、嗅觉、体表冷热痛感觉）	·容易跌倒 ·容易发生意外 ·发生意外容易处置不当 ·怕温度突变	·建筑环境和家具布置简洁、明确，易于分辨 ·家具布置保持良好秩序不随意变更 ·走廊楼梯等夜间经过处设脚灯 ·煤气灶具设置报警器和自动熄火 ·火灾报警设声光双重信号 ·可触及范围的暖气管、热水管作防止烫伤处理 ·适宜的采暖温度
心理和精神	·不适应退休后社会角色转变而有失落感 ·不适应迁居后的新环境 ·生活方式定型化		·充实的交流空间 ·容易走出家门 ·容易来访和接待 ·电话、有线电视、宽带入户

续表

变化项目	自身功能特征性及相关影响	居住环境及其配备
其他	·急病以及紧急事故	·紧急呼救和报警 ·担架通道及人员疏散 ·防范 ·将重点保护对象纳入应急预案

（资料来源：高宝真，黄南翼．老龄社会住宅设计 [M]. 北京：中国建筑工业出版社，2006.）

1. 功用性

要充分考虑老年人使用助行器、轮椅的情况，控制地面的高差，避免错层等设计，使老人能自由地在住宅内活动。家具、器具和设备配置也需要相应符合老人的特点，便于老人使用和操作。这些援助性器具可以给大多数老人很多协助，使之保持一定的自理能力。要更好地了解老人使用辅助器械生活的情况，我们需要增加对这些器械的认识（图 6-1，图 6-2）

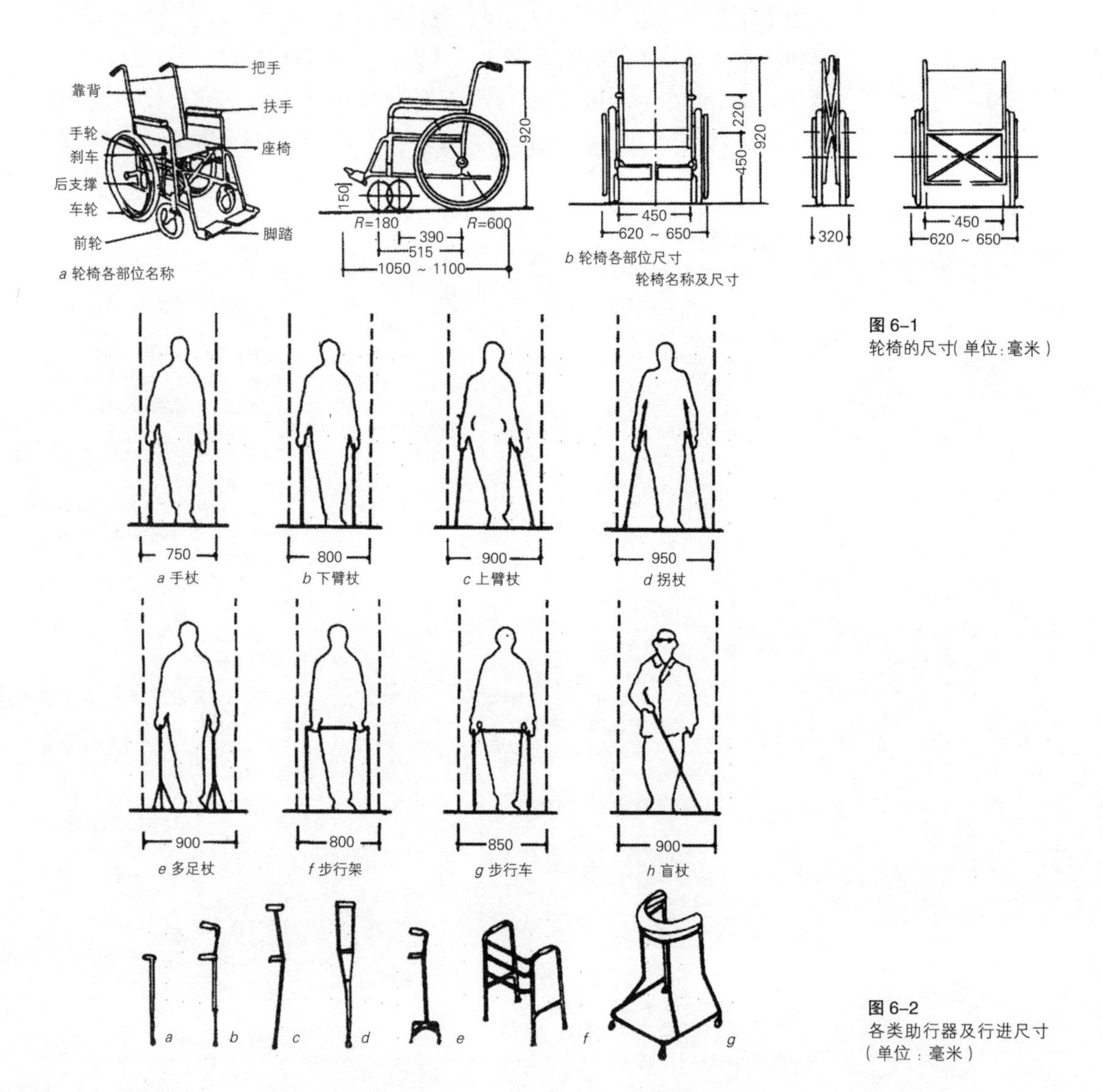

图 6-1
轮椅的尺寸(单位:毫米)

图 6-2
各类助行器及行进尺寸（单位：毫米）

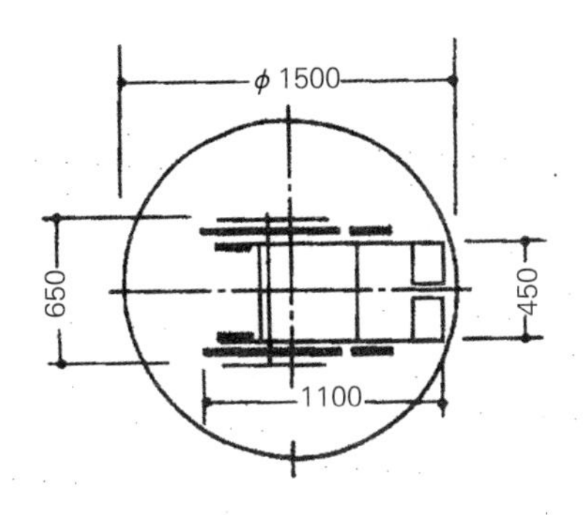

a 轮椅旋转最小直径为 1.5 米

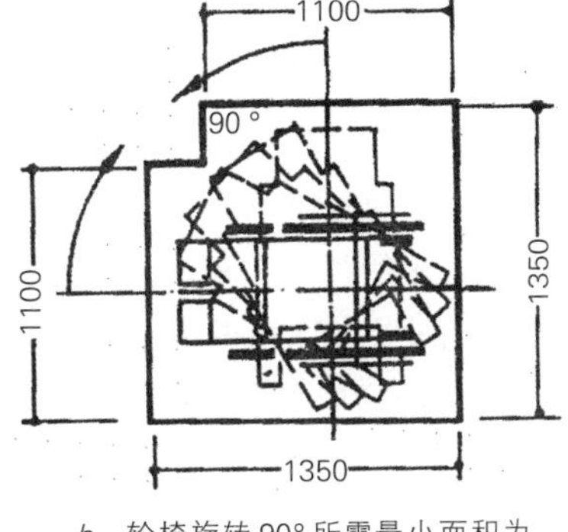

b 轮椅旋转 90° 所需最小面积为 1.35 米 ×1.35 米

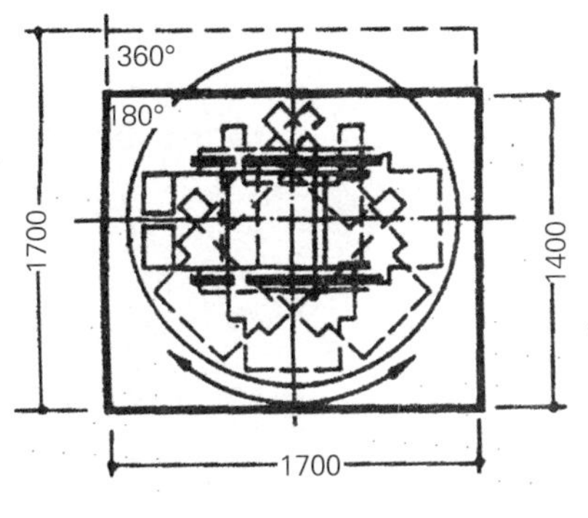

c 以两轮中央为中心，旋转 180° 所需最小面积为 1.4 米 ×1.7 米

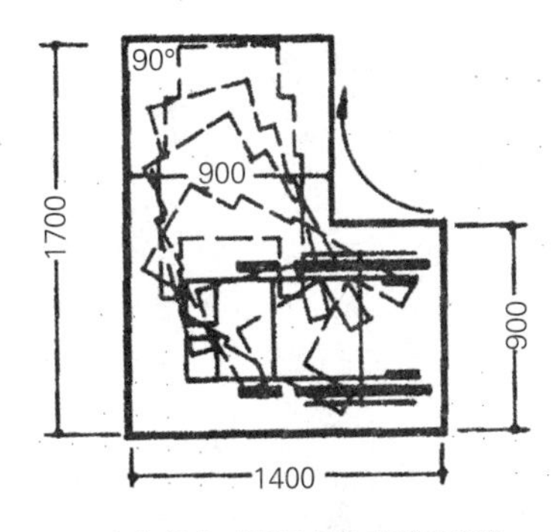

d 直角转弯时所需最小弯道面积为 1.7 米 ×1.4 米

图 6–3
轮椅转弯需要的尺寸

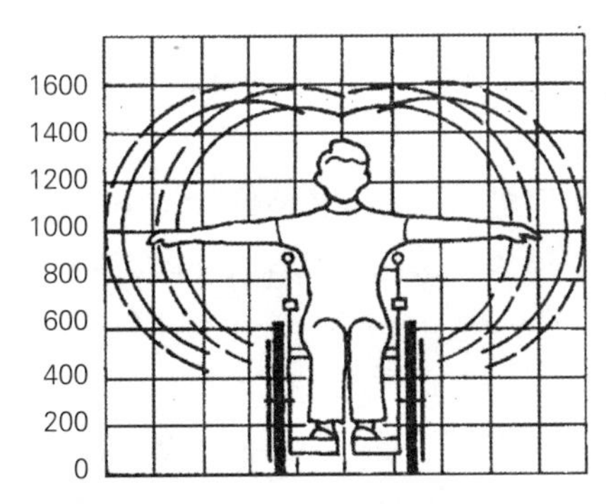

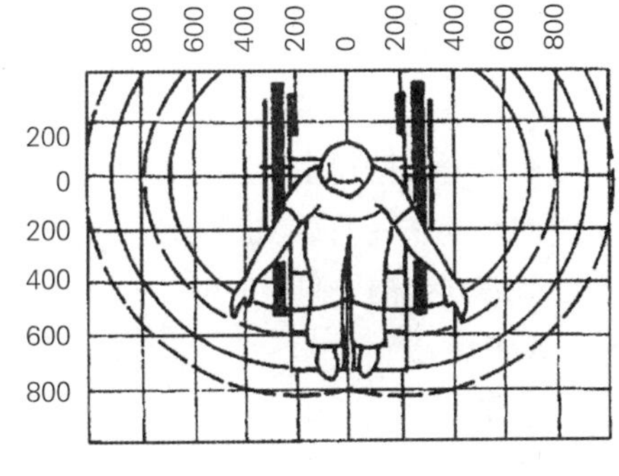

- 实线表示女性手所能达到的范围；
- 虚线表示男性手所能达到的范围；
- 内侧线为端坐时手能达到的范围；外侧线为身体外倾或前倾时手能达到的范围。

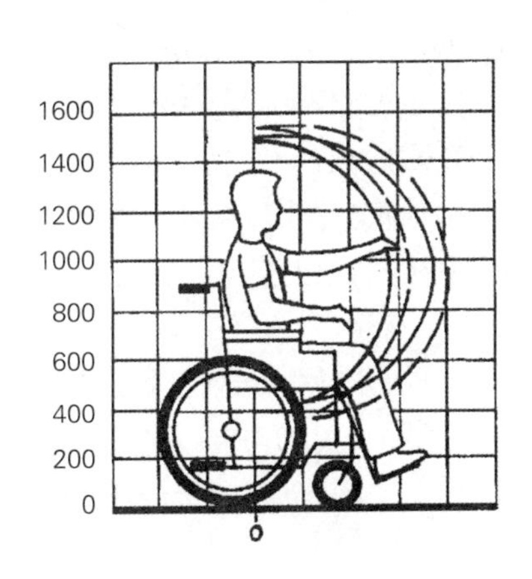

图 6–4
乘坐轮椅者上肢能到达的尺寸（单位：毫米）

要给护理人员或家人留有护理空间，特别是卫生间和卧室，保证老人生活需要和护理老人时所需的空间。

2. 安全性

老年人的身体机能会随着年龄的不断增长而逐渐衰弱，感知能力下降。正常人使用的住宅内总会存在一些不适合老人的因素，保证安全是适老化住宅中需要高度关注内容，并应积极采取相应措施。特别是地面材料要求防滑，要排除门槛和做好高差的处理；在卫生间或协助老人用力的地点，要安装扶手，门最好改为推拉式的。要用鲜明的色彩和照明，以提醒老年人注意。（图 6-5，图 6-6）

图 6-5
入户门外赋予个性的颜色便于老人找到自己的家（左）

图 6-6
在桌角边缘示以鲜明颜色，以防茶杯未放到位而跌落（右）

在紧急、危险的情况下，或在老年人判别力、行动力减退的情况下，安装警铃能方便及时地或自动地发出警报，以使老人能得到帮助。

3. 健康性

要让老人的居室、厕所、浴室、厨房容易清扫，保持清洁。老年人在室内的时间长，所以特别要考虑到日照、通风、采光和换气，让起居生活空间能照到太阳，阳台要便于老人作室外的活动。

4. 私密性

老年人害怕孤单是一个普遍的现象。在不断创造机会加强社会交往之外，还应充分注意老年人生活的隐私。当老年人和孩子夫妻两人或一家同住时，既要创造一个未被疏远的感觉，同时又要充分注意老年人生活的隐私。通常出现的二代居的模式就是既保留了老年人的独立居住部分，同时又加强了联系和年轻一代对老人的关怀和照顾。这类住宅中不仅保留了一些家庭共用的部分，也还有老人独立使用的部分。即使到了年老高寿时，也应当保留一个自己的空间，并适当保留更方便家人提供照顾的地方。

5. 灵活性

老年人从独立性老化阶段到相对独立性老化阶段再到依赖性老化阶段，有二十多年的时间跨度，老人生理将由健壮到衰老，住宅的设计应当考虑到老人的需求，做好潜伏设计，便于增添设备、设施等改造工程以及时为老人提供协助，延缓老人的“衰老”过程。

6.2 适老化住宅共用部位设计

住宅共用部位的适老化设计，例如无障碍设计常常被错误地认为仅针对少数残障人和老年人，因而常常把无障碍设计看成是负担。在高龄化已经如此严峻的社会，实际上应该作为设计的基本准则来对待，设计师在设计时需要考虑的主要是如何对所有使用者全面的平衡问题，以免导致对一般用户使用时造成的不便。

6.2.1 住宅出入口

住宅出入口的设计原则是易识别性和安全性。

一般住宅有多个单元出入口，各出入口均应设置醒目、易于辨识的标识，如在出入口的造型或色彩上有所区别，提供明显的标志线索，增强识别性，避免因外观的重复导致老人在寻找家门时感到混淆。当住宅底层作商业用房、停车场等非居住使用时，这些附建公共用房的出入口与住户单元出入口应分开布置，避免不同去向的人流相互交叉对老人造成冲撞。

老年住宅单元出入口的平台要满足轮椅转圈、多人停留以及多人交叉通行的要求，还要考虑单元门开启时占用的空间。因此在保证轮椅回转所需的 1.5 米直径基础上，还应适当扩大，建议出入口平台进深方向的尺寸不应小于 1.8 米。（住宅设计规范中 6.6.3 条：七层及七层以上住宅建筑入口平台宽度不应小于 2 米。）另外，为方便老人使用，出入口平台可设置休息座椅或暂放物品的平台（图 6-7）。

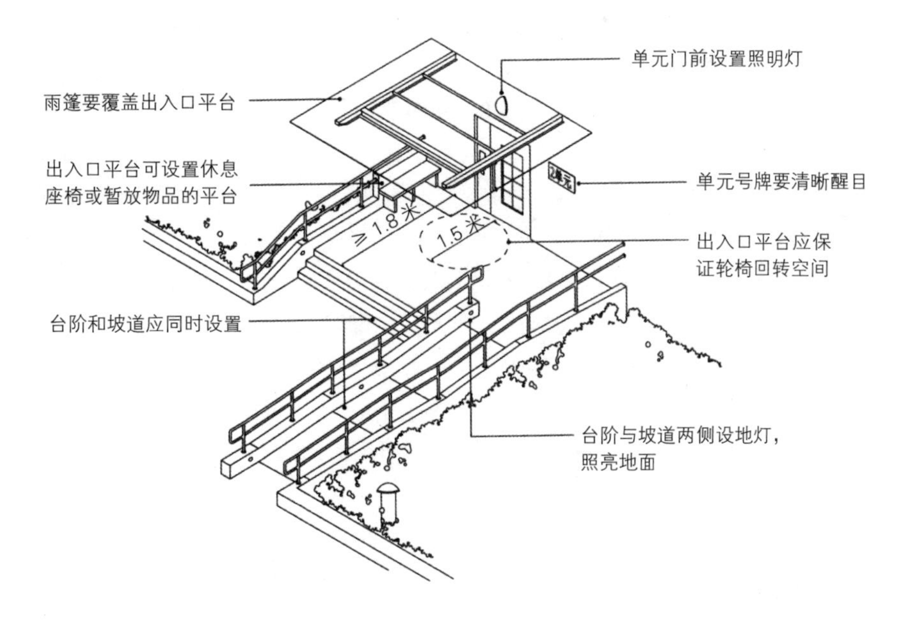

图 6-7
住宅单元入口（图片来源：周燕珉等，老年住宅 [M]. 北京：中国建筑工业出版社，2011）

单元出入口平台上方须设置雨篷。雨篷最好能够覆盖到坡道，雨篷挑出平台长度应覆盖整个平台，并宜超过台阶首级踏步 1 米以上以方便老人在雨雪天气时上、下车和使用坡道的方便和安全。

单元出入口内外应设置照度足够的照明灯具，让老人能够清楚地分辨出台阶、坡道的轮廓。还宜在单元门旁设置局部照明，便于老人在夜晚自然光线减弱时也能看清门牌号及门禁的操作按钮。

1. 室外台阶

室外台阶踏步的高度宜为 1.3 米～ 1.5 米，深度不应小于 0.3 米（图 6-8）。台阶两侧应设置连续的扶手。台阶侧面临空时应设置向上凸起的侧挡台，以免老人使用拐杖等助行器时不慎将拐杖头端滑出台阶侧边，造成危险（图 6-9）。台阶踏步的前缘可采用与踏步色彩反差较大的颜色的防滑条作为高差提示，鲜明地勾勒出踏步转角的轮廓，以方便老人识别踏步的转折变化。

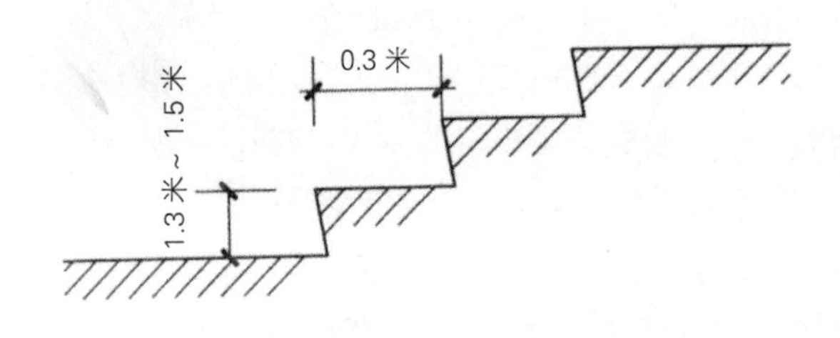

（图片来源：周燕珉等．老年住宅 [M]. 北京：中国建筑工业出版社，2011）

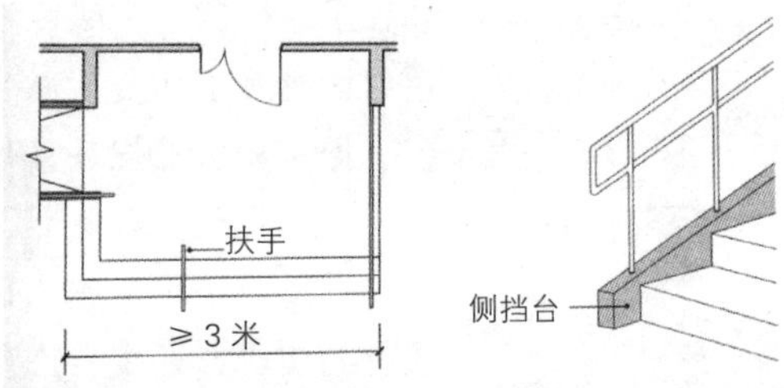

（图片来源：周燕珉等．老年住宅 [M]. 北京：中国建筑工业出版社，2011）

图 6–8
室外台阶踏步的尺寸要求（左）

图 6–9
总宽大于 3 米时增设扶手，侧面临空时设侧挡台（右）

2. 室外坡道

坡道的位置应在从小区道路到单元出入口的步行流线上，避免因坡道设置不当而造成绕行。同时设有坡道和台阶时，两者宜邻近布置，且起止点相近，以方便使用者作出选择。

有时因用地条件限制，坡道的坡度不能满足规范要求，也不应放弃设置坡道，因为至少可以为一般人搬运重物减轻负担和为有人推行的轮椅者提供方便。当坡度≥ 1/8 的坡道时，须设置醒目的提示牌，告知轮椅使用者坡道的特殊性。

坡道与台阶并用时，坡道净宽应保证在 0.9 米以上，通常为 0.9 米～ 1.2 米。坡道宽度能保证一人搀扶另一人行走即可。住宅单元出入口处人流量不会太大，因此坡道也无须过宽，以免占用过多场地。室外坡道的坡度不应大于 1/12。① 过陡的坡道不仅使轮椅使用者体力消耗过大，也会增加危险性（图 6-10）。坡道坡度小于 1/20 时，轮椅使用者较为省力。坡道每升高 0.75 米或长度超过 9 米时，应设休息平台。在上行时可为使用者提供短

① 老年人居住建筑设计标准（GB/T 50340—2003）[S]. 第 3.6.1 条．

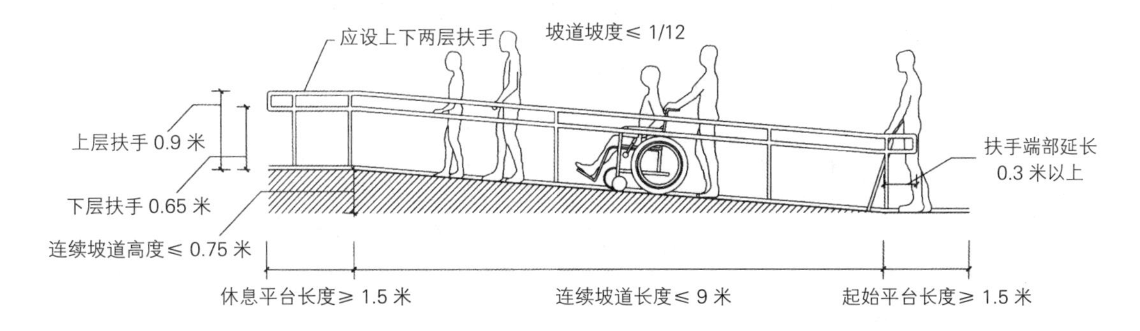

图 6–10
坡道的基本尺寸要求

暂的休息，避免体力不支；下行时可作为缓冲，避免轮椅速度过快而发生危险。休息平台的深度不应小于 1.5 米。

当平台与建筑出入口相连时，应再留出开启单元门的退让空间。坡道两侧应设置连续挡台，防止拐杖等助行器滑出坡道侧边，造成身体倾倒。坡侧挡台高度不宜小于 0.05 米，也可适当加大扶手栏杆与坡道边缘间的距离而起到相同保护作用。

坡道与台阶因为已经离开入口一定的距离，特别是坡道距离更远，至少应在一侧挡台设置地灯。

坡道与台阶的面层应该要有比较好的防滑性能，不仅是在平时能防滑，而且要考虑到在雨天也能起到防滑作用。

6.2.2 公共垂直交通

1. 公共楼梯

在中高层和高层住宅中由于配有电梯，公共楼梯仅作为紧急疏散使用，老人一般不走，其尺寸大都按照住宅规范要求设置。但在低层和多层住宅中，公共楼梯既是疏散楼梯也是常用的通行楼梯，考虑到老人的使用要求，需要适当降低踏步高度，增加梯段宽度，为老年人上行楼梯减轻负担。

住宅公共楼梯梯段的通行有效净宽《老年人居住建筑设计标准》（GB/T 50340—2003）第 4.4.1 条认为不应小于 1.2 米，以满足在两个人相互搀扶的情况下通过（图 6-11）。但是目前现行的《住宅建筑规范》（GB 50368—2005）和《住宅设计规范》（GB 50096—2011）对普通住宅的楼梯段的净宽均为 1.1 米，六层及以下的楼梯段的净宽可为 1 米，两者要求相差较大。从人体的数据分析和实际使用情况包括家具搬运情况来看，公共楼梯梯段的通行有效净宽不宜小于 1.1 米。但楼梯平台净宽不应小于楼梯梯段宽度，且不得小于 1.2 米[①]，宜达到 1.3 米。最好能在楼梯中间平台外墙处设置可自动收起的折叠椅子为老年人提供休息停留的地方，较深的楼梯平台也有利于救护担架的通行和搬家时的家具进出。两梯段中间不宜设置实墙，以防上下楼梯转弯时因不能看到对面的来人而发生冲撞，也不利于担架转弯。

① 老年人居住建筑设计标准 GB/T 50340—2003[S]. 第 4.4.1 条 .

梯级长度最好不要超过 10 步，楼梯扶手两侧设置双重高度的扶手，即高 0.9 米和 0.65 米两种，后者是为身材矮小或不能直立的老年人使用（图 6–12），平时也可为儿童服务。扶手在平台处应保持连续，扶手的结束处应超过出楼梯段 0.2 米 ~ 0.3 米。扶手端部应有明显的暗示其结束（图 6–13）。扶手宽以 0.03 米 ~ 0.04 米为宜。扶手与墙体之间应有 0.035 米 ~ 0.04 米的空隙。扶手材料宜用手感好、不冰手、不打滑的材料，木质扶手最适宜。踏步高度也应适当降低一些，便于老人上下省力，通常不宜超过 0.15 米[①]。踏步宽度宜用 0.27 米 ~ 0.28 米，以便老年人双脚站立，暂停休息片刻。踏步前缘应有防滑处理，踏步的沿口不应突出，稍许突出的部分应做成圆角，以防勾绊（图 6–14）。楼梯及坡道上下两端 0.5 米 ~ 0.6 米的地面上应有明显的暗示作为警告，以方便视力不好的老年人。暗示可以是色彩标记或地面材料纹理的改变。

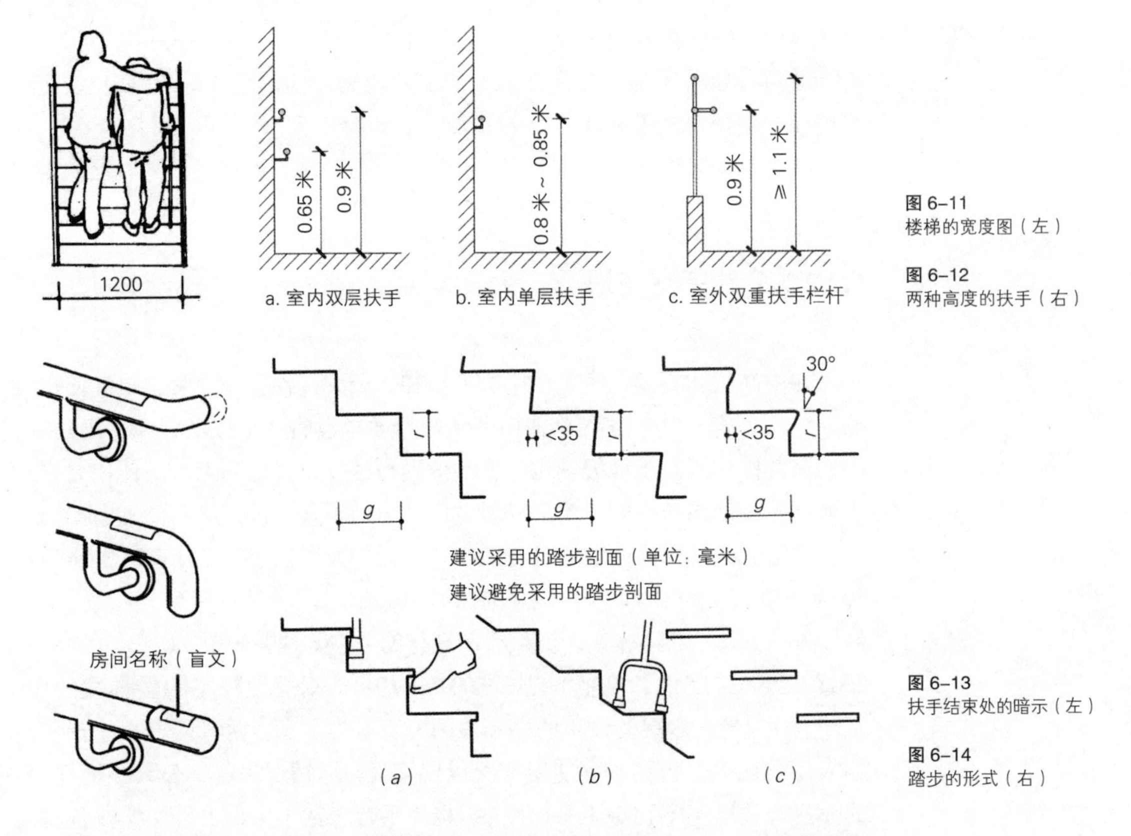

图 6–11
楼梯的宽度图（左）

图 6–12
两种高度的扶手（右）

图 6–13
扶手结束处的暗示（左）

图 6–14
踏步的形式（右）

住宅的楼梯间宜尽量争取对外开窗，可保证楼梯间内有一定的亮度和通风条件。楼梯间除了要布置充足的灯具照明外，在踏步及休息平台处还应设置低位照明，使梯段踏步轮廓分明，易于辨识。最理想的方式是设置脚灯。

① 老年人居住建筑设计标准 GB/T 50340—2003[S]. 第 4.4.6 条 .

2. 电梯

随着社会经济的发展，近些年新建的多层住宅也越来越普遍，住宅安装电梯为住宅适老化迈出了一大步，解决了“悬空老人”的问题。如果进一步探讨适老化问题，可以发现，不仅是有无还牵涉电梯的型式问题。

电梯型式的选择会涉及公摊面积、投资等因素。为了节省公摊、开支，大多数开发商在电梯上普遍采取“能省就省”的策略。目前大量采用的电梯一般为载重量为 800 千克的电梯，也有部分采用载重量为 630 千克或 900 千克的电梯。其相应的载客人数分别为 10 人、8 人和 12 人，常规的轿厢宽 = 深分别约为 1.4 米 *1.35 米、1.4 米 *1.1 米、1.6 米 *1.35 米，其井道宽 * 深分别约为 1.9 米 *1.95 米、1.9 米 *1.75 米、2.1 米 *1.96 米。老人生病概率大，担架进出电梯受制于电梯轿厢的大小，会有“电梯短、担架长”所带来的医疗急救隐患问题。目前的急救担架不管患者病情如何，要想利用电梯下楼，患者往往必须被“绑”到担架上，“立”着下楼。根据 2012 年 8 月 1 日起正式实施的《住宅设计规范》GB 50096—2011，12 层及 12 层以上的住宅，每幢楼设置电梯应不少于两台，其中应设置一台可容纳担架的电梯。将 1999 年版的《住宅设计规范》中“宜设置”改为“应设置”表述，一字之差，使可容纳担架的电梯成了强制安装设备。然而新规范虽然提出了关于担架电梯的要求，但具体对于担架电梯的尺寸和模式并未做出规定，而且绝大多数电梯厂家也没有专门用于住宅的担架电梯，导致设计无所适从，不同观点交锋颇多。但问题的暴露也促使不同行业投入更大的力量来共同攻克难题。

（1）对于既存电梯，担架厂家推出的产品在两方面进行了尝试。如针对不同病人上半身坐起或下半身垂下的“折叠担架”（图 6-15）；根据病人身高可调整的“可伸缩铲式担架”，尺寸为 1.2 米 *0.44 米 *0.09 米，打开时的长度在 1.67 米 ~ 2.03 米之间（图 6-16）。

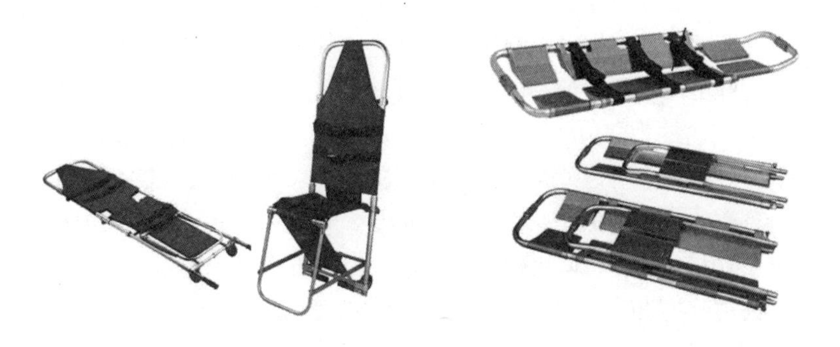

图 6-15
折叠担架（左）

图 6-16
铲式担架（右）

担架厂家以担架的灵活性来“迁就”既有的轿厢，但可伸缩铲式担架最终逃脱不了人被“绑”到担架进电梯“立”着下楼的套路。从医学角度来看，可伸缩铲式和折叠担架并不适宜脑出血、心脏病突发、心梗、腰椎骨折等情况急救。即使非此类病人，当病人病情严重时，还需要以坐姿或半卧的姿势被“绑”到担架上，这不仅缺乏人性化考虑，也可能因为使用不方便而降低了急救效率。

（2）电梯厂家通过常规设计和创新设计也推出了两种不同方向的产品。

一般电梯公司对电梯轿厢进行特别设计，推出载重量为900千克，1050千克的电梯，轿厢宽*深分别为1.1米*2米、1.1米*2.1米，井道宽*深分别为2米*2.365米、2米*2.465米。

个别电梯公司进行了专门研发，如铃木电梯推出了专利产品[①]，它是一款带隐藏折叠式急救担架车的住宅电梯，特点是电梯自带一个轿厢尾厢，内配折叠式长度为1.9米的急救担架车，担架的一部分长度可以伸入尾厢，节省轿厢空间。但是它需要的井道尺寸也相应增加，普通电梯载重为1000千克时，电梯井道一般宽*深为2.1米*2米，但带尾厢的电梯井道尺寸宽*深仍需2.15米*2.15米。

电梯厂家以特别的轿厢设计来满足现行的担架，其目的是要“符合”规范的要求，也明显存在一些不足。窄面宽、大进深的电梯对担架使用合理，但在平时使用时则有所不便。当电梯处于运行高峰时（如每天早晨离家上班时间段或傍晚下班回家时间段），若有乘客要进入轿厢，则轿厢内的乘客须向轿厢深处避让才能保证后进入者所需的空间；若有乘客要离开轿厢，需费力地挤出轿厢。而带尾厢的电梯的问题在于，病人需要通过电梯上的折叠式急救担架的接驳才能到达急救车的担架，这对不宜多次搬动而有老年人易发的如脑血管、心脏病、骨折等疾病的患者的急救很不利，即使对普通的急救病人也会因多次搬动耽搁宝贵的急救时间。这种轿厢带尾厢的模式实际上只能是没办法的办法。

鉴于此，担架电梯还应加大产品创新力度。不管是国内还是国外，担架电梯目前均采用窄面宽大进深模式，使用状况并不理想。平时使用状况如上文所述，在需要使用担架运送病人时，担架两侧的剩余空间每侧距离仅为0.26米，也不利于医务人员站立并照顾病人。当然一味加大轿厢宽度会导致井道面积加大和额定载重量提高进而加大电梯能耗。已公开的专利名为“一种适用于担架使用的住宅电梯轿厢”[②]发明了一种新型担架电梯（图6-17），轿厢为六边形，轿厢后部为两侧切角形成斜边，而轿厢的前部为矩形，对重位于斜边处，当井道宽*深为2米*2.36米，载重量1050千克时，轿厢的净宽度为1.4米，净深度为2米。该电梯轿厢在平时使用时乘客进出方便，在需要使用担架运送病人时医务人员和担架工可以同时站立。在井道尺寸相对经济、合理的条件下，该电梯能克服传统轿厢面宽仅1.1米的缺陷，不失为一种创新。

作为一种适老化措施，建议对规范未规定的7层及11层住宅，设置的电梯宜为可容纳担架的电梯。该类住宅的住户在使用担架时往往会被窄小

---

① 铃木电梯（中国）有限公司．专利公开号102862879A，多功能电梯和附带急救担架床的多功能电梯及担架床[P].

② 姜立成．专利公开号103010867A，一种适用于担架使用的住宅电梯轿厢[P].

的电梯挡在门外，如果通过楼梯搬运难度比多层住宅要大得多。而从公摊面积和资金投入来看，比常规的电梯增加不多。因为两者区别仅在于电梯井道加深约 0.4 米，公摊面积增加约 0.9 平方米，而载重量也只增加 100 千克即采用 900 千克即可，价差约为 5%①；对其余设电梯的多层住宅最好也为可容纳担架的电梯。从设计角度而言，此类住宅一般一个单元只设一台电梯，技术处理很容易，住户在使用时不会有太大的差异感。

在设置可容纳担架的电梯后，从实际使用情况看候梯厅深度仍可为 1.8 米。《住宅设计规范》GB 50096—2011 6.4.6：“候梯厅深度不应小于多台电梯中最大轿厢的深度，且不应小于 1.5 米”。该条文与《民用建筑设计通则》GB 50352—2005 6.8.1 表述一致。究其源，条文的内容来自于《电梯主参数及轿厢、井道、机房的型式与尺寸第 1 部分：Ⅰ、Ⅱ、Ⅲ、Ⅵ类电梯》GB/T 7025.1—2008，该标准的技术内容和章节系按照国际标准组织 ISO/DIS 4190—1：2007 进行制定，其出发点在于，考虑平时人员、家具搬运、残疾人轮椅、担架使用等因素，但国际标准没有考虑国情的不同，譬如人种的差异而导致的家具、担架尺度的不同。国际标准的优点是比较成熟，但也不能盲目等效采用，尤其是住宅这种量大面广而且对公摊面积敏感的项目更应慎重；更何况住宅是比较特殊的建筑类型，

人流的同时系数和每层人流的集中度远远低于公共建筑。按规定，如果担架电梯轿厢进深为 2 米，则意味候梯厅深度不应小于 2 米，这会造成比较大的面积浪费。据笔者模拟分析，无障碍设计要求的候梯厅深度 1.8 米已经可以满足 0.58 米 *1.95 米的担架进出电梯（图 6-18）。实际上，杭州市建委在落实担架电梯时曾组织省、市专家论证，也认为候梯厅深度不小于 1.8 米是可行的并行文公告②。

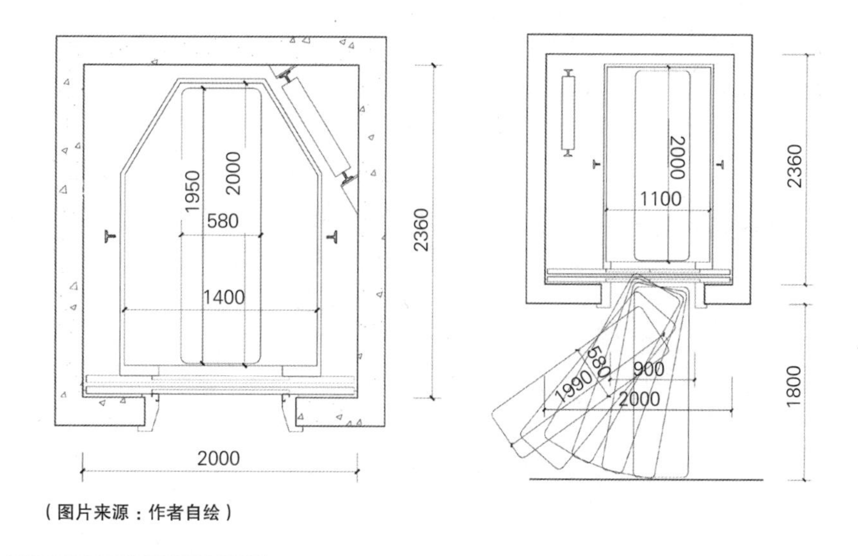

（图片来源：作者自绘）

图 6-17
六边形住宅电梯轿厢（单位：毫米）（左）

图 6-18
候梯厅 1.8 米担架进出模拟（单位：毫米）（图片来源：作者自绘）（右）

① 姜传鉷等 . 住宅用担架电梯设计探究 [J]. 建筑与环境，2013（03）.
② 杭州市建委，杭建设函（2012）104 号

6.2.3 公共走廊和扶手

1. 公共走廊

连接住宅的走廊布局要简短直接，一目了然，有明显的方向性，过于曲折的走廊既不利于担架通行，也容易让老人迷失方向，产生不安感。为保证一辆轮椅和一人侧身通行，公共走廊的净宽不得小于 1.2 米[①]，公共走廊的有效净宽应按扶手中心线等凸出物之间的距离计算。走廊墙面的阳角转弯处宜做成圆弧或切角，有利于轮椅通过。走廊的地面材料应防滑，以防止老人摔跤。

目前很多小户型的高层住宅的走廊由于面积计算的原因设计为开敞走廊（图 6-19），这种走廊很容易受雨雪或侵入的雨雪结冰影响，走廊的地面材料即使防滑也很容易使人摔跤，宜对容易飘雨的外侧进行处理，如增设具有一定宽度的金属格栅等。比较彻底的解决办法为对电梯、楼梯进行分置设计（图 6-20），增加的公共面积不多，但使用的舒适性、私密性和安全性大大提高，此处的开敞走廊仅会在紧急状态下才被使用。

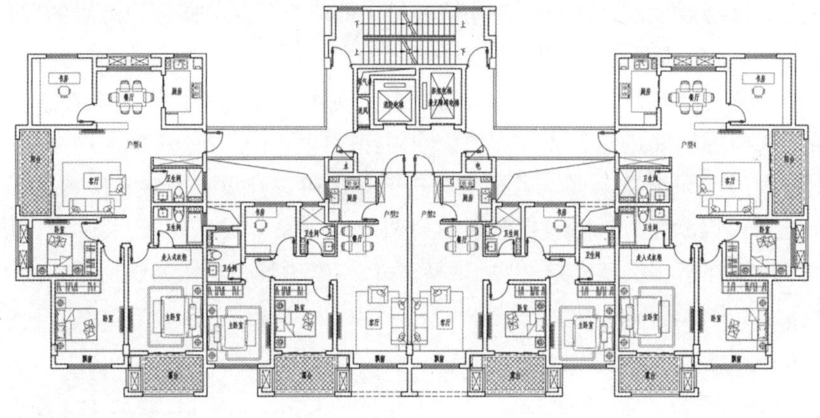

（图片来源：作者自绘）

图 6-19
交通核心筒集中

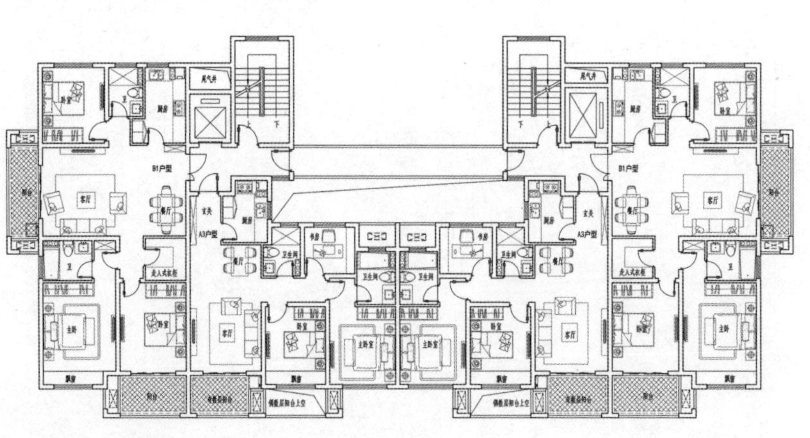

（图片来源：作者自绘）

图 6-20
交通核心筒分置

① 老年人居住建筑设计标准 GB/T 50340—2003[S]. 第 4.3.1 条 .

2. 扶手

随着老人身体机能的退化，行进、弯腰、下蹲、起身等动作，对他们来说会变成困难，因此需要在一些必要的位置设置扶手，以辅助老人行动。根据功能不同，可将扶手分为 3 类。

（1）动作辅助类扶手。通常设在卫生间的坐便器、浴缸旁墙面上和门厅等处，协助老人安全完成起坐、下蹲或转身等动作。

（2）步行辅助类扶手，主要设于长距离的通行空间和存在高差变化的位置，如候梯厅内或公共走廊、楼梯间及坡道两侧。

（3）防护栏杆类扶手，主要设在外廊的一侧临空面或阳台、露台处，防止人失足跌落。为缓解老人的恐高感，可在栏杆前加花池（图 6-21）。

户内动作辅助类扶手可以根据其业主的生活需要再决定是否安装，没有必要强制性统一设置。

楼梯间目前规范只要求一侧安装，公共走廊没有要求。为确保合理使用，楼梯间和公共走廊两侧宜均设置扶手。楼梯间和公共走廊如果有条件，最好扶手能连通。

住宅公共空间内的走廊和楼梯扶手最好设置为上下两层，保证站立行走者、坐轮椅者及儿童都能方便地使用。上层扶手高度约为 0.9 米，下层扶手宜为 0.65 米。当仅设置一层扶手时，0.9 米不太容易能辅助老人完成从坐姿向站姿的多种转换又可兼顾站立时拉扶的使用要求。

对于扶手本身和安装的尺寸目前没有规定，但由于消防对净距认定通常是从扶手本身的中心线计算，因此为了“过关”，经常会导致一些有违常理的设计，我们在设计时应通盘考虑安装两侧扶手所需的尺寸以保证楼梯间、走廊的通行净宽。目前各种资料通常建议扶手内侧距离墙面 0.04 米～0.05 米；扶手的界面直径不宜过大，一般为 0.035 米～0.045 米以便于手掌全握（图 6-22）。

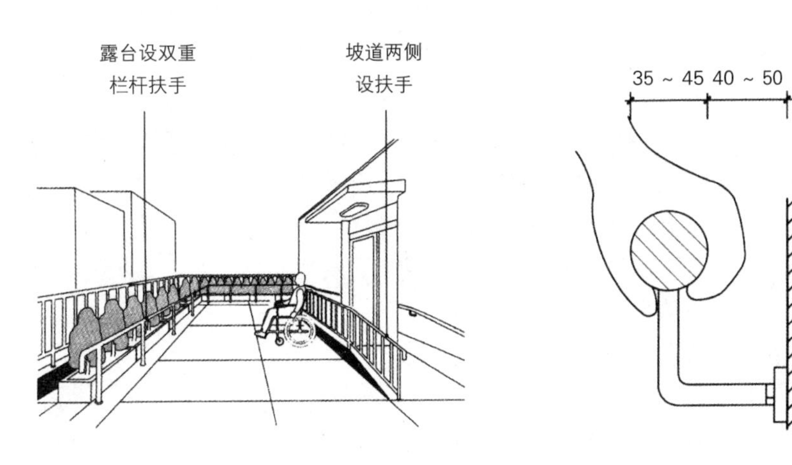

（图片来源：周燕珉等. 老年住宅 [M]. 北京：中国建筑工业出版社，2011）

图 6-21
高层顶防护栏杆及扶手示意（左）

图 6-22
室内扶手的截面尺寸和距墙间距（单位：毫米）（右）

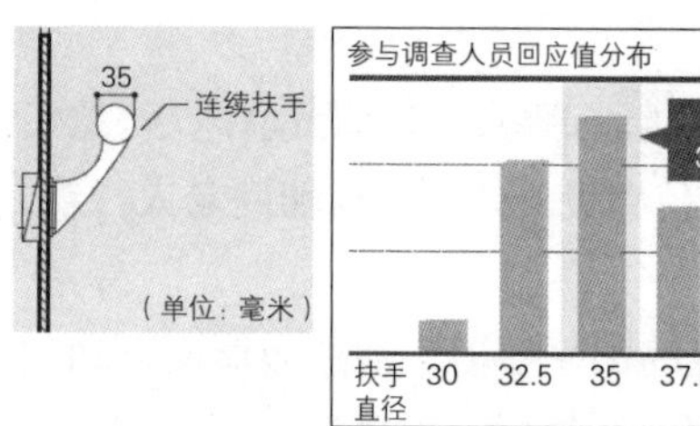

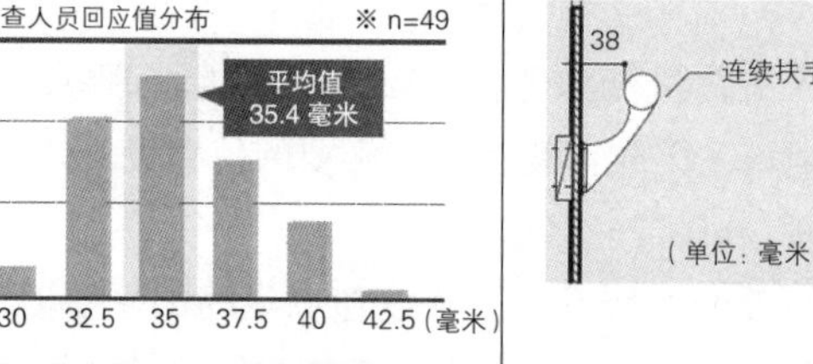

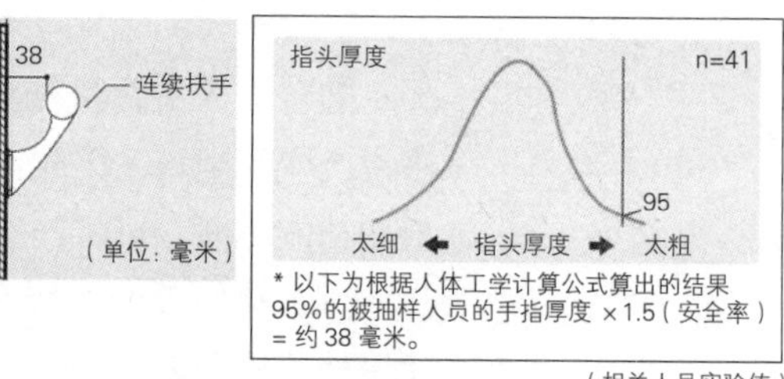

图 6-23
室内扶手的截面尺寸（左）

图 6-24
室内扶手的距墙间距（右）

日本有资料认为：假如选择圆形扶手，最人性化的直径为 0.035 米。扶手直径太宽难以把握，相反直径太细给人不安的感觉，根据调查采样评价结果，圆形扶手以 0.035 米为最适宜设计（图 6-23）；安装两侧扶手所需的尺寸，根据实验者 95% 手指的厚度分布数据，扶手和墙壁的间距 = 手指直径 *1.5（安全率）=0.038 米（图 6-24）①。

公共部位杆体宜为钢制或铝制等有一定厚度的中空型材，户内杆体则多为木质。

6.3 适老化住宅套内设计

6.3.1 住宅套型设计原则

在住宅内的日常生活中，能够便利而自由地进行活动和舒适地生活是很重要的。因此需要在设计初期就采取措施，以便居住者在身体机能出现某种程度的降低之后，依然能够自由地活动，并且确保一个简明而安全的流线，为将来可能通过步行辅助用具及护理轮椅在住宅内的活动作准备，这在帮助老年人生活自立方面也具有重要意义。这意味着设计应该遵循以下三个原则。

1. 就近原则

房间的布局应考虑老人日常生活中的活动重心和使用频率等因素。一般老人日常生活中的活动重心夜间是卧室，白天则是起居室，此外，厕所的使用频率会比年轻人高。因此，①老人的卧室与卫生间应就近，如果条件许可，老人卧室内宜设卫生间；②餐厅与厨房应就近。既可以减少老人行动距离，同时又避免端热汤等容易烫伤的情况；③起居室和阳台应就近。阳台为老人晒太阳、观景、做洗衣家务等提供了很好的场所，是起居室的空间延伸。两者的就近设置有利于老人使用。

2. 无障碍原则

无障碍内容包含两方面基本内容。

（1）控制地面高差。

卫生间、厨房和其相邻的空间为了防水和不同地面铺装材料的过渡，一

① 网络资料：Zolo，https://zhuanlan.zhihu.com/p/20580714.[OL].

般采用少于 0.015 米的高差并用小斜坡衔接，对使用不会有大的影响。比较难处理的是入户门、阳台门的高差处理。由于要考虑到门的密闭性，一般设有门槛。特别是入户门还要考虑到防火防盗，它的门框尺度比较大，同时室内侧的地面由于业主的不同，对构造的选择相差很大，因此有些住户的高差会达到 0.05 米～ 0.08 米（图 6-25）。如果今后住宅采取精装交付，入户门高差可以控制在 0.03 米。在住户还没进入老年阶段，使用上影响不大；当行动需要辅助器械是就有一定的难度，只能用斜坡采取一些过渡的措施（图 6-26）。

图 6-25
入户门的门槛（左）

（图片来源：作者拍摄）

图 6-26
门槛的过渡（右）

（图片来源：作者拍摄）

（2）按照现行规范要求，卧室和起居室、厨房、卫生间和阳台的最小门洞为 0.9 米、0.8 米、0.7 米，他们对应的净尺寸分别约为 0.77 米、0.67 米、0.57 米。目前一般常规设计中卫生间和阳台门洞通常也采用 0.8 米，这个尺度对轮椅进出难度很大，特别是对于 90 度转弯几乎不可能。由于在一般的普通住宅中卫生间和厨房往往通过走道进出，特别是卫生间，90 度拐弯不可避免。因此，为了适老化，房间门洞尺寸不宜小于 0.9 米。

3. 日照原则

老人由于白天居家时间长，对于日照的要求比较强，同时适当的日照也有利于延缓老人的骨质老化。设计最好安排起居室和拟定的老人卧室朝南，如果条件所限，应优先保证卧室朝南。值得考虑的是，朝东、朝西也是值得利用的日照资源，但在南方地区夏季应做好防晒措施。

6.3.2 住宅门、窗设计

1. 住宅门的适老化要求除了上文所述的门洞尺寸和高差外，还应便于开闭操作。轮椅老人使用平开门时，轮椅踏脚板会占用一定空间，所以应在门扇开启侧留出不小于 0.4 米的墙垛[①]，使乘坐轮椅的老人能侧向接近门把手，完成开关门的动作。墙垛的宽度越大，轮椅的使用者越方便。当空间局促时，只能利用其他办法解决，如借用近旁其他房间的门开启后的空间，使轮椅接近门把手；或者使用感应方式进行开启。

门的把手应选用旋转臂较长的拉手，不应采用球型把手，拉手长度宜小于 0.1 米，拉手高度宜在 0.9 米～ 1 米之间。

2. 适老化的住宅中老人房间窗的设计要求是：①保证充足的采光。充

① 老年人居住建筑设计标准 GB/T 50340—2003[S]. 第 4.3.4 条 .

图 6-27
窗台高度对应视线需要

足的采光、明亮的居室对促进老人的身体健康和改善心理状态都十分有益，因此窗户宜比一般房屋宽大。起居室、卧室宜尽量选择南向、东南向开窗以充分利用日照条件。利用东西向日照，但应避免东西向窗日光直射。提高窗上沿高度可增加进光深度，对进深大的房间有改善采光质量的效果。②合理组织通风。设计门窗时应注意开启扇与户内门及其他门窗洞口的相对位置关系，组织好室内通风流线，尽量避免室内出现通风死角。宜采用复合开启式窗扇调节风量，既可以平开也可内、外倒开，当老人平时使用时，可将窗扇向内平开，保持室内良好的通风，当老人休息时，可采用上部内倒式开启，将进入室内的气流导向较高处，避免直接吹向老人身体。

根据老年人的身高，推算出其居室窗台高度最好在 0.75 米左右，老人可坐在窗前看到室外情况，如考虑长期卧床的老人坐在床沿观望室外的需要，窗台还应放低到 0.4 米 ~ 0.45 米，这样平卧时也能看到街道的上部景色。与此同时在离地 1.1 米 ~ 1.5 米范围内不宜设窗棂、护栏等构件，使老人的视线不受阻挡（图 6-27）。

老人卧室的窗户宜避免采用飘窗设计，窗子的执手和锁具宜安装在窗户下侧起不超过 1/3 窗高处。老人由于机能的衰退已经不适合做爬上爬下的动作，同时手臂力量的衰减不适合举臂使劲。

6.3.3 老人卧室设计

老年人在自己的卧室内停留时间比普通人长，随着年纪的增长，卧室内待的时间会越来越长。因此老年人卧室应有充足的阳光、良好的室外景观视野和有效的室内通风。有条件的提倡在老人卧室设置封闭阳台，供老人在卧室内晒太阳。

老年卧室的大小应满足放置基本家具和必要的交通及活动空间的要求，也需考虑需要护理时的空间。建议单床间净面积 10.5 平方米，双床间 16 平方米 ~ 22 平方米（欧美标准是单床间 14 平方米 ~ 24 平方米，起卧分室套间 33 平方米 ~ 42 平方米）（图 6-28）。老人由于在卧室时间长，面积上不宜压缩。老年人床高采用 0.45 米，床两边应有 0.6 米宽的空间；床头或在床侧应设呼救系统（图 6-29），保证老人躺在床上伸手可及；床头柜宜略高一些，可设置明格或者抽屉，便于老人看清、翻找收纳的物品；老人卧室进口处不宜形成狭窄的拐角，防止急救时担架出入不便；双人卧室的面

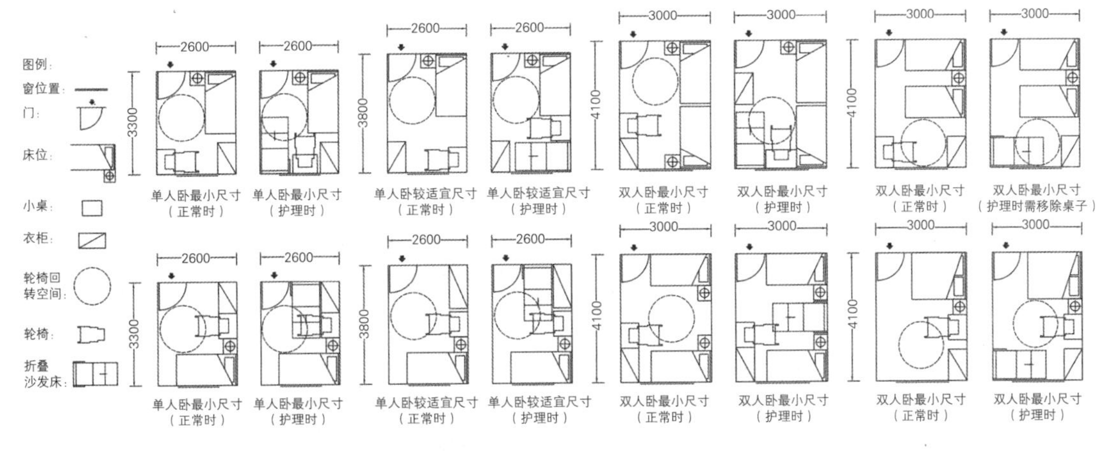

图 6-28
单人卧室和双人卧室最小尺寸布置（单位:毫米）（上）

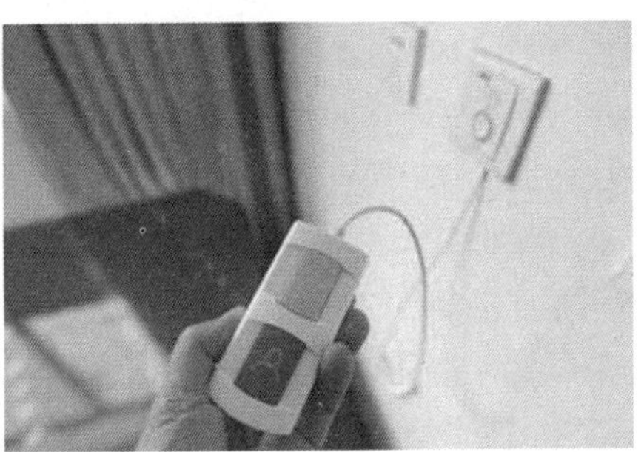

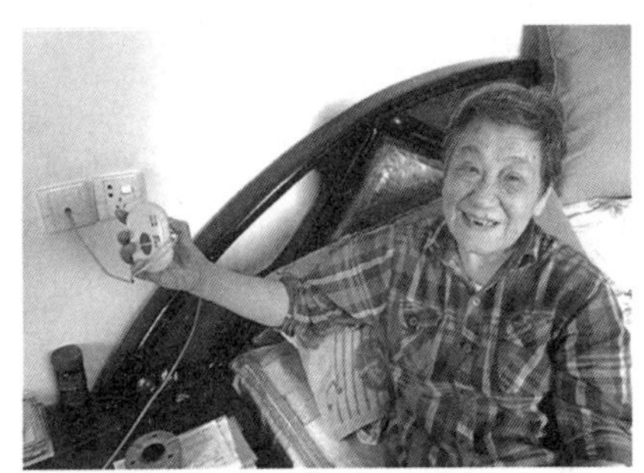

图 6-29
老年家庭呼救器、老年住宅床头呼救器（下）

宽净尺寸应大于 3 米，建议进深净尺寸不宜小于 4.1 米，以便轮椅进出；单人卧室面宽净尺寸应大于 2.6 米，进深净尺寸不宜小于 3.3 米 ，即使是单人卧室也建议进深净尺寸大于 4.1 米，实际上比普通卧室进深略大。主要出于两方面考虑：一方面可以为轮椅转圈留出足够空间；另一方面当老人进入介护期时，护理人员也可与老人同室居住，便于照顾。该尺度对于老年夫妻也可以满足分床睡的需求，还能在卧室中留出一块完整的活动区域。但条件受限，老人进入介护期时，卧室中可设置一种可收纳的边床，需要时护理人员也可与老人同室居住，便于照顾（图 6-30，图 6-31）。

（图片来源：作者拍摄）

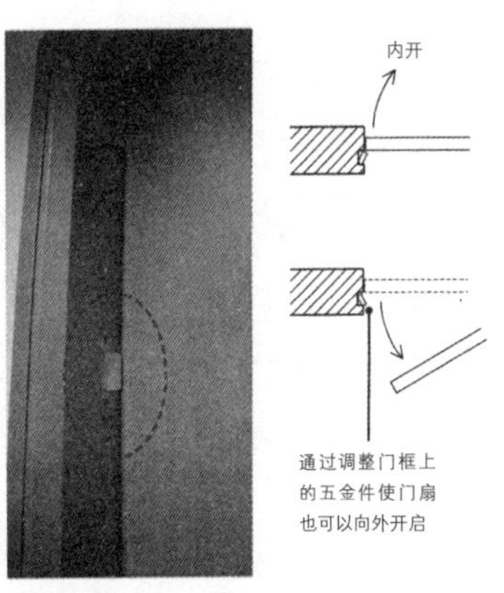

（图片来源：作者拍摄）

图 6-30
隐藏在柜中的边床（左）

图 6-31
可内外开启的门扇（右）

6.3.4 卫生间、厨房设计

1. 卫生间设计

卫生间是老年住宅中不可或缺的功能空间，其特点是设备密集、使用频率高而空间有限。老年人如厕、入浴时，发生跌倒、摔伤等事件的频率很高，突发疾病的情况也较为多见，所以在设计时要认真考虑，为老人提供一个安全、方便的卫生间环境。老人居室与卫生间之间应有便捷的联系，尽可能使用明卫生间。

卫生间内部应设坐便器、梳洗台、淋浴器或浴缸。坐便器、梳洗台、浴缸等设备安装尺寸应考虑老年人的安全和方便（图 6–32 ~图 6–37）。坐便器侧墙应安装扶手辅助老人起坐，扶手的水平部分距地面 0.65 米 ~ 0.7 米左右，竖直部分距坐便器前沿约 0.2 米 ~ 0.25 米，上端不低于 1.4 米（图 6–32）；手纸盒宜设在距坐便器前沿 0.1 米 ~ 0.2 米、高度距地 0.4 米 ~ 1 米的范围内，保证老人伸手可及；老人在如厕时突发病情较多，紧急呼叫器宜设在坐便器前方手能够到的范围内，高度距地 0.4 米 ~ 1 米左右（图 6–34）。卫生间地面应选用防水、防滑材质，湿区可局部采用防滑地垫加强防护作用（图 6–35）。考虑到老年人体力的减退及安全防滑问题，淋浴间内应有供老年人坐姿洗浴的淋浴凳，让老人坐姿洗浴，也便于他人提供帮助（图 6–33）。

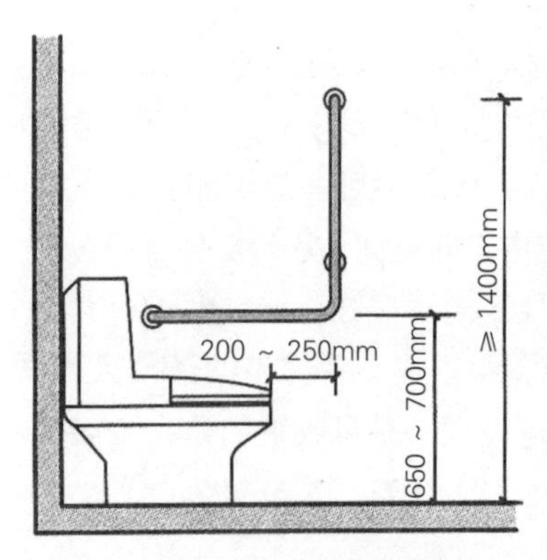

（图片来源：作者拍摄）

图 6–32
坐便器旁的拉杆图（左）

图 6–33
老人坐姿洗浴的淋浴凳（右）

（图片来源：作者拍摄）

（图片来源：作者拍摄）

图 6–34
紧急呼叫器最好安装在侧墙上（左）

图 6–35
防滑地砖（右）

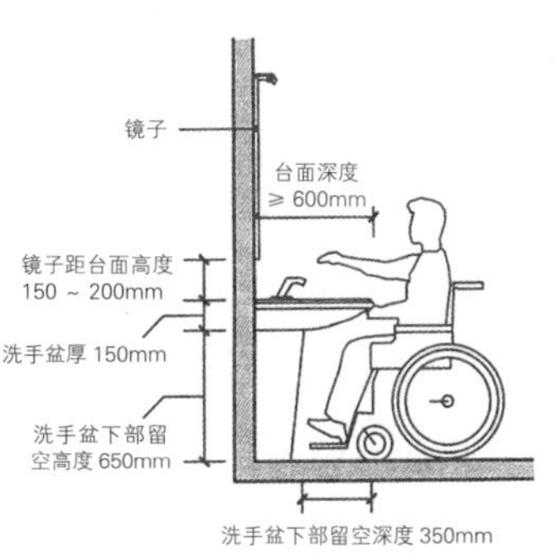

（图片来源：作者拍摄）

（图片来源：作者拍摄）

图 6-36
洗手盆边的拉杆、扶手、洗手盆下部放腿的空间（左）

图 6-37
辅助老人使用的浴缸（右）

洗手盆宜浅而宽大，较浅的水池节省了盥洗台下部空间，便于轮椅者腿部插入，前沿设置扶手，便于拉近，也可起到搭挂毛巾的用途（图 6-36）为保证老人坐姿照镜子的方便，镜子的下沿不宜过高，以距台面 0.15 米 ~ 0.2 米为宜。浴缸内腔上沿长度以 1.1 米 ~ 1.2 米为宜，通常不推荐老人使用内腔大于 1.5 米的浴缸，以防止老人下滑溺水。为老年人跨入跨出的方便，浴缸边缘距地高度不宜超过 0.45 米；浴缸内表面比较光滑，老人进出浴缸时脚下容易溜滑，所以在进出浴缸侧要设置竖向扶手，供老人辅助使用；浴缸侧墙上距浴缸上沿 0.15 米 ~ 0.2 米高处宜设置水平扶手，供老人在浴缸内转换体位时辅助使用，可以与竖向扶手结合，帮助老人完成起坐姿势的转换；浴缸内可以加设坐凳类的附属设备，使老人能够在浴缸内坐着来淋浴，保证使用安全（图 6-37）。从便于急救的角度讲，老年人使用的卫生间一般不宜采用向内开启的门，而应选择推拉门和外开门，因卫生间内部空间通常较小，老人如不慎倒地无法起身，身体可能会挡住内向开启的门扇，延误施救时间。但有些套型条件受限制，只能采用内开门，香港有一种五金件，只要稍加拨动五金件门扇内外均可开启的，可以解决这个问题（图 6-31）。

卫生间的平面尺寸对使用影响极大！一个内部设坐便器、梳洗台、淋浴器的卫生间如果在内部能有轮椅回转的空间，其净面积在 4.4 平方米（图 6-38）。如果面积所限，轮椅应尽量利用外部空间掉头。

图 6-38
卫生间布置分析（单位：毫米）

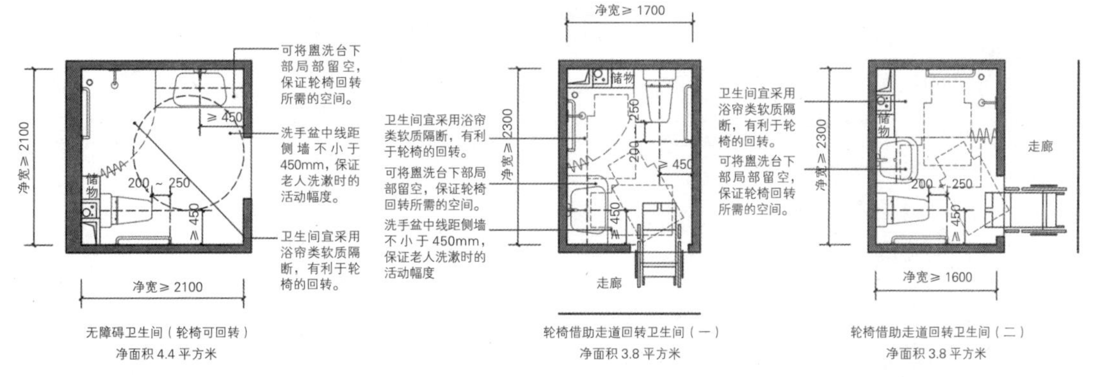

（图片来源：作者自绘）

卫生间地面应有良好的排水和防滑措施。

2. 厨房设计

由于轮椅旋转比平移更为方便省力，采用“U”形、“L”形操作台布置形式即可实现这一要求，将洗池和炉灶可设在操作台转角两侧，厨房推荐优先采用“U”形布置，便于今后改造（图 6-39）；餐台宜就近布置，且摆放位置不要影响老人在厨房内的操作活动；对于轮椅使用者，洗涤池和灶台下部柜体最好留空或者向里凹进，以便轮椅接近，也便于老人坐姿操作；厨房家具设备尺寸，一般以身高偏低的老年妇女为设计依据（表 6-2）；厨房操作台前应至少留有 0.9 米宽的空间，以便老年人走动或下蹲取物；操作台上部的吊柜高度，水池高度和水龙头的开关均应考虑操作的安全方便厨房地面也应有良好的排水和防滑措施；厨房应直接对外开窗，直接采光，开启扇的执手和锁具宜在窗台上方 0.3 米 ~ 0.35 米 以方便老人使用；应设置排烟系统和炉灶安全保护装置；水池，灶台上方可设局部照明。

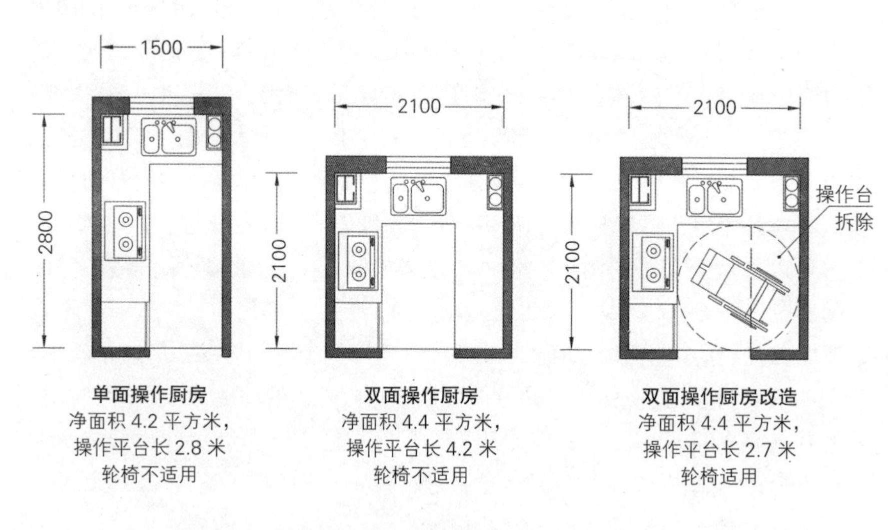

图 6-39
厨房布置分析图（单位：毫米）（图片来源：作者自绘）

老年住宅中厨房及卫生设备建议尺寸一览表 **表 6-2**

设备	尺寸（毫米）
厨房操作台面高度	800 ~ 850
水池面高度	800 ~ 850
灶台面高度	800 ~ 850
坐时、操作台面高度	650 ~ 700
无底柜时，最高搁板高度	1600
有底柜时，最高搁板高度	1400
厨房内最低搁板高度	300
坐便器上缘高度	450
洗面台面高度	850
浴缸上缘高度	500

6.3.4 住宅套内其他空间设计

1. 门厅的设计要求[①]

门厅在住宅中所占面积虽不大，但使用频率较高。老人外出或回家时，往往要在门厅完成许多动作，如换鞋、穿衣、开关灯等，门厅的各个功能须安排得紧凑有序，保证老人的动作顺畅、安全。老年住宅门厅空间设计需要注意以下要点：老年人希望门厅与起居室等公共空间保持畅通的视线联系，以获得心理上的安全感，所以老年住宅的门厅内应设有照明，如有自然采光最佳，宜选择开敞门厅，当无法实现时，可以通过镜子反射来观察门厅的状况；户门拉手侧应保证有 0.4 米以上的空间，方便轮椅开关户门；通常老人进门的活动是：放下手中物品—脱挂外衣—坐下—探身取鞋—撑着扶手站起（图 6-40），合理安排门厅家具布局，可以优化动线，有助于老人将门厅的活动形成相对固定的程序，以避免老人遗忘或动作失误引起的危险；鞋柜下部留出 0.3 米左右的空档，保证老人换鞋的便利；鞋凳旁宜设竖向扶手，帮助老人站立起身；灯具开关应设在进门方便操作的位置，距地 1.2 米；门厅空间还应考虑到接待来客的必要空间和护理人员的活动空间，以及急救时担架出入所需的空间。

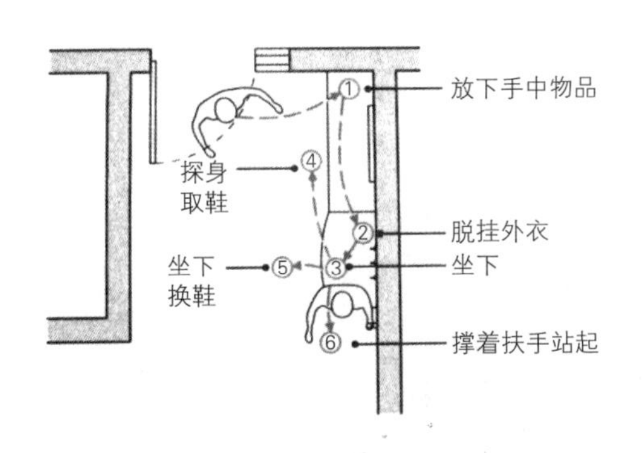

图 6-40
老人进门后的动作流程（左）

图 6-41
明亮温馨的起居室（右）

2. 起居室的设计要求

起居室是老人进行聊天、待客、看电视等家庭活动和娱乐活动的主要场所，设计时，应迎合老人的心理需求和活动能力，促进老人和家人及外界环境之间的交流。起居室应遵循的原则有：起居室内要保证有良好的自然采光和通风，门窗的采光面积要大；起居室与阳台地面交接处应平接，不宜产生高差；宜采用“袋形”，尽量保证不被主要交通动线穿越，以形成安定的区域；家具间的距离要保证轮椅单向通行，应大于 0.8 米；设置老人专座，其位置应在方便进出的地方，并尽可能使老人看电视有好的视距。起居室应营造开敞明亮、亲切温馨的氛围，使老人乐于在此停留；更要轻

① 周燕珉等 . 老年住宅 [M]. 北京：中国建筑工业出版社，2011.

松愉悦富有情趣的、让老人感受到生活的乐趣，保持良好的情绪状态（图 6-41）。

3. 餐厅的设计要求

餐厅在老年人的日常生活中使用频率较高，一日三餐是老人生活中十分重要的组成部分。除了备餐、就餐外，老人往往还会利用餐桌的台面进行一些家务、娱乐活动，如择菜、打牌等。因此餐厅也是一个重要的公共活动场所。它的设计应重视以下几点：照明灯具应显色真实、避免眩光（图 6-42）；餐厅应与厨房临近，缩短老人的劳动动线；餐桌周围应留有充裕的通行间距；轮椅专座应在进出方便的位置，餐桌下留空的高度应能让轮椅插入（图 6-43，图 6-44）。

图 6-42
餐桌照明应避免眩光

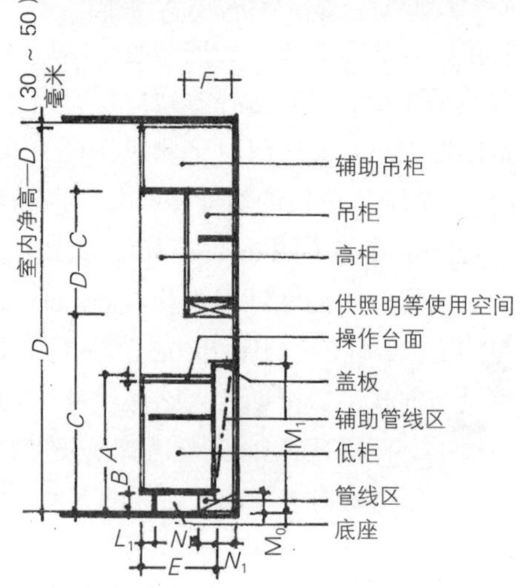

图 6-43
成年人操作台参数

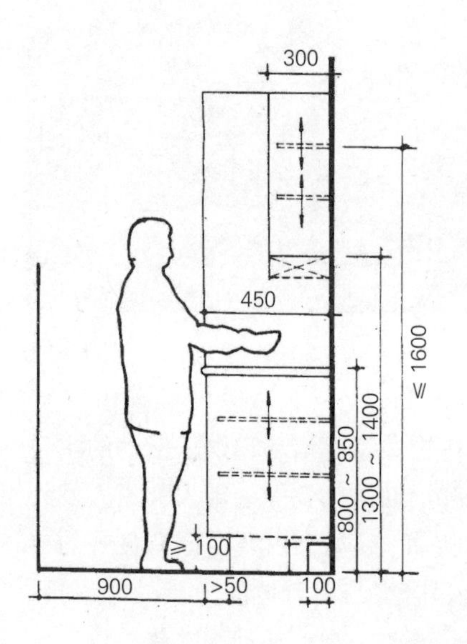

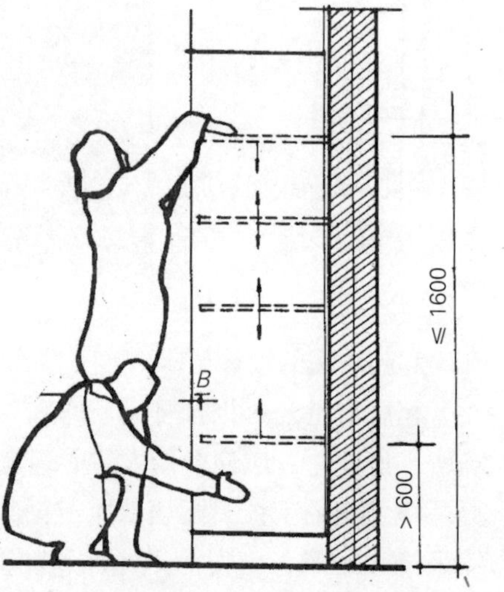

（图片来源：胡仁禄，马光．老年居住环境设计 [M]. 台北：地景企业股份有限公司，1997）

图 6-44
老年人厨房尺寸（单位：毫米）（左）

图 6-45
储藏间尺寸（单位：毫米）（右）

（1）操作台顶面标高，包括灶具表面和洗涤台高均为：8 米、8.5 米及 9 米，推荐尺寸 8.5 米。灶台高等于操作台顶面标高减去台式燃气灶高。

（2）操作台底座高度。大于等于 1 米。

（3）地面至吊柜底面间净空距离。其最小尺寸：C=13 米（最小值）+ n × M。

n 为正整数。但当 F 小于 3 米时不在此限。

（4）高柜与吊柜顶面标高。其最小尺寸为：D=19 米（最小值）+ n×M，推荐尺寸 21 米。也可增设辅助吊柜，其高度可直做至天棚底，但需留出安装缝隙。

（5）操作台、辅助台、低柜及高柜的宽度；E=4.5 米、5 米、6 米，推荐尺寸 5 米。

（6）吊柜宽度。

F=2.5 米、3 米、3.5 米。推荐尺寸 3 米，辅助吊柜宽度也可同 E。

注：M 是国际通用建筑模数符号，其值等于 0.1 米。

4. 阳台设计

阳台应满足老年人能充分享受日照、观景和休息的要求，应避开秋冬两季的主导风向；地面应用良好的排水和防滑地面材料；阳台的宽度应比普通住宅大，建议净宽不小于 1.5 米，即当一人坐着时，另一个可以从其前面或后面通过；栏杆总高度不应小于 1.1 米，栏杆实体部分应尽可能少些，以免影响视线和通风，栏杆内可设花池以增加安全感（图 6-46）；消除阳台与室内地面的高差，避免老人不慎绊倒或有碍轮椅通行。

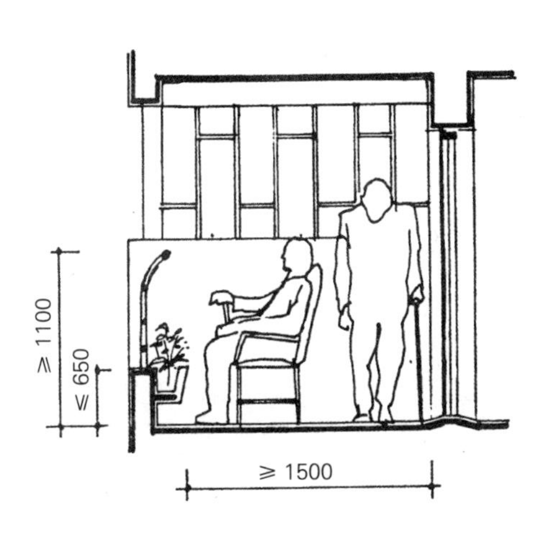

图 6-46
阳台尺寸

6.3.5　住宅套内设备系统的通用设计

1. 老年人住宅安全防卫设备

老年人住宅安全防卫设备的配套主要解决两方面问题：一是对入室盗窃等不法行为的防范；二是在老人突发危险、疾病时的及时报警和求助。本小节主要介绍家庭报警系统。家庭报警系统采用综合布线技术和无线遥控技术，由计算机控制管理。其住宅终端形式通常有住宅墙壁固定按钮和随身携带的紧急呼叫器两种。老人发生或发现意外情况时，可以通过呼叫触动按钮，使其自动发出紧急讯号或拨打预设的紧急电话，确保老人得到及时救助。紧急呼叫器一般安装在卫生间、卧室及厨房这些老人活动频繁且较易发生意外的区域。

图 6-47 为香港理工大学开发的遥距照顾系统，通过红外感应到老人的方位、出现频率等数据和老人常态化的状况进行比较，进而判断是否需要报警。

2. 电气设备

照明灯具的基本要求是要用足够的照度和自然的光色，有利于老人正确辨别物体轮廓及颜色，从而保证老人活动的安全。住宅内应具备老年人

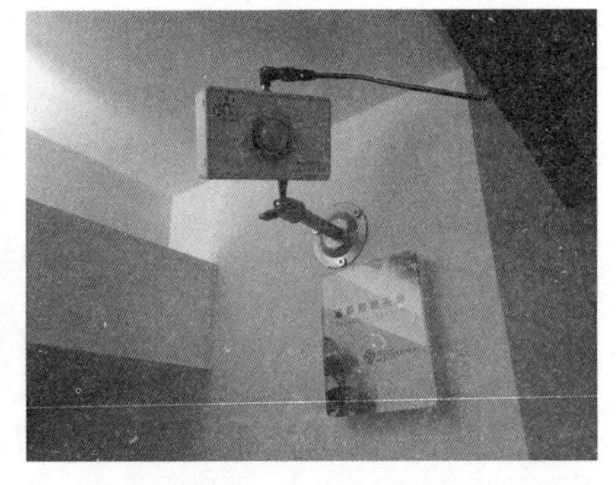

（图片来源：作者拍摄）

图 6-47
遥距照顾系统

起夜灯光自动感应控制功能，卫生间灯光自动感应控制功能和过道灯光自动感应控制功能（图 6-48）。

为了减少弯腰的幅度，方便老年人使用，插座位置应适当提高一些。一般插座下沿距地面 0.3 米，适老化考虑的住宅，插座高度宜下沿距地面 0.5 米～ 0.6 米（图 6-49）。

一般家庭里开关的高度是 1.2 米，但对于老龄人是感觉高了的。可以将高度稍微降低到 0.9 米～ 1 米左右（图 6-50）。

（图片来源：作者拍摄）

图 6-48
自动感应灯图（左）

图 6-49
提高插座高度，减少弯腰幅度（右）

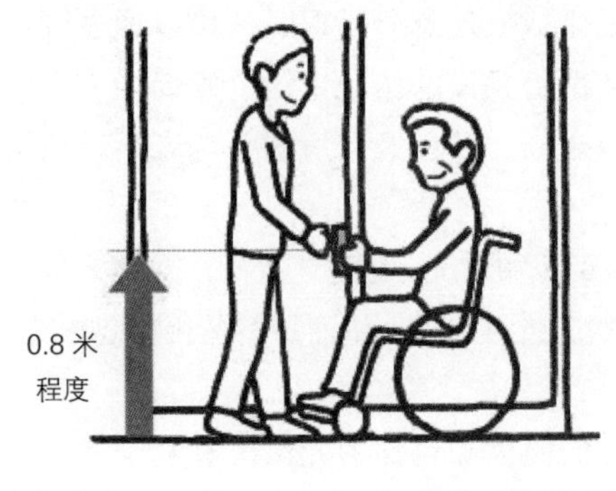

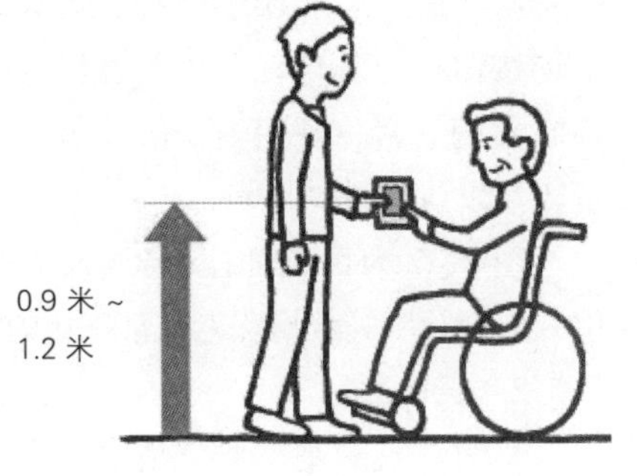

（资料来源：知乎网，https：//zhuanlan.zhihu.com/p/20580714）

图 6-50
适当降低开关高度

6.4 适老化住宅的老人消防安全考虑

《建筑设计防火规范》GB 50016—2014 对住宅的火灾时的安全考虑侧重于疏散，其疏散的技术要求基本上是按普通人的状况进行规定，规范有其合理性的一面。但是老人特别是行动不便的老人的消防安全问题不能完全依靠疏散来解决。按照其行为能力可分为三种不同的消防对策。

1. 行动正常老人的消防对策

行动正常老人的消防对策：自主尽快疏散。平时应加强对老人的消防安全知识宣传，帮助他们了解自己所在住宅的消防设施和逃生路线。自理老人其视力 、听力、行动能力比青壮年时期下降，这类老人的行动速度较慢，逃生要注意时被冲撞和因紧张导致的摔跤行为，一定要使用扶手，基本可以使用普通的疏散楼梯进行逃生。

2. 行动不便老人的消防对策

行动不便老人的消防对策：等待快速疏散。这类老人的行动速度慢，而火灾蔓延的速度又很快，一旦走廊、楼梯间充满烟气，就会严重影响疏散行动，反而影响疏散或造成人员伤亡。老人在火灾初期救援人员到达前，应尽可能进行自保，在住宅楼层内寻找相对安全的场所。建议在高层住宅选择消防电梯前室和开敞阳台作为火灾初期暂避区；无消防电梯前室的小高层和多层住宅，选择开敞阳台（图 6-51）。

消防电梯前室一般有有效的防排烟措施，老人在其内等待疏散相对安全；开敞阳台一般受烟气影响较小，可燃物也不多，容易向外部求救和被发现，也比较方便和外部救援人员建立联系以缓解心理紧张和焦虑，因此是一个理想等待救援的场所。如果在阳台顶部安装水喷淋装置其安全性将大大增强。

为加快行动不便老人尽快进入消防电梯前室，作为一种适老化措施，走道应加大应急照明灯 的照度，在火灾发生时，让明亮驱逐和消除灾害造

图 6-51
多、高层住宅中的安全避难点

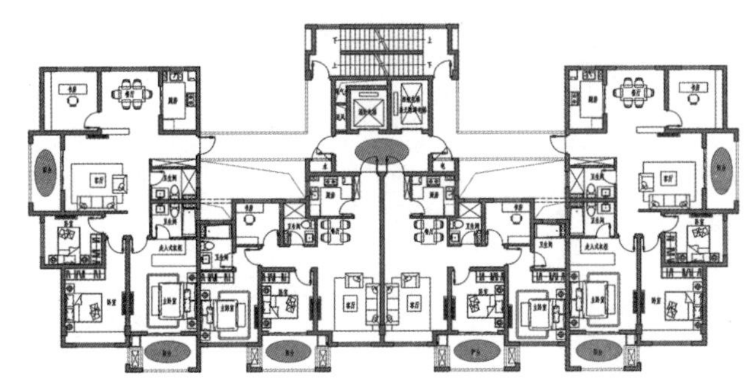

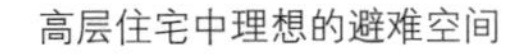

高层住宅中理想的避难空间

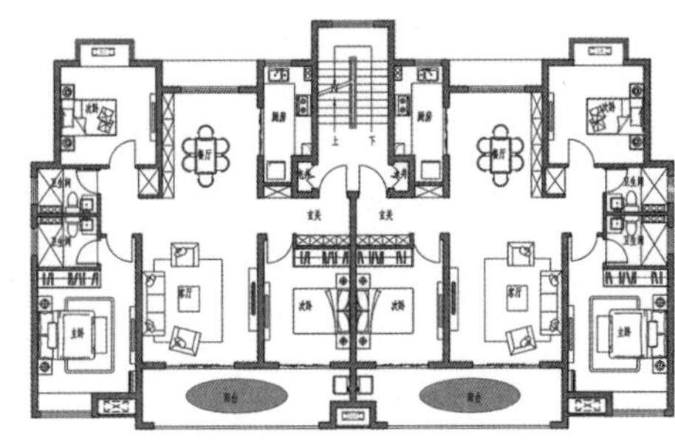

多层住宅中理想的避难空间

（图片来源：作者自绘）

成的黑暗和恐怖，增强老人战胜火灾的信心与勇气，从而保障人身安全。

3. 不能行动老人的消防对策

不能行动老人的消防对策：等待救援。《建筑设计防火规范》GB 50016—2014 5.5.32 针对火灾危险性的不同，规定了建筑高度大于 54 米的住宅，每户应有一间防火性能较高的“避难间”，并提出了一系列要求：房间应靠外墙设置，并应设置可开启外窗；内外墙体耐火极限不应低于 1 小时；房门宜采用乙级防火门；外窗的耐火完整性不宜低于 1 小时。这是一条非强制性条文，执行得并不理想。但对不能行动的老人而言，普通住宅中拟定的老人房兼作“避难间”最好不过，可以比较安全地等待救援。因此作为适老化的潜伏设计，建议所有的多层、高层住宅均设“避难间”。

老年人群体除了行动正常的以外，按现有的住宅消防体制和设施，行动不便和不能行动的老人在火灾情况下都需要他人帮助才能安全疏散，而火灾时电梯无法使用，只能通过步梯疏散，需要大量救援人员，因而增加了救援难度。住宅火灾时的快速疏散是安全保障的根本，加快垂直方向的撤离速度是保障安全的关键，高层住宅建筑火灾的老人救助更需要速度。在住宅高层化普遍、老龄化严峻的中国社会，建议修改规范使普通电梯按照消防电梯的技术标准和工程技术要求执行，在火灾时能让电梯在高楼垂直救援中发挥快速运转作用，为老人和残疾群体提供救援服务。

消防电梯之所以能在火灾中不受燃烧的束缚而照常运行，把消防战士运送到火场各处作业、救人、灭火，是由于这种设备经过了科学的防火处理和改造，符合了安全标准，从而才能安全运行，完成救护任务。普通电梯要成为火灾时能够正常运行的电梯，在技术上难度并不大，关键在于技术法规的约束。当然，既有普通电梯要达到运行要求，还必须改造电梯的本身设备、电梯井、机房、轿箱、控制电缆、电线等整套系统等。

7 “在宅养老”模式社区设施支持系统——社区老年设施规划设计

7.1 社区的老年设施现状及改进

7.1.1 社区的老年设施现状及存在的问题

我国目前现行的居住区公共服务设施及规划经济技术指标始于20世纪50年代，借鉴了苏联的居住区规划经验，根据我国当时的具体情况制定。其中的技术经济指标，如用地、公共服务设施，公建面积等内容虽经多次修订补充但仍沿用当时的模式至今。由于我国经济的发展，尤其是近十几年来的经济发展和人口年龄结构的迅速变化，其内容已无法适应现实的要求。在既有住宅中，普遍性地缺乏针对老年人的考虑，当年在制定规范时，青少年在我国人口的年龄构成中所占比例很高，是住区中的主体人群，老年人所占比重较低，根据这样的人口构成造成的居住区，从现实的使用情况来看，根本无法适应新世纪老龄化的要求，遗憾的是这一状况尚未引起全社会的关注。普通住宅小区中，住宅类型和空间布局等缺少老年设施，也缺乏针对老年人的住宅开发和设计，配套少、尺度偏小、室内高差等都不利于照料老人，住宅设计缺乏全生命周期住宅的概念。

在近几年开发的住宅中，社区环境的无障碍的状况得到很大的改观，但符合老年人在宅养老要求的社区养老设施比例依然很低。有些城市在为了更好地适应老龄化社会，也作了很大的努力，如华东的南京、上海和杭州等城市。

南京市是一座人口老龄化城市，60岁以上人口占总人口比重达13.26%，由于市委、市政府的重视及各级老龄机构的努力，老龄设施有了很大发展。他们把工作重点放在基层，以居委会为单位建立专门供老年人活动的场所——老年活动室，并安排固定用房，面积在40平方米～60平方米。如南京锁金新村小区，除设有老年人活动用房外，还结合活动室设有一个12床的托老所；另外，还在区内设有“万家帮”社区服务中心，为老年人提供上门服务，解决了许多在宅养老的老人的实际困难。截至2012年底，南京市801个城市社区已全部建立了社区居家养老服务中心，实现城市社区全覆盖，主城区基本形成10～15分钟社区服务圈，为老年人提供“足不出社区、服务家庭化”的为老服务项目。

上海市早在1979年就已成为人口老龄化城市，至2009年末，全市老年人口已增长到315万人，占总人口的22.54%。据预测到2020年，全市老年人口将占户籍人口的34.1%。由于上海的人口老龄化起步早，有关主管部门高度重视，经过各方努力，城市主管部门对过去颁布的《关于居住区（含小区）配置公共建筑项目规模和指标》做了相应的修订补充，制定了新的《城市居住区公共服务设施设置规定》，作为上海市标准于1997年起施行，并在2006年编制实施了最新修订版。在这项规定中，对老年服务设施和活动设施的项目、内容、规模、千人指标等都做了明确规定。规定在居住区一级设置社区服务中心一处，建筑面积1000平方米；康复室一处，包括治疗、康复，建筑面积800平方米；福利院（养老院）一处，包括养老、护理，建筑面积4200平方米。在居住小区一级设置主要服务于青少年和老年人的文化活动站一处，建筑面积600平方米；托老所一处，包括养老、护理，建筑面积1000平方米；在街坊一级设立老年康体活动室，包括保健、日托、文娱活动等，建筑面积320平方米；服务站一处，建筑面积120平方米；活动室一处，建筑面积120平方米；并要求老年设施同其他公建配套设施一样，与小区住宅同步规划同步建设，同时投入使用，并责成上海市政工程建设标准化办公室组织实施，该《规定》的颁布，无疑对保证老龄设施的建设起到重要作用。

杭州市为完善居家养老服务，提高为老服务水平，按照浙江省政府在"关于加快推进养老服务体系建设的意见"的精神，以建设城乡社区"星光老年之家"为抓手，完善居家养老服务体系。星光老年之家的基本功能是社区为老服务提供社区居家老人紧急援助、日间照料、家政服务，满足社区老年人文化、体育、娱乐等方面的要求。杭州五城区建有422家星光老年之家，最大的竹竿巷社区的星光老年之家建筑面积达650平方米，建有教室、多功能活动室、书画室、健身房及较大的图书阅览室，此外还开办了老年食堂。条件好的社区还建有"市民学校"或"银发学校"，老年人社区健康教育及文化娱乐活动有较好的场所（表7-1）。杭州还将构建"9064"养老格局，发展新型的居家养老（在宅养老）。既然要发展在宅养老，当然得有人和地方来提供服务，杭州提出在市区，平均每2 ~ 3个社区要建一所综合性的社区养老服务照料中心，社区要按照每百户20平方米建筑面积的标准，落实养老服务设施的配套建设和使用，并形成养老服务15分钟步行服务圈，要让老人在步行15分钟的范围内，就可以把生活各类事情搞定。另外，市区内还要创建161个老年食堂，其中41个是城市社区老年食堂[①]。

随着家庭结构的变化，传统家庭养老功能日益在削弱，目前我国城市大部分老人起居多是自己照料。缺少照料是老人家庭的普遍现象，老人需要社区设施和服务的支持。但现有住宅小区的设施普遍缺乏适老性，例如缺乏老年活动中心，老人缺乏文化活动场所，缺乏老年人生活服务场所，

① 直面老龄化，杭州出手[N].钱江晚报，2012.7.14，A3版.

杭州老城区 10 家星光老年之家情况　　表 7-1

名称	面积（平方米）	托老室	电子阅览室	棋牌室	健身康复室（平方米）
凯旋景湖社区	120	无	有（10）	有（4）	无
采荷新凯苑社区	150	无	无	有（4）	有（17）
岳王路社区	150	有（1 床 8 椅）	有（10）	有（10）	有（10）
青年路社区	208	有（10 椅）	有（10）	有（4）	无
上马塍社区	320	有（2 床）	有（6）	无	有（30）
下马塍社区	247	有（2 床）	有（6）	有（4）	有（30）
仙林社区	55	无	无	无	有（20）
竹杆巷社区	650	有（1 床）	有（12）	无	有（50）
大关西苑第一社区	360	无	有（8）	有（6）	有（50）
沈塘桥社区	79	无	无	无	无

注：电子阅览室括号内数据为计算机台数，棋牌室括号内数据为桌子张数。

日间照料中心等。目前居住区设计规范中，有达到多少人需建一个小学，达到多少人需建一个幼儿园的要求，却没有多大范围内必须建一个老年活动中心的规定；缺乏照顾老人生活和医疗的相应机构，有的新建居住区距市区繁华地段较远，而且自身的配套设施又不完善，因此老人就医、购物极不方便，老人的基本生活得不到保障；住宅小区内也缺乏便于老人集聚的室外活动空间，缺少增进老人相互交往的条件等。

综合所掌握的资料，目前社会上老年人的设施的现状和存在的问题如下：

1. 社区内老年设施数量不足，实际使用面积严重匮乏，设施覆盖率尚不高。

从抽样调查看，在较为适宜的步行半径内，除老年活动中心的覆盖率较高外，其他类型的社区老年服务设施的覆盖率均较低，尤其是托老所、老年食堂、老年学校等老年设施供不应求现象明显（表 7-2）。在已有的设施中，也普遍存在着用房紧张的问题，许多老年设施都是利用搭建房，房屋简陋，结构较差，老年人使用、活动很不方便。

社区老年服务设施（家附近 15 分钟步行半径）覆盖率与需求率　　表 7-2

	老年活动中心	老年学校	居家养老服务中心	托老所	老年食堂
覆盖率（%）	76.5	21.3	52.42	11.4	11.6
需求率（%）	40.6	48.6	57.4	48.8	50.5

数据来源：根据浙江五个城市抽样调查整理

2. 社区老年设施差异大，与需求不匹配

在老年设施数量普遍不足的情况下，新、老社区或同时期的社区由于建设的条件和标准不一样，社区间的养老服务设施差异化显著。具体表现为以下三个方面。第一，设施规模差异大。由于缺乏统一的标准，居家养老服务设施建筑面积从几十平方米到几百平方米不等；第二，设施配置内容差异大。规模的差异必然会影响设施内容的配置，反映在同类设施功能空间的面积和数量以及不同类设施功能配置的完善程度等方面；第三，设施配置与现实需求不匹配。由于不同类型社区的用地规模人口数量及老龄化程度均有所不同，因此，对居家养老服务设置的配置需求也会不同。目前按标准配置或改造的设施，无法反映社区的真实特点与现实需求。

3. 缺乏高层次高质量的老年设施

为老服务活动设施设立比例较高，尤其是电视室、棋牌室等；而关乎老人服务支持方面的老年日托中心、老年食堂、老年浴室等的设立比例较低，一些健康状况较差及单身独居的老人对此需求较为迫切。目前，老年活动设施的内容多数集中于打牌看报，而属于高层次活动文化性的设施较少。在老年援助设施方面，除了医疗门诊，其他项目在很多城市社区基本上是空缺。

4. 社区内老年设施管理条块分割现象严重

社区内一些高质量的老年活动设施往往对服务对象有严格限制，过于封闭和内向。特别是企业单位为退休人员建造的老年设施，因本单位老人使用率较低，甚至闲置，而处于同一社区的老年人因社区缺乏老年设施而得不到使用，从而出现在一个区域内老年设施闲置和老年设施不足并存的现象。

5. 运作资金不足

中国城市社区中老年设施难以兴建的一个重要原因是资金不足，这一问题还造成了很多已经建成的老年设施移作他用，以获得部分资金来解决其他急需的问题。目前居家养老社区服务的主要资金来源仍是政府财政。而我国仍然经济发展水平不高，人口老龄化状况带来的养老资金压力是非常巨大的，这很大程度上限制了在宅养老社区服务体系的建设和发展。

7.1.2 社区规模现状

随着中国老龄化社会进程的加速，社会人口结果的改变对居住空间规划提出来全新的要求，在此背景下，针对老龄化社会城市居住空间规划方式的研究也应运而生。社区规划把人与居住的环境视为一个整体，更加强调人的主体性，重视物质环境与人的生活相对应，追求多层次环境与多元化生活模式的复合，满足老年人心理、生理、行为对居住环境的需求。

社区的规模的讨论涉及以下两个方面的内容：一方面是城市的基层社会管理和组织的层次；另一方面，它与社区的物质载体——生活居住区规划结构和配套设施规模、类型密切相关，这两方面需要结合起来考虑。

为方便社区规模的讨论，也因为社区概念过于宽泛，我们引入“基本社区”的概念。我们把相对独立能够发挥社区功能的最基本层次的社区称为“基本社区”。它包含两层含义，第一，可以发挥居住社区的基本功能，这需要一定的人口规模和服务设施的配套；第二是基层社区组织管理的基本单位，也是适合社区建设的最基本单位。

这里讨论的社区规模主要是“基本社区”的规模问题。社区规模在很大程度上影响着公共配套设施的类型和标准，合理的社区规模对上文所及的一些老年人的设施存在的问题会有较大的改进作用。

传统的生活组织管理一般分为三级——街道办事处、居委会、居民小组。街道办事处是政府的派出机构，一般按街区划分管理范围，管辖人口在 3 ~ 5 万人。居委会根据《居民委员会组织法》规定在 100 ~ 700 户之间。居民委员会可以分设若干居民小组（表 7-3）。

居住区规划结构和街居组织模式比较　　表 7-3

居住区规划结构	人口（人）	用地（ha）	户数（户）	街居组织模式
居住区	30000 ~ 50000	50 ~ 100	10000 ~ 16000	街道办事处
小区	10000 ~ 15000	10 ~ 35	3000 ~ 5000	若干居委会构成
组团	1000 ~ 3000	4 ~ 6	300 ~ 1000	居委会

数据来源:《城市居住区规划设计规范》，2002。

居住区规划设计理论中通常以三级结构进行规划，按居住户数或人口规模可分为居住区、小区、组团三级。

从表中我们不难发现，传统居住区规划结构和街居组织模式的配合呈现一种“错位”的现象。对应于“基本社区”，在街居组织模式中为居委会，法定规模 100 ~ 700 户；而在居住区规划结构中的“小区”，规模是 3000 ~ 5000 户，但并没有相应的法定街居组织。这种“错位”现象导致“小区”一旦建成，由于物质设施因素的作用已经形成一个整体的社区物质载体，很难进行再次分割。但在以后的共同生活中，在社区形成的过程中，社区组织和管理不可能仅仅依托在几个居委会之上而没有一个集中统一的自治组织。而对应于“组团”的居委会，由于社区的界限、社区的服务设施以及管理机制等原因，不可能形成具有服务功能的“基本社区”。

分析国内目前的社区规模，其最大的影响因素有三方面。

1. 住宅区开发建设行为对社区规模的影响

长期以来，我国城市对居住空间的规划沿袭了以居住区、居住小区和居住组团三级划分的规划方法，规划结构单一，城市空间识别性差。城市居住空间的用地规模通常是根据城市总体规划中的路网结构划定范围，城市路网的间距限定了居住区的用地边界。现代城市路网间距通常为 300 ~ 400 米左右，因此，形成的城市住宅用地规模一般均在十几公顷①。

① 周俭，蒋丹鸿等．住宅区用地规模及规划设计问题探讨 [J]. 城市规划，1999（1）: 38-40.

有学者曾经对示范小区规模进行统计分析，在44个小区中，用地规模在10公顷以上的小区占到总数的81.81%[①]。从老年人步行距离来看，老人到沿着这种规模的小区周边设置的社区服务设施的步行距离有可能会超过700米，给生活带来一定的不便。这种大街区的建设模式，由于前期较少的市政设施投入受到政府的"青睐"，而开发商欣赏其具有更多的规划建设灵活性，因而导致大型的大街区、住宅区全国泛滥。

社区居住空间的建设有助于良好邻里关系与社会关系的营造，居民个人交往人群建立以及社会邻里与社会关系网重组的可能性，一般会随异质性人群的人数增加而减少。因此，为了使居住空间的尺度和规模能够符合老年人对居住环境的控制与认识能力，限定合理的社区居住空间规模是十分必要的。

2. 住宅区公共配套服务设施建设行为对社区规模的影响

公共配套服务设施的分级思想是居住区规划结构的重要内容。居住区—小区，组团分级对应的是不同规模的配套设施。

对应于居委会的组团级公共设施配置，《城市居住区规划设计规范》2002年版对原规范在设施分类上增加了社区服务类，把居委会、社区服务中心、老年设施等设施项目归为社区服务类。城市幼儿园人口数量约占总人口的5%，规范很早标明居住区内应配套托儿所幼儿园，而60岁及以上的老年人早已超过10%，专门服务于老年人的设施如托老所、老年服务站等却未列入规范。城市规划编制没有对社区迫切需要的各类养老设施有一个明确的定量指标要求，在分类上也存在将托老所、养老院归类在社区服务类别下的问题。

在控制性详细规划编制中采用居住区公共设施指标体系中的千人指标，以此为单位进行设施规模测算，但它未能反映出老龄化社会对城市社区公共设施指标的影响。进入老龄化社会后，随着人口结构的变化，必然会对现行规范中的教育类、文体类、服务类的配置指标产生较大影响。居家养老、社区养老的基本国策使得绝大多数老年人生活在城市社区中，但国家标准制定的居住区级每千人125平方米~245平方米、小区级每千人45平方米~75平方米的文体设施建筑面积指标[②]远低于老年人养老生活的实际需要。

然而很遗憾的是，我国大量建设的既有居住区和正在建设的居住小区还在重复着同样的规划结构模式。非常有限的公共配套要么配置在使用不够方便的居住区层级上，要么就是设在没有具体服务指向性小区层级上，要么就是分散在组团的规模很小、类型单一、谈不品质的小活动室。数量

---

① 聂兰生等 . 21世纪中国大城市居住形态解析 [J]. 天津大学出版社，2004.

② 中华人民共和国建设部 . 城市居住区规划设计规范 GB 50180—93（2002年版）[S]. 北京：中国建筑工业出版社，2002.

不足、设施分散、配置针对性不强是我国城市社区配套设施存在的最大问题。

3. 社区治理行为对社区规模的影响

目前居委会被认为是社区组织，这具有一定的中国特色。作为社区建设的最基层的组织依托，在各地的改革试点过程中，居委会向社区委员会（或称社区管理委员会或社区工作委员会）过渡，并对于居委会规模的进行调整。20 世纪 90 年代，各地的经验大致相似，如南京的“社委会”是以现有居委会行政区划为基础，综合地域、人缘、单位、功能等要素，介于街道与居委会之间的基层群众性自治组织，一般在 1500 户的范围内设立。

进入 2000 年以后，结合社区服务的实践，社区的规模调整还在继续。这些调整表现在扩大居委会规模上的趋势是相同的，而且规模已经达到小区级规模。南京市鼓楼区的社区几经调整每个社区的人口平均规模已经达到 10867 人，每个社区人口平均规模最小的幕府山街道为 5517 人，平均规模最大的华侨街道为 17556 人。若按照 3.0 人 / 户的标准计算，鼓楼区的社区平均规模为 3622 户，每个社区平均规模最小的幕府山街道为 1839 户，平均规模最大的华侨街道 5852 户（表 7-4）。

南京市鼓楼区社区和人口规模　　表 7-4

街道	社区居委会	2014 年常住人口	2014 年户籍人口
宁海路	9	147276	106521
华侨路	7	122894	88886
湖南路	8	105758	76492
中央门	12	145274	105073
挹江门	9	95230	68877
江东	9	129300	93519
凤凰	11	119080	86127
热河南路	9	78461	54392
阅江楼	8	75203	56749
建宁路	8	57158	31921
宝塔桥	12	95665	41341
小市	9	77766	69192
幕府山	8	44134	56246
总计	119	1293199	935336

（资料来源：南京市鼓楼区政府门户网站，http://www.njgl.gov.cn/col/col32735/index.html）

以杭州市为例，老城区的社区规模已经接近 3000 户（表 7-5）；而属于新建城区的滨江区社区规模更大，长河街道的城市社区闻涛社区为 8757 户、占地 2.7 平方公里，月明社区为 5505 户、占地 0.9 平方公里，西兴街道的城市社区温馨社区为 4396 户、占地 0.64 平方公里，金东方社区为 4022 户、占地0.227平方公里。每个社区平均规模为5670户、占地1.12平方公里[①]。

达到多少户的规模是适合的“基本社区”，仍然是一个值得讨论的问题。

杭州市上城区小营街道社区规模统计　　表7-5

社区名称	面积（平方公里）	住户数量（户）	人数（人）	户均（人）
小营巷社区	0.3	3600	/	/
长明寺社区	0.41	2391	7245	3.03人
大学路社区	0.23	3993	8835	2.21人
金钱巷社区	0.195	2445	7183	2.94人
老浙大社区	0.14	2765	7916	2.86人
马市街社区	0.201	2743	8289	3.02人
茅廊巷社区	0.17	2610	7702	2.95人
梅花碑社区	0.22	3242	11978	3.69人
西牌楼社区	0.15	3334	10085	3.02人
姚园寺巷社区	0.31	2361	6525	2.76人
紫金社区	0.21	2383	8483	3.56人
葵巷社区	0.25	3913	10988	2.81人
均值	0.232	2981	8657	2.96人

资料来源：作者自绘，数据参照浙江政务服务网 www.zjzwfw.gov.cn

7.1.3　社区的合理规模

依据近年来的相关研究成果，学者建议社区居住空间的规模一般以管辖1500～2000户左右的居民为宜[②]；政府希望的规模更大一点，如北京市在居委会方面最新的规定是社区规模原则上在1000户至3000户[③]。对照现有规范分级标准，其规模大于组团而小于小区。实际上自20世纪90年代起，住户5000户以上的大型社区，在京屡见不鲜，且随着京城的外延扩大，大型社区沿地铁沿线铺开，自四环伸向五环以外。认为5000户则被定性为超大型社区的“起点”，今后避免出现[④]。不管学者的建议、市级政府的希望如何，具体操作的区级政府为什么会有扩大社区规模的冲动？区级政府确定社区规模的可能是基于资源配置的考虑，也同时解决困扰社区组织生存的居委会办公设施和人员待遇问题，其出发点是“管理”。社区之于人的重要意义在于服务，因此如果从服务特别是对老人服务这一要素出发，社区的合理规模笔者认为宜确定为3000户～4000户。原因有二：其一，从管

---

① 数据参照浙江政务服务网 www.zjzwfw.gov.cn.

② 应联行．论建立以社区为基础单元的城市规划新体系[J]. 城市规划，2012（2）：1-3.

③ 北京市《关于全面加强城乡社区居民委员会建设工作的意见》，2011.08.

④ 王姝．北京不再建超大规模社区 规模控制在1000户-3000户[N]. 新京报，2011-08-31.

理和资源配置的角度，南京、杭州、北京的实践表明规模在 3000 户 ~ 5000 户至少可以接受，只是北京认为今后要避免超过 5000 户的规模。其二，社区服务在很大程度上需要公共配套设施支持。公共配套设施除应体现的规模效益外，还要体现规模品质和对老人的便利程度。由于在目前要大幅度提高每百户老年设施的指标有一定的困难，适当提高规模有利于配套设施的建设品质；便利性很大程度表现为老年服务设施的服务半径上，作为老人使用频率较高的社区级设施，应控制在 300 米 ~ 500 米（5 ~ 8 分钟）以内。服务半径会由于住宅区的容积率不同影响较大，老城区由于容积率普遍较低，社区规模宜取下限；新区由于容积率普遍较高，社区规模可取上限。同时这个指标值也考虑了社区的混合属性，目前很多新、老社区都是住宅和公建混合建设的地缘型社区。

7.2 支持“在宅养老”的社区老年设施规划

7.2.1 支持“在宅养老”的社区规划结构

鉴于传统居住区三级规划结构设计存在的问题和目前社区建设的实际情况，结合“基本社区”的合理规模讨论，社区规划结构在照顾正常人群和儿童、少年等居住行为和需求特征外，要关注老年人的特点。支持“在宅养老”的社区规划结构将会对老年人这一特殊的群体作为规划设计的主体之一对待，因而，社区内将会增加大量的老年性设施，如托老所，老年公寓等老年居住设施，同时对完善社区服务网络和环境设施均会有一定特殊的要求，以满足老年人的生活需求，适应“老龄化”。

支持“在宅养老”的社区规划结构建议采用二级规划结构，即由居住区和居住小区组成，取消居住组团的层级（图 7-1），对应的管理分别为街道和社区。此处的社区是指笔者提出的“基本社区”，规模为 3000 户 ~ 4000 户，是能够相对独立发挥社区功能的最基本层次的社区。

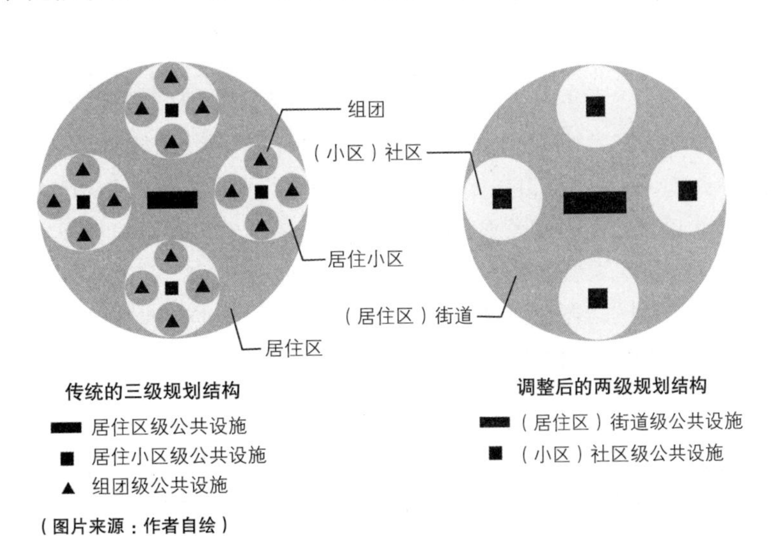

图 7–1
居住区二级规划结构图

杭州市已于2016年11月发布了《杭州市城市规划公共服务设施基本配套规定（修订）》，在今后居住区配套设施分二级配置，即只分街道级公共服务设施和基层社区级公共服务设施。幼儿园为基层社区级公共服务设施。街道级公共服务设施，街道级公共服务设施对应人口为4.5万～7.5万人，服务半径800米～1000米，大约步行10分钟～15分钟；基层社区级对应人口4500人～7500人，服务半径为300米～500米，大约步行5分钟～10分钟。

从体力上来说，步行距离存在相应的局限性，老年人能够或者乐意行走的距离，一般要比一般人短得多，一般健康老年人的步行疲劳极限为10分钟，步行距离大约为450米，步行系统的设置也应控制在这个范围之内[①]。因此为尽可能地减少老人的步行距离，在规划设计上打破传统大街区的规划方法。可以使老人步行距离更短（图7-2）。从老年人步行距离来看，老人到沿着这种大街区方式规划的小区周边设置的社区服务设施的步行距离有可能会超过700米，而到小街区规划的小区周边设置的社区服务设施的步行距离则完全有可能会控制在450米以内。

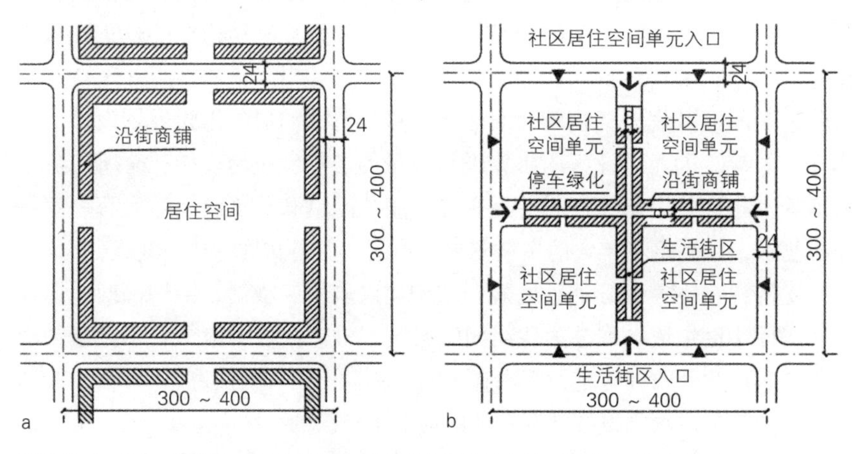

（资料来源：周典、徐怡珊，老龄化社会城市社区居住空间的规划与指标控制，建筑学报）

图7-2
社区规划结构的转型：
a 传统大街区规划结构
b 小街区规划结构（单位：米）

学者周典认为老年人的认知能力的形成与视觉能力密切相关，街区中街道之间的距离以老年人辨识能力为依据控制在130米～140米比较适合。F 吉伯德通过研究提出城市居住空间范围不应大于137米，C 亚历山大也认为，人的认知邻里范围直径不应超过274米，因此通过换算可以得出，适宜的社区居住空间规模应控制在4公顷～5公顷。

小规模的社区居住空间单元既有利于增强居民间的邻里交往，还可以提供公共服务设施的网络覆盖面和利用效率，缩短日常生活购物的出行距离。当居住空间规模缩小，将十几公顷的用地规模分解为3～4个小规模

① 王江平、童群．浅谈老年人步行空间设计[J]. 华中建筑，2009（10）.

社区居住空间单元进行布局时，公共设施的布置就会变得比较容易，易于形成各种功能空间的交叉利用，由此形成新的居住空间组织结构①。

社区居住空间规模应控制在4公顷～5公顷的观点可能过于理想化，但采用小规模居住模块来形成生活街区并组成基本社区的方法值得推广，这种方法已经跳出了原来的组团设计概念。居住空间的纯净性、配套设施的集约化和便利性、生活氛围的浓郁性都得到了保证。

7.2.2 社区老年设施的分类

社区老年设施可分两部分，一部分为公建性质，另一部分为社区环境设施。

公建性质的设施在德国、日本、中国香港等发达国家和地区的社区养老设施建设中具有一些共同特点，体现了就地养老、综合性、连续性的特征。其设施建设可总结为三大类：

1. 日常照顾型。主要是为社区老年人提供日间托养、餐饮服务、家政服务、法律咨询、紧急救助等居家生活服务。

2. 健康护理型。主要为老年人提供健康咨询与检测，为不能自理的老人提供康复护理的机构。

3. 文体娱乐型。主要为健康自理老人提供文化教育、娱乐、社交设施。

我国目前的社区为老常规服务主要包括以下内容：

（1）为老年人提供生活照料、餐饮配送、保洁、助浴、辅助出行等家政服务；

（2）为老年人提供健康体检、家庭病床、医疗康复和护理等医疗卫生服务；

（3）为老年人提供关怀访视、生活陪伴、心理咨询、不良情绪干预、临终关怀等精神慰藉服务；

（4）为老年人提供安全指导、紧急救援服务；

（5）为老年人提供法律咨询和法律援助服务；

（6）开展有益于老年人身心健康的文化娱乐、体育健身、休闲养生等活动。

作为常规居家养老服务的延伸，“在宅养老”模式下的社区养老服务，建议增加在社区为老人结伴生活服务和短期全日托老服务（图7-3），前者为老人的在宅养老方式增加一种选择。既可以理解为多样化的方式，如德国的结伴公寓和新加坡的乐龄公寓；也可以理解为是一种居家生活和机构养老生活的过渡。后者为提供照顾的家庭成员的提供一定的“喘息”周期，或为需要入住机构的老人争取到一定的轮候时间。这两者的对应设施即老年公寓和短期托老所，可以为“在宅养老”和机构养老提供无缝衔接的便利。

---

① 周典，徐怡珊．老龄化社会城市社区居住空间的规划与指标控制[J]. 建筑学报，2014（05）．

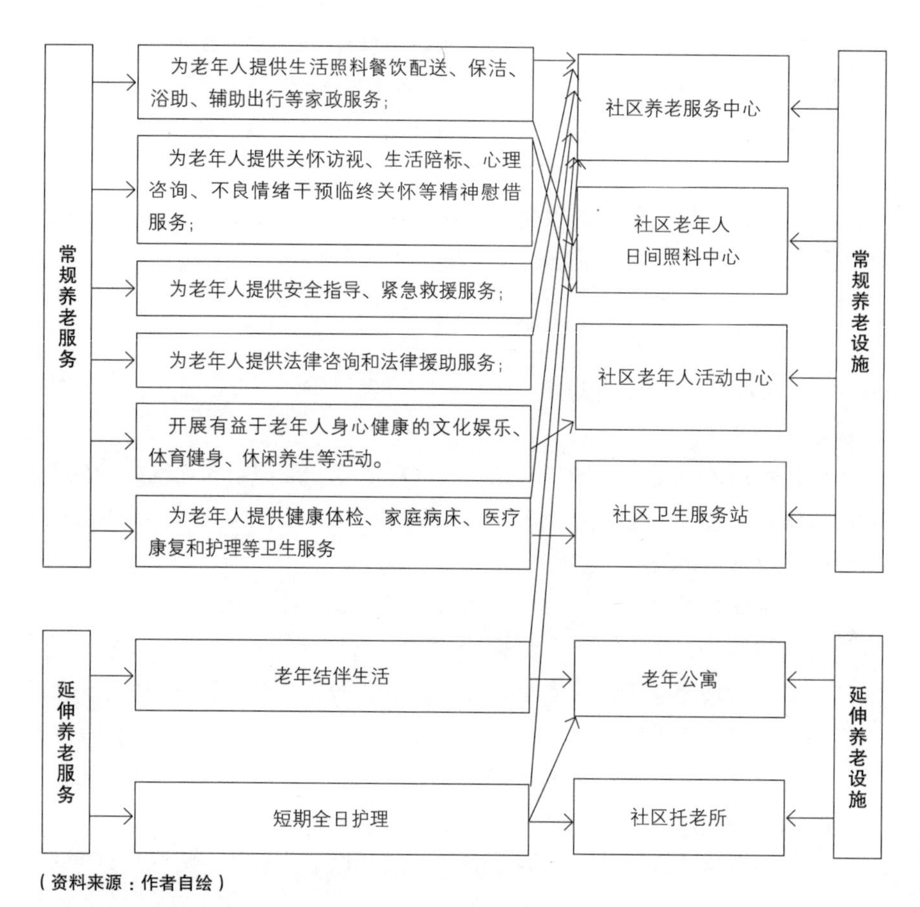

（资料来源：作者自绘）

图 7–3
在养老模式下的社区养老服务及设施对应图

“在宅养老”模式下的社区老年公建性质的设施，根据服务功能及需求，建议分为以下四类：

（1）日常生活服务类

包括为在宅养老服务的老年人日间照料中心、老年服务中心（表 7–6）。

日常生活服务类养老设施分类（资料来源：作者自绘） 表 7–6

设施类型	内涵
老年人日间照料中心	为生活不能完全自理、日常生活需要一定照料的半失能老年人为主的日托老年人提供膳食供应、个人照顾、保健康复、娱乐和交通接送等服务的设施，并提供上门服务
老年服务中心	为老年人提供各种综合性服务的社区服务机构和场所，为社区老年人提供管理、信息、咨询、紧急援助、法律援助、精神慰藉等服务

（2）文体康乐服务类

主要指老年活动中心，为老年人提供身心健康、体育、艺术、再学习、再就业等专业服务。在老年活动中心建设过程中要充分发挥社区公共服务设施的养老服务功能，可与社区服务中心（站）、社区文化、体育等设施的功能衔接，提高使用率、发挥综合效益。

（3）健康护理服务类

主要指社区卫生服务站，包括基础医疗、养生保健、健康咨询、健康检测、老年慢性病和常见病诊查、出院后的康复训练、日常护理等服务，并为老年人建立健康档案，建立社区医院、社区卫生服务中心与老年人家庭医疗契约服务关系，开展上门健康检测、护理、健康咨询等服务。

（4）延伸服务类

主要指老年公寓和短期托老所，为老年人提供多样化的方式和为在宅养老和机构养老提供无缝衔接的便利。

7.2.3 社区老年设施指标体系

就现有居住区配套公建来看，主要是按国家的《城市居住区规划设计规范》GB 50180—93（2002年版）（以下简称《城居规》）和《城镇老年人设施规划规范》GB 50437—2007（以下简称《城老规》）配置。《城居规》的老年设施被包含在社区服务一栏中，分三级布置。《城老规》内容涵盖多项的老年设施，指标和内容比城居规针对性强，但其指标体系从它采用1.5 ~ 3.0床位/百老人的标准就可以判断，其标准还是很低。日间照料中心的内容两本规范均未涉及。

目前各地在城市规划层面一般采用《城居规》的指标体系进行控制，《城老规》由于太过专业化较少被采用。在政府执行层面，为了可操作性更强，一般会制定专门的类似于城市规划公共服务设施基本配套规定进行指导。以杭州市为例，在土地拍卖时会明确配套要求。按照《杭州市城市规划公共服务设施基本配套规定》（2016版），其要求一般为：社区养老服务设施按每百户20平方米建筑面积标准配置，且每处最低不少于200平方米集中布置；社区居委会用房每百户30平方米建筑面积标准配置，且每处最低不少于350平方米；卫生服务站一处，面积150平方米 ~ 220平方米，且最低不得少于150平方米；物业管理用房不低于总建筑面积的千分之七。各地对内容要求和标准不一（表7-7），总体上与日益老龄化的现实极其不协调。

我国相关城市社区养老设施规划建设标准一览表　　表7-7

城市	托老所	老年人日间照料中心	老年服务中心	老年活动中心
北京	托老所（日间照料中心）： ①设置日间照料床位及相应娱乐康复健身设施 ②每0.7 ~ 1.0万人（老人占25%）设置一处 ③每处建筑面积800平方米，用地面积910平方米		①设置娱乐康复健身设施及活动场地 ②每0.7 ~ 1.0万人（老人占25%）设置一处 ③每处建筑面积200 ~ 250平方米，用地面积175 ~ 250平方米	—

续表

城市	托老所	老年人日间照料中心	老年服务中心	老年活动中心
杭州	每处建筑面积不小于600平方米，每床建筑面积不小于20平方米。部分老年人口较少的社区新建托老所，规模可酌情降低，但不得少于建筑面积300平方米。	—	—	—
武汉	服务人口约3～5万人，床位数为30～200张，一般1个中心社区至少设置1处社区养老院，可独立占地或结合社区公共服务设施进行建设。	—	服务人口约1万人，提供服务咨询、日间照料、文化体育、医疗康复、餐饮娱乐等功能宜结合社区公共服务中心共享共建。	—
昆明	日间照料中心（托老所）：按城市居住人口2.5万人/处的标准进行设置，每处建筑面积不低于1000平方米。		按城市居住人口5万人/处的标准进行设置，每处建筑面积不低于1500平方米。	—
深圳	—	1～2万人设置一处，每处建筑面积300～450平方米。建筑面积为社区老年人人均建筑面积0.32平方米。	1～2万人设置一处，每处建筑面积200～300平方米。	居住人口不足1.0万人的独立地段，应设1处文化活动室。 1～2万人设置一处，每处建筑面积1000～2000平方米。
成都	社区养老设施可与其他公共服务配套设施合建或叠建，成都市中心城在居住区服务中心按旧城不小于1000平方米、新区不小于1200平方米建筑面积配套养老设施用房，应不低于10张床位。			

资料来源：项志远、陶修华．我国社区养老设施规划关键技术探讨[R].2014中国城市规划年会．

社区老年设施的测算是一个非常复杂的问题，过高的指标社会很难以承受，没有一定的超前性可能很难应对老龄社会的发展。各地之所以推出每百户配建指标可能主要是建设管理方便，同时也由于《城居规》的指标没有分解不好操作。目前的社区用房指标+养老用房指标以杭州的标准折算成千人指标为167平方米，物业管理折算成千人指标为233平方米（《城居规》社区服务用房包含物管用房，此处以100平方米/户和3人/户口径计算），千人指标两者合计为400平方米；实际上社区用房百户配建指标和养老用房指标已经包含了文体指标。按照《城居规》的规定，文体指标为45平方米～75平方米，社区服务指标为59平方米～292平方米，合计为104平方米～367平方米。可以说杭州的指标已经超过《城居规》的指标上限。但这个指标的大头是物业管理。杭州的物业管理政策在20世纪刚推出时，为了普及物管和照顾到低收入居民少交管理费的目的，对房产公司提出了比较高的物业管理用房要求，其中的七分之四是用于物管公司对外营业以贴补物管公司运营，政策至今始终没有变化。目前的市场情况与当时变化已经很大，以房贴补物管公司运营意义已经不大，物管的收费标准应随行就市，费用由住户以货币方式承担。如果去除该部分面积，物业管理千人指标为100平方米，杭州标准的千人指标为267平方米，仅高于《城居规》的指标的中位数。因此从指标体系而言，目前的配建指标还是偏低，有进一步优化的余地。

奚雪松等[①]根据住建部颁布的《城老规》为依据，对现在针对三个片区的调查中发现，很多与老年人的医疗、文体、教育和服务活动相关的设施功能，之所以没有在实际建设中加以落实，认为原因正是配套标准的缺失。因此，建议根据已建立的基于“持续照顾”的养老设施类型体系，对现有规范进行修正调整，为未来控制性规划的强制性或指导性要求增加合理的配建标准（表7-8）。

社区（小区级）养老设施规范修正建议　　表7-8

设施类别	项目名称	社区级（小区级）	设置建议	建筑面积（平方米/处）	
				现有规范	建议修正
医疗设施	卫生服务站	▲	建立与居住区内老年居民的定向联系，定期为老年人进行健康检查	300	保留规范
文体设施	老年活动中心 老年活动站 室外设施活动场地	▲ ▲ ▲	提供社会交往、体育锻炼、休闲娱乐及文化学习等的设施和场地，满足不同年龄段老年人的需求；设置轻度健身器械和户外健身活动场地，宜靠近儿童活动场地并结合绿地设置；设置供老年人信息的有靠背的座椅	≥300 ≥150 ≥250	保留规范 保留规范 保留规范
教育设施	老年学习班	▲	有专门的老师教学指导；增设社区级老年学习班，可与老年活动站合并设置	—	≥150
服务设施	养老（助残）餐桌 托老所	▲ ▲	配备无障碍设施，方便老年人就餐；管理制度完善，实行就餐、订餐、配（送）餐登记制度；为老年人提供优先、优质、优惠服务，服务价格不高于市场价格；提供日托和全托两种服务，满足老年人的保健护理、饮食起居、文化娱乐等需求	— ≥300	≥150 ≥400

资料来源：根据奚雪松等城市高老龄化地区社区养老设施现状及规划策略整理

笔者针对各项规范规定和设计的实际情况，在尽可能少地增加社会负担的同时，又有一定的应对老龄社会超前性，建议基本社区老年设施指标按照每百户55平方米建筑面积标准配置（表7-9）。该项指标覆盖老老年服务中心、老年活动中心、老年人日间照料中心（含嵌入式托老所），社区卫生服务站。该项指标略高于杭州的每百户20平方米加上在《城居规》指标之外的老年人日间照料中心的建筑面积。

① 奚雪松等.城市高老龄化地区社区养老设施现状及规划策略[J].规划师，2013（01）.

社区养老设施配建指标一览表（资料来源：作者自绘） 表 7–9

设施类型	分级	服务半径	一般规模指标			配建要求
			床位数（床）	建筑面积（平方米/处）	用地面积（平方米/处）	
老年人日间照料中心（托老所）	社区级	建议300 ~ 500米	含10 ~ 20床嵌入式短期托老床位，每床建筑面积不应小于20平方米	850 ~ 1100	—	考虑短期托养的需求，适当考虑部分床位的需求。宜与老年服务中心等社区养老服务设施合建
老年服务中心	社区级	建议300 ~ 500米	—	400 ~ 500	—	宜与社区服务中心、日间照料中心等社区服务设施合建
老年活动中心	社区级	建议300 ~ 500米	—	250 ~ 360	600	应附设不小于300平方米的室外活动场地。宜与老年人日间照料中心、社区活动中心等社区服务设施合建
老年健康服务站（社区卫生服务站）	社区级	建议300 ~ 500米	由医疗卫生部门研究确定	150 ~ 220	—	宜与老年人日间照料中心、社区服务中心等社区服务设施合建

注：社区规模按3000 ~ 4000户测算，指标高值对应社区规模高值

7.2.4 社区老年设施规划设计要点

社区老年设施规划设计应充分考虑到老年人的使用便利性、设施运营的有效性、改造的灵活性。具体应做到以下几点。

1. 社区老年设施服务半径不宜超过500米，以保证老人在5 ~ 10分钟可以到达。除了距离的控制外，还要关注老人沿路的景观设计和休息座椅等的设置，良好的步行环境可以缓解老人的疲劳感。

2. 社区老年设施一般应选择在地形平坦的地段布置，应尽可能选择自然环境较好、阳光充足、通风良好，最好与社区公共绿地、幼儿园、小学等相邻布置。

3. 社区老年设施不应分散建设。目前社区老年设施和其他社区设施各地都是由开发商按指标结合楼盘建设，服务设施呈碎片化布置，服务、功能利用困难。应研究策略，集中资源单独建设。

4. 社区老年设施宜整合设置，充分发挥其效用。如老年人日间照料中心内含嵌入式托老所，不仅面积可以节省，人力资源也可以节约；老年人日间照料中心与老年服务中心、老年活动中心结合设计可以节省大量辅助面积，同时可以为功能的调整创造更大的灵活性。

5. 社区老年设施与其他社区公共服务设施的功能复合共享。可以建立社区公共服务设施用房更大平台上按需灵活转化机制。通过资源整合，可

提供多元化的服务，促进养老服务与医疗、家政、保险、教育、健身、旅游 等相关领域的互动发展。近年来，各地兴起的社区服务综合体多属于此类实践。

6. 社区老年设施与其他社区公共服务设施和住宅应避免相互干扰。

7. 社区老年设施具备良好的交通和市政设施条件。应注重交通可达性，保证对外联系便捷顺畅，一般应选址在接近公交站点的地区，但应避开对外公路、快速路及交通量大的交叉路口等地段。

7.3 支持“在宅养老”的社区老年环境设施规划

7.3.1 社区老年环境设施分类

老年人需要有较大程度的安全感，因此老人应拥有住区或活动场地附件空间的使用控制权，如在一定数量的住户组成的内部应拥有适当的半公共空间，并且老人能够名副其实地使用它。

由于特殊的心理，生理和行为特征，老年人环境有特殊的要求。第一，要有齐全、便捷的服务设施。由于生理上的原因，老年人多行动不便，活动范围有限，而老年人又有各种休闲娱乐健身的需求，因此适合老年人居住生活的环境，应该为老年人的生活提供便捷的公共配套设施、便利的服务设施和齐全的活动设施;第二,安静美观的绿色景观。空气清新、场地洁净、安静清幽的环境有助于老人的健康。适宜老年人的居住环境最好拥有或邻近公园或成片的公共绿地，并避免各种噪声的干扰。第三，方便愉悦的步行环境。步行是老人的主要空间转移方式，也是老人日常的重要活动。安全愉悦的步行空间，对老年人非常重要，居住环境的步行系统应考虑到老人的生命体能特点，结合住区的交通状况，形成连续无障碍且具有可识别性的步行系统，这样可以使老年人安全且安心地在室外活动。好的景观对步行系统非常重要,它可以是老年人在步行的时候有身心愉悦的体验;第四，安全便捷的外部交通。适宜老年人的住区场地既要交通便捷，又要方便老人出入。居住环境应合理组织人流、车流和车辆停放，减少车祸危险，同时使老年人远离尘嚣。

高质量的居住环境应该具备舒适性与健康性、安全性与方便性、可识别性与领域性、多样性与文化性、和谐性与生态性的特点。具体可分为六个方面：生活性环境设施、社交性设施、休憩性设施、康乐性设施、机能性设施、生态性设施。

7.3.2 社区老年环境设施规划设计要点

1. 生活性环境设施

老人出行购物、接送孩子上学，这些活动是维持日常生活所必需的，无选择余地（表 7-10）。调查显示，很大一部分老年人在退休后承担了购买早点、副食的工作。据调查，老年人日常生活出行方式以步行的频率为最高，因此要求我们对住区步行道路系统给予足够的重视。

老年人各年龄组中各种出行目的占出行总数的比值（%）　　表 7-10

出行目的 / 年龄组	锻炼身体	采买购物	探亲访友及接送孩子
60 ~ 65 岁	37.1	37.1	25.8
65 ~ 70 岁	47.6	42.9	9.5
70 岁以上	46.7	40.0	13.3

资料来源：王牧青，彭婧.《针对老年人的交通设施问题分析及对策研究》

设计要点：

（1）通往主要公建及设施的道路应遵从短捷原则，其坡度不宜超过 5%，避免产生高差。

（2）路的宽度应满足自由行走的基本要求，并有足够的回旋余地。宽度应根据人流情况确定，但至少应保证两股人流通过，以便于穿越或并行。由于老人常使用轮椅、拐杖等辅助器材，因此路面需要有比通常情况更为宽敞的尺度。

（3）路面铺装材料对通行的安全性和可靠性至关重要。无论在干燥还是潮湿时，材料都应防滑、防眩光，如混凝土、沥青混凝土等，不宜采用卵石、碎石等材料（图 7-4），路边的雨水篦子等排水设施会对使用拐杖的老人的安全构成威胁，宜将其设置在老人不经常出入的地方（图 7-5）。

（4）步行半径宜控制在 200 ~ 300 米之间，如距离较长，可采用增加路线的空间变化，并避免让步行者看到远处目标的处理手法，保持大方向正确，可使人感觉路段比实际长度短些。每隔 60 米左右安排一个可供休息的座椅。

（5）应避免穿越有碍安全的地方，如停车场、机动车道等。

（6）道路系统应分出级别和主次，从小区级道路到组团级道路、宅间小路、绿地道路等，这种分级可增加路网的识别性，也便于居民对公共、

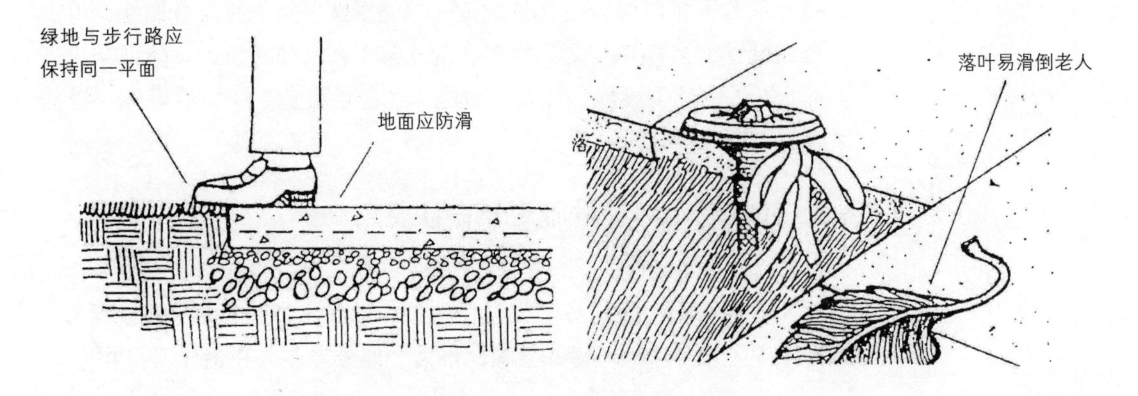

图 7-4
地面应防滑，防眩光（左）

图 7-5
危险部位应有警示（右）

半公共空间的控制。

（7）有台阶、坡道、转弯等易发生危险的地方要做出明显警示，可采用标志、颜色或纹理变化等处理手法，以便于老人识别，提前做出反应（图6-7）。

（8）道路在老人的身体高度内不应有横向凸出物，路两侧的绿化树种宜选择小叶的常绿树，如松、柏等，以避免秋季宽大的落叶滑倒老人。

（9）实行无障碍设计

2. 社交性设施

社交活动是老人使用室外环境的常见原因，他们常常站着或坐着参与这一活动。在设计社交区域时，要注意空间布置方式，保证安全、防卫、舒适、易达等基本要求，社交活动对环境质量的要求较高，当外部环境质量好时，社交活动就会明显增多，当环境质量差时，活动频率就会下降。

最理想的社交活动区域位于各种活动的交汇点，交汇点能够增多参加各种不同活动的老人之间见面的机会，只要有足够的空间，这种社交行为就会产生。在住区中经常能发现一些老人站在路边聊天，还要经常避让过往的车辆。这样的社交空间便很不利于社区行为的持续。

（1）发生场所

建筑入口是老人出行参加各种活动的必经之路，他们常在此打招呼或闲聊，如果空间环境许可，可见到老人站着或坐着观看周围的各种事物和人们的各种活动。老年活动中心，老年活动站也为参加不同活动的老人提供社交的机会和场所。人行道交汇点，人们从住宅单元到宅间小道，从宅间小道到组团级道路，从组团级道路到小区级道路上，路网就形成了一个人流由少到多的“汇聚”系统，从宅间到菜场、小区花园等道路的交汇点，也是社交活动经常发生的区域。

（2）空间特点

小尺度空间受老年人的青睐，这种空间模式可以弥补老年人的生理衰退，拉近人与人之间的距离，易产生亲切感和领域感。心理学家德克·德·琼治曾提出边界效应理论：人们喜欢在建筑物、树丛等的边缘地带逗留。这是由于此时人们在空间中暴露相对要少些，且不会影响他人的通行，这种边界空间也很受老人的欢迎。室外社交空间应避免强烈日晒、强风、不良景观及恶劣天气可能造成的影响，避免被全部遮挡在阴影区内，要善于运用环境的细部处理来创造良好的环境小气候（图7-6），使环境自然而然地成为老年人生活中的焦点。

图 7-6
通过对环境的细部处理创造环境小气候

3. 休憩性设施

老年人的户外活动，休憩是其中的重要组成部分，因此要他们提供良好的休憩性环境设施。

（1）座椅设计

座椅是老人休憩的主要设施。老年人在一天中的大部分时间里都要坐着，座椅成为他们的生活息息相关的一部分。随着身体不断老化，老人的肌肉力量和柔韧性都会发生一系列生理变化。涉及到座椅，表现为站起和坐下都会发生困难，长时间坐着会感到疲劳。因此，我们要尽量为老人提供带靠背和扶手的座椅，而非无靠背的长凳。在设计中要注重以下几个方面。

1）座椅有多种排列方式，所组成的空间作用也各不相同。座椅呈面对面排列或呈直角排列的形式，能够满足老年人的社交要求（图 7–7）；背靠背或座椅之间距离很大则不便于交谈；单独设置的座椅便于老人安静地休息、晒太阳等。

2）边界明确的小空间具有防卫性和亲切感，是设置座椅的理想场所，并且便于老人近距离交流的需要。如果把座椅置于四周开放的空间里，会让人完全暴露，感受不舒服，且很少有人光顾。

3）把座椅安排在不同的环境条件下，以便于老人在不同的环境、气候、时间条件下选择使用，如有阳光、遮阳、有风、无风的场所等（图 7–8）。

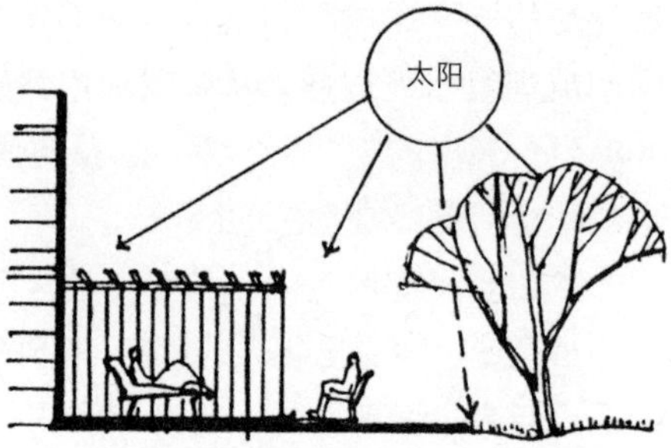

太阳

图 7–7
舒适的座椅应有靠背和扶手，成直角的布置方式更便于交流（左）

图 7–8
不同日照环境条件下的座椅布置图（右）

4）为方便坐轮椅的老人加入，要在座椅的旁边留出可供轮椅进出的空间（图 7–9）。

5）考虑到座椅的实用性和舒适性，加设靠背和扶手必不可少。靠背可给背部以支持，便于身体放松和增加舒适感；扶手则可供老人在站起或坐下时帮助支撑身体。椅面应选用热阻值大些的材料，如木材等，避免使用诸如金

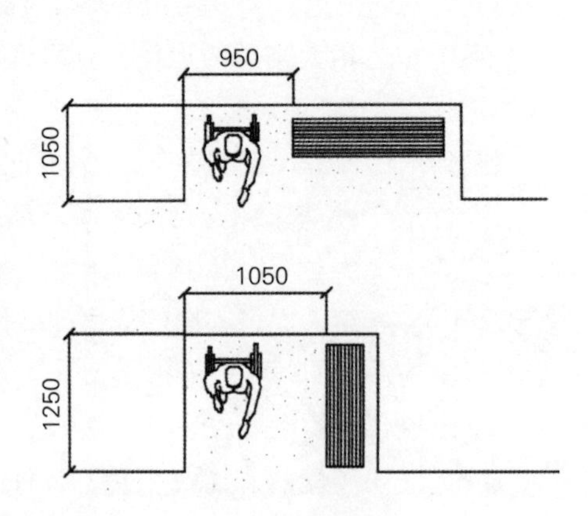

图 7–9
在座椅旁留出可供轮椅进出的空间，可使交流更方便

属、混凝土板等导热快的材料，如能用坐垫则更为理想。

6）考虑到设计的灵活性和多样性，也可采用一些其他的休憩设施。如建筑物的基座、栏杆、路灯、树干、花坛、矮墙、石块等，都可供老人临时靠着或坐着休息。

（2）桌子设计

桌子也是老人休憩的必要设施。由于老人的肌肉力差，因此桌子应坚固，以便于老年人掌握。应设计多种形式和大小的桌面以方便不同的使用目的和活动内容。桌面应采用不能产生眩光的材料（图7-10，图7-11）。

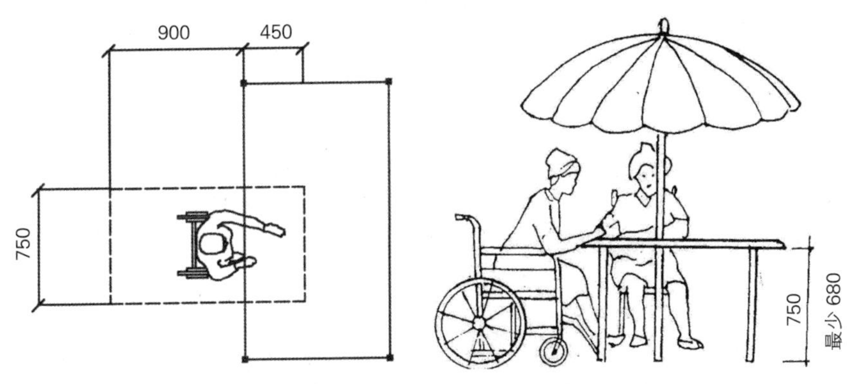

图7-10
桌子边的轮椅操作空间（左）

图7-11
桌子下面应有足够的空间方便抓扶（右）

（图片来源：胡仁禄，马光．老年居住环境设计[M]．台北：地景企业股份有限公司，1997）

4. 康乐性设施

现代的老人越来越注重身体健康，康乐活动已成为他们日常生活的重要组成部分。如门球就是当今老人喜爱的运动之一，它以运动量不大，但具有技巧性特点，能诱导老人具持续性的兴趣。由有关调查可以看出，大部分老人都要参加一些锻炼健身活动。由于老人的活动内容、活动方式、身体状况各不相同，康乐性环境也要具有多样性和选择性。

许多老人由于健康状况不佳，活动能力和活动范围都受到限制，经常感觉“自己太老了”或“太容易疲劳”，对于他们而言，能感觉到阳光在自己的脸上掠过或观赏一下室外盛开的花朵，会对身心健康大有好处。对于活动能力不同的老人，其使用的环境设施的难易程度也应不同。

对于一些不太剧烈的运动，宜靠近住宅单元，以方便老人的参与，激烈些的运动可距居住单元稍远些，但应在居民的视线可触及的范围之内，可以看到活动内容，增加参与程度和安全程度。

步行是一种理想和安全的运动，是一种常见的活动方式。为适应不同活动能力的老人的参与，在场地设计中，可设计一些长短不同，难度不同的路径，给老年人提供不同的难度刺激，供他们根据自己的身体状况选择，是进行康乐健身的行之有效的办法。

康乐性环境的设计应注意以下细节处理：

（1）活动场地的表面应平整，各种健身设施的色彩宜明快，以增强人们的参与意识。

（2）为适应不同的季节和气候，宜在不同的地方安排些休息椅，如在阳光下或阴影里，这对易感疲劳的老人来说是非常必要的。

（3）集中的活动区应有良好的环境小气候，避免不利天气的影响。尤其在北方的冬季，低层或多层的住宅可使强风绕行，而布局零散的高层建筑可以挡住迎面风并将其引向地面，产生通道效应、转角效应、缝隙效应等不利环境气候，应在设计康乐场地时避免这种情况的发生。

（4）供步行的路径应提供多种铺地材料，使老人在行走时能体会到不同的难度，为老人提供锻炼的机会和选择的可能。

5. 机能性设施

住区中的停车场、台阶、坡道，指示牌等均属机能性设施。

（1）停车场

在 21 世纪初，汽车大量进入家庭。汽车向居住区中的大量涌入对老年人安全构成极大威胁。因此，在设计中建议采用组团外停车方式，以减少汽车对住区内的老人和儿童的干扰（图 7-12）。

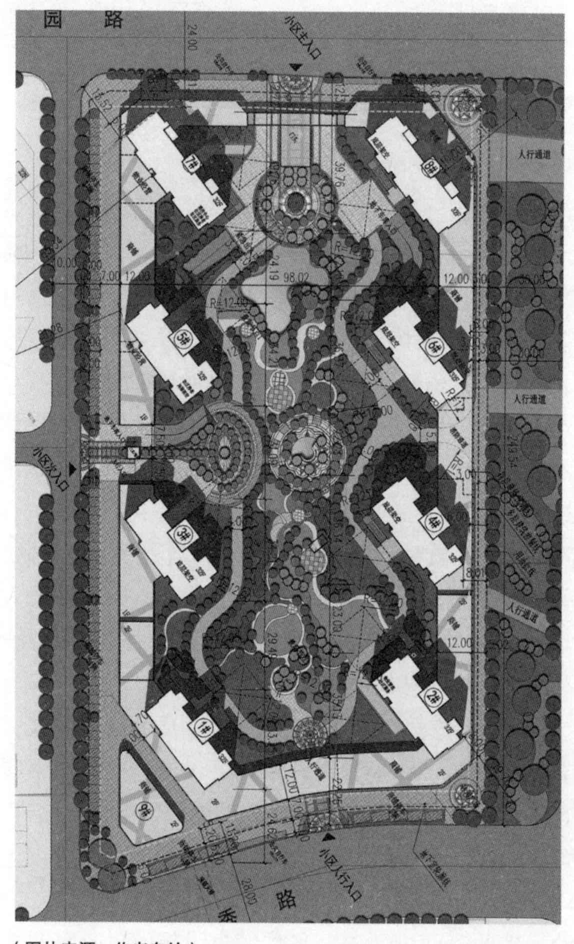

（图片来源：作者自绘）

图 7-12
杭州某小区组团外停车方式

设计要点：

1）为保障行人安全，在车位前至少应留出高15厘米、宽90厘米的路肩供行人使用，使人走在车的前面。并应保证人行道的宽度（图7-13）。

2）停车场是容易出现安全问题的地方，应保留一定的视觉监视。可以在停车区前设置一些休息椅，为人们在此逗留创造条件。

3）场地周围应有一定的绿化，既可改善场地冷漠枯燥的面孔，又改善了环境。所种植的植物应高低搭配，以便于视线穿过起到监视作用（图7-14）。

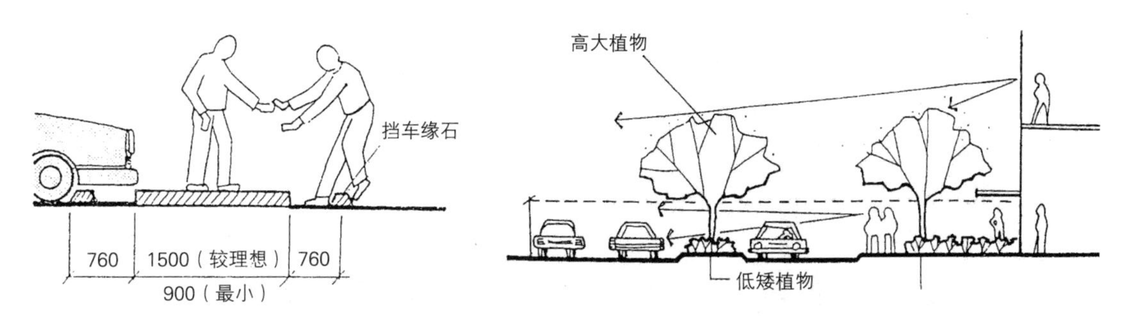

图7-13
为保证老人安全通过应确保通道宽度（单位：毫米）（左）

图7-14
停车场周围的绿化应高低搭配（右）

4）挡车缘石容易绊倒人，最好用油漆漆成鲜艳的色彩以起到警示作用。

5）老人患病使用救护车的机会较多，宜在靠近居住单元的地方留出救护车车位。要求车位侧面有足够的空间满足病人（被搀扶、坐轮椅或抬担架）及医护人员、家属上下车的需要，建议至少保证1.5米的宽度（图7-15）。

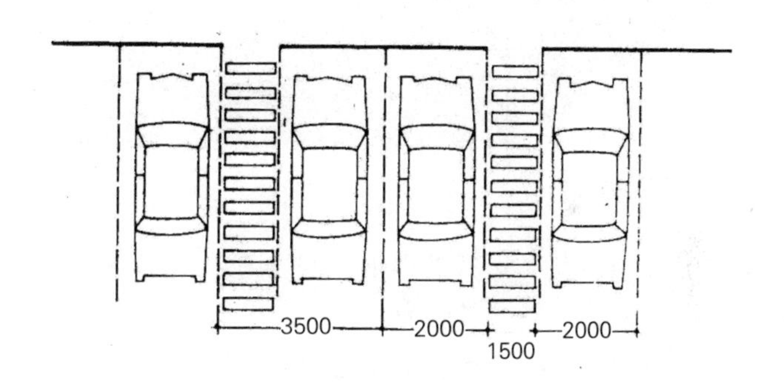

图7-15
要留出使用救护车的空间

（2）台阶、坡道

遇到有高差的地方，就要设计台阶和坡道，人走在坡道上需要调整步态、感觉很不舒服，因此最佳办法是避免产生高差。

1）台阶和坡道应易于识别，并加强照明，在开始前和结合后的0.6～1.2米范围内设计地面警示区，如做出纹理的变化和颜色的变化，以便老人有足够的时间完成上下台阶或坡道的反应动作，避免发生危险。

2）坡道坡度不宜超过8%，长度不宜超过9米。

3）台阶的踏步数应尽量少，但不应少于3步，因为一步或两步的台阶不易识别容易造成危险。宜采用无沿口的踏面。

（3）室外标志

室外标志应使用老人宜于分辨的颜色，采用红、橙、黄等暖色调系列，避免使用蓝绿等冷色调。如用白色字体、宜选用黑底或灰底；如用深色字体，最好用灰底，以防止眩光干扰。

6. 生态性设施

"在宅养老"模式需要以符合老人生理和心理的居住环境为基础，良好的居住环境也是老人拥有幸福晚年生活的重要条件。绿地是生态环境的重要组成部分，是居民的主要室外生活空间，是人居环境的基本要素之一。向往绿色环境是人的本能，住区中的绿地为老人提供了与自然联系的重要渠道，为老人到室外活动提供了充足理由。对于居住在单元楼内的大多数老人而言，由于室内没有足够的活动空间，绿地就显得更为重要。

（1）在路边或道路的交汇处是布置绿地的理想地点，这种布置方式可方便行人的使用（图 7-16）。

（图片来源：作者拍摄）

图 7-16
应为老人提供多种绿地形式

（2）应提供不同风格和形式的绿地，如规则式、自然式、混合式等供老人选择（图 6-20）。一些学者认为，老年人比年轻人更喜欢几何式规整的绿地，因为这种绿地有明确的边界和较多的细部。

（3）绿地应为居民提供便于开展各项活动的场地，设置必要的设施，保证必要的活动场地面积。一般认为活动面积率在 50 ~ 60% 之间的开放式绿地比较受欢迎，应有集中的面积较大的硬铺地以便老人展开集体性活动。

（4）绿地应能为老人提供丰富的视觉和感觉体验，随季节与气候的不同，不同种类的植物能为环境增添不同的色彩，散发出各种花香，能以不同的方式刺激老人的听觉、嗅觉、触觉。

（5）应在绿地中的不同位置安排些供老人休息的座椅，要善于利用植物的特点创造良好的小环境。一棵落叶树，夏季枝叶茂密，一地荫凉；冬季叶落归根，洒满阳光。

（6）有铺地的园路可有效吸引老人前往。随铺地材料的不同会使老人在行走中体验不同的难度和感觉，以便有不同行动能力的老人选择使用。铺地材料应具有多样性。

（7）在适当的位置可设置水池、喷泉、雕塑以提供视觉、听觉、触觉刺激，增加环境的趣味性。

（8）花坛要有恰当的高度，不需弯腰就能进入视线之内。由于过于低矮的植物不易进入视线，容易绊倒人，应避免它们的出现（图 7-17）。

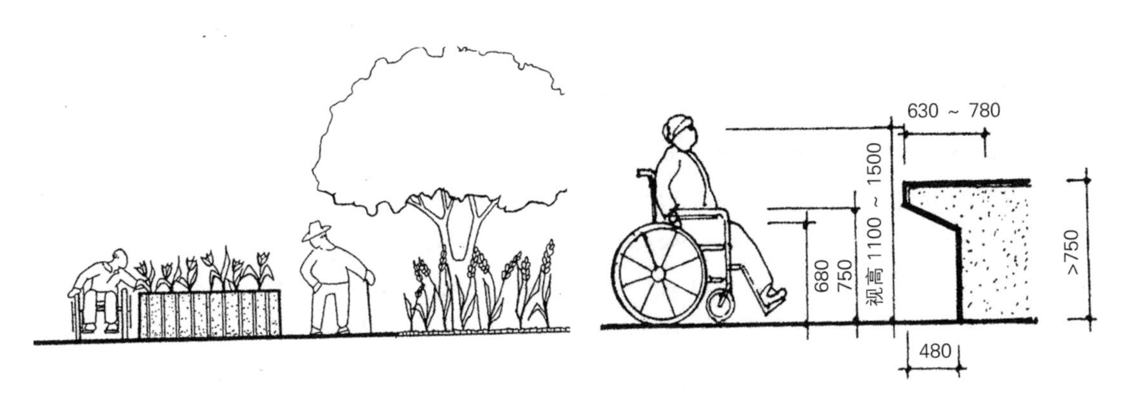

图 7-17
花坛的高度应保证老人不弯腰就能进入视线

参考文献

图书

[1] 周燕珉等 . 老年住宅 [M]. 北京：中国建筑工业出版社，2011.

[2] 刘美霞等 . 老年住宅开发和经营模式 [M]. 北京：中国建筑工业出版社，2008.

[3] 中国房产信息集团 . 老年公寓操作图文全解 [M]. 北京：中国物资出版社，2011.

[4] 民政部养老服务体系建设领导小组办公室 . 国外及港澳台地区养老服务情况汇编 [M]. 北京：中国社会出版社，2010.

[5] 李扃伟等 . 中国城市老人社区照顾综合服务模式的探索 [M]. 北京：社会科学文献出版社，2011.

[6] 陈雪萍 . 以社区为基础的老年人长期照护体系构建：基于杭州市的实证分析 [M]. 杭州：浙江大学出版社，2011.

[7] 李兵，张恺悌 . 中外老龄政策与实践 [M]. 北京：中国社会出版社，2010.

[8] 粟芳 . 瑞典社会保障制度 [M]. 上海人民出版社，2010.

[9] 王莉莉 . 英国老年社会保障制度 [M]. 北京：中国社会出版社，2010.

[10] 王莉莉 . 日本老年社会保障制度 [M]. 北京：中国社会出版社，2010.

[11] 刘芳 . 香港养老 [M]. 北京：中国社会出版社，2010.

[12] 艾克哈德·费德森 . 全球老年住宅：建筑设计手册 [M]. 北京：中信出版社，2011.

[13] 王江萍 . 老年人居住外环境规划与设计 [M]. 北京：中国电力出版社，2008.

[14] 高宝真 . 老龄社会住宅设计 [M]. 北京：中国建筑工业出版社，2006.

[15] （西）ArianMosteadi. 老年人居住建筑：应对银发时代的住宅策略 [M]. 北京：机械工业出版社，2007.

[16] 赵晓征 . 养老设施及老年居住建筑：国内外老年居住建筑导论 [M]. 北京：中国建筑工业出版社，2010.

[17] 魏彦彦 . 中国特色养老模式研究 [M]. 北京：中国社会出版社，2010.

[18] 张恺梯 . 中国人口老龄化与老年人状况蓝皮书 [M]. 北京：中国社会出版社，2010.

[19] 董红亚 . 养老服务社会化：嵊州模式研究 [M]. 北京：中国社会出版社，2010.

[20] 陈勃 . 对“老龄化是问题”说不：老年人社会适应的现状与对策 [M]. 北京：北京师范大学出版社，2010.

[21] 张恺梯 . 中国城乡老年人社会活动和精神心理状况研究 [M]. 北京：中国社会出

版社，2009.
[22] 聂梅生 . 中国绿色养老住区联合评估认定体系 [M]. 北京：中国建筑工业出版社，2011.
[23] 习米纳 . 养老院的故事 [M]. 北京：中国社会出版社，2010.
[24] 张雄等 . 上海暨长三角城市社会发展报告 2009-2010：老龄化与社会发展 [M]. 上海三联书店，2011.
[25] 李伟，李志宏 . 社区老龄工作手册 [M]. 北京：中国社会出版社，2010.
[26] 张恺悌等 . 美国养老 [M]. 北京：中国社会出版社，2010.
[27] 张啸 . 德国养老 [M]. 北京：中国社会出版社，2010.
[28] 潘金洪 . 独生子女家庭养老风险研究 [M]. 北京：中国社会出版社，2009.
[29] 民政部养老服务体系建设领导小组办公室 . 全国养老服务基本情况汇编 [M]. 北京：中国社会出版社，2010.
[30] 张秋霞等 . 加拿大养老保障制度 [M]. 北京：中国社会出版社，2010.
[31] 郭平 . 老年人居住安排 [M]. 北京：中国社会出版社，2009.
[32] 张恺梯等 . 新加坡养老 [M]. 北京：中国社会出版社，2010.
[33] 刘东卫等 . 老年住宅设计手册 [M]. 北京：中国建筑工业出版社，2011.
[34] 张恺梯 . 中国老龄事业五年回顾 . 马德里国际老龄行动计划五周年回顾 [M]. 北京：中国社会出版社，2009。
[35] 张敏杰 . 新中国 60 年人口老龄化与养老制度研究 [M]. 杭州：浙江工商大学出版社，2009.
[36] 韩国 C3 出版公社 .C3 建筑立场系列丛书 4：老年住宅（景观与建筑设计系列）[M]. 大连：大连理工大学出版社，2011.
[37]（德）菲希尔等 . 无障碍建筑设计手册 [M]. 沈阳：辽宁科学技术出版社，2009.
[38]（美）珀金斯 . 老年居住建筑 [M]. 北京：中国建筑工业出版社，2008.
[39] 梁宏 . 社会分层视野下大城市老年人口的生存状态—以广州市为例 [M]. 广州：中山大学出版社，2010.
[40] 郭爱妹等 . 城乡空巢老年人的生存状态与社会保障研究 [M]. 广州：中山大学出版社，2011.
[41] 伍小兰等 . 台湾老年人的长期照护 [M]. 北京：中国社会出版社，2010.
[42] 田北海 . 中山大学港澳研究文丛—香港与内地老年社会福利模式比较 [M]. 北京：北京大学出版社，2008.
[43]（日）早川和男 . 居住福利论：居住环境在社会福利和人类幸福中的意义 [M]. 北京：中国建筑工业出版社，2005.
[44] 羌苑等 . 国外老年建筑设计 [M]. 北京：中国建筑工业出版社，1999.
[45] 李耀培等 . 中国居住实态与小康住宅设计 [M]. 南京：东南大学出版社，1999.
[46] 田雪原 . 跨世纪人口与发展 [M]. 北京：中国经济出版社，2000.
[47] 王冰 . 社会深层的人口效应与人口老龄化的社会影响 [M]. 武汉大学出版社，2000.

[48] 夏学銮．社区照顾的理论、政策和实践[M]. 北京：北京大学出版社，1994.

[49] 斯文蒂伯尔伊，张珑译．瑞典住宅研究与设计[M]. 北京：中国建筑工业出版社，1993.

[50] 胡仁禄，马光．老年居住环境设计[M]. 台北:（台湾）地景企业股份有限公司出版，1997.

[51] 野村欢．为残疾人及老年人的建筑安全设计[M]. 北京：中国建筑工业出版社，1990.

[52] 曲海波．中国人口老龄化问题研究[M]. 吉林大学出版社，1990.

[53] 胡汝泉．中国城市老龄问题及对策研究[M]. 天津教育出版社，1991.

[54] 洪国栋．中国老年人供养体系调查数据汇编[M]. 北京：中国老龄科研中心，1992.

[55] 米复国．老人生活型态与居家环境措施之建议,（台湾）建筑师论丛（二）[M]. 北京：中国建筑工业出版社，1987.

[56] 建筑师设计手册（美国）[M]. 北京：中国建筑工业出版社，1995.

[57] 日本建筑学会，台隆书店建筑设计资料集成编译委员会译．建筑设计资料集成[M]. 台北：台隆书店出版，1982.

[58] 中华人民共和国建设部．老年人建筑设计规范（JGJ 122—1999）[S]. 北京：中国建筑工业出版社，1999.

[59] 中华人民共和国建设部．无障碍设计规范（GB 50763—2012）[S]. 北京：中国建筑工业出版社，2012.

[60] 中华人民共和国建设部．城市居住区规划设计规范(GB 50180—1993）[S]. 北京：中国建筑工业出版社，2002.

[61] 中华人民共和国建设部．老年人居住建筑设计标准（GB/T 50340—2003）[S]. 北京：中国建筑工业出版社，2003.

[62] 刘静林，张蕾．社区服务[M]. 北京：中国轻工业出版社，2005.

期刊

[1] 彭希哲．浦东老年事业发展研究[J]. 人口与经济，1997.6.

[2] 王先益．中国人口老龄化问题综述[J]. 人口学刊，1990.6.

[3] 陈政雄．高龄者的住宅[J]. 建筑师（台湾），1995.8.

[4] 贾保思．可持续发展与城市住宅设计[J]. 建筑师，1998.6.

[5] 香港许李严建筑师有限公司．香港东华三院伍若瑜护理安老院[J]. 世界建筑导报，1994.

[6] 邹广天．日本老年公寓的规划与设计[J]. 世界建筑，1999.1.

[7] 胡仁禄．国外老年居住建筑发展概况[J]. 世界建筑，1995.3.

[8] 胡仁禄．美国老年社区规划及启示[J]. 城市规划，1995.3.

[9] 高鹏．社区建设对城市规划的启示[J]. 城市规划，2001.2.

[10] 王玮华．研究老年型城市社区规划特点及对策迫在眉睫[J]. 城市规划，1997.4.

[11] 吕慧珍．人口老龄化和社区规划[J]. 城市规划汇刊，1988.10.

[12] 卢济威．探索适宜老人的空间环境[J]. 建筑学报，1991.8.

[13] 张剑敏 . 适宜城市老人的户外环境研究 [J]. 建筑学报，1997.9.
[14] 胡仁禄 . 日本高龄社会的城市公共住宅对策 [J]. 住宅科技，1991.10.
[15] 胡仁禄 . 美国老年居住建筑发展概况 [J]. 住宅科技，1990.10.
[16] 曹云亭 . 城市社区老年服务设施的建设 [J]. 住宅科技，1997.7.
[17] 万邦伟 . 老年人行为活动特征之研究 [J]. 新建筑，1994.4.
[18] 姜传鉷 . 营造适合老年人生活的居住环境 [J]. 新建筑，2001.2.
[19] 姜传鉷 . 社区环境的老化及品质保持 [J]. 规划师，2001.2.
[20] 陈旭峰，钱民辉 . 中国老龄事业发展研究：回顾与展望 [J]. 东南学术，2011.3.
[21] 徐怡珊等 . 基于“在宅养老”模式的城市社区老年健康保障设施规划设计研究 [J]. 建筑学报，2012.
[22] 吴凡等 . 对南京市老年人体育锻炼情况的调查研究 [J]. 南京邮电学院学报，2002.12.
[23] 吴敏等 . 独居老年人生活及健康精神状况调查 [J]. 中国公共卫生，2011.7.
[24] 汤婧婕等 . 人口老龄化背景下社区老年服务设施体系建设 [J]，2012.
[25] Jiang Chuanhong. Elderly-oriented strategy about residential planning and residential building design based on the view of ‘house-based care for the aged’, Proceedings of the 10th International Symposium on Architectural Interchanges in Asia，Beijing：China City Press，2014.
[26] 姜传鉷等 . 住宅用担架电梯设计探究 [J]. 建筑与环境，2013（03）.
[27] 王江平，童群 . 浅谈老年人步行空间设计 [J]. 华中建筑，2009（10）.
[28] 周典，徐怡珊 . 老龄化社会城市社区居住空间的规划与指标控制 [J]. 建筑学报，2014（05）.
[29] 其他各期《建筑学报》、《世界建筑》、《建筑师》、《住宅科技》、《新建筑》、《城市规划》、《城市规划汇刊》、《国外城市规划》及都市快报，杭州日报等

硕士论文

[1] 何静 . 中国城市“老龄化”居住环境研究 [R]. 浙江大学硕士学位论文，1997.
[2] 汪均如 . 老龄化城市“社区养老”环境研究 [R]. 浙江大学硕士学位论文，1999.
[3] 张海山 . 迈入老龄化社会的住区设施研究 [R]. 天津大学硕士学位论文，1999.
[4] 姜传鉷 . 基于社区背景的“在宅养老”模式研究 [R]. 浙江大学硕士学位论文，2001—5.
[5] 王考 . 人口老龄化背景下广州市社区老年公共服务设施配套研究 [R]. 中山大学硕士学位论文，2008.
[6] 汤婧婕等 . 人口老龄化背景下社区老年服务设施体系建设 [R]. 浙江大学硕士学位论文，2012。

网络资料：

[1] 全国老龄工作委员会办公室：http：//www.cncaprc.gov.cn/.

[2] WorldPopulationProspects: The2012Revision. http: //esa.un.org/unpd/wpp/.

[3] 上海市老龄科研中心 . http: //www.shrca.org.cn/.

[4] 第二次老年问题世界大会 . http: //www.un.org/chinese/esa/ageing/2ndageing.htm.

[5] 养老信息网 . http: //www.yanglaocn.com/.

[6] 中华人民共和国民政部 . http: //www.mca.gov.cn/.

[7] http: //news.sohu.com/s2013/qunayanglao/?qq-pf-to=pcqq.c2c.

[8] http: //jz.zhulong.com/info_wiki/read660234.html.

[9] 陕西老干部工作网 . http: //sxlgj.gov.cn/?action-viewnews-itemid-12946.